古代へのいざない

プリニウスの博物誌〈縮刷版〉別巻Ⅰ

ウェザーレッド 著　中野 里美 訳

雄山閣

パルナッスス（原著口絵より）
フランスの画家ニコラス・プッサンの作品。アポロンの神託所デルフォイがその麓にあることで知られているパルナッスス山。そこにアポロンとニンフを囲んで神々が集う。この山にはアポロンの愛するゲッケイジュが繁茂しているという（159ページ）。

ポンペイの壁画

ギリシア・ローマの絵画で後世に残されたものはわずかしかない。だが、『博物誌』第35巻に叙述されているもののうちいくつかは実際にポンペイの廃墟の中からみつかった（187ページ）。図はポンペイの「秘儀の家」の壁画。

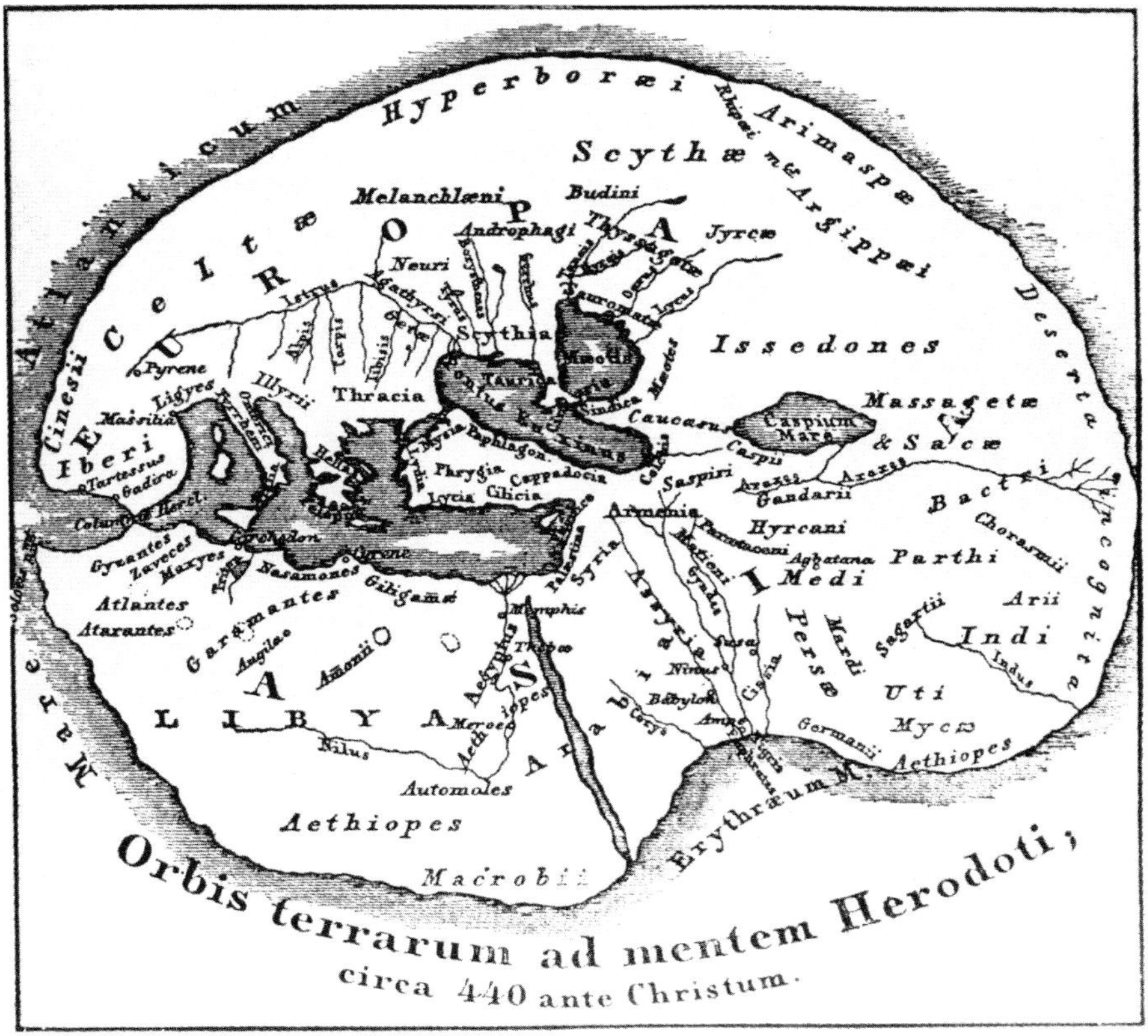

ヘロドトスの世界地図

「古代人がアフリカを周航したという証拠があるだろうか。プリニウスは、ヘロドトスの権威を認めて、南方を回る航海はなされたし、北回りの航海も行われたことを暗示している」(258ページ)。

三段櫂船を描いたデナリウス銀貨

金と並んで銀が大量にローマに流入して富が蓄積され、市民の奢侈を助長した（166ページ）。

ローマの建造物
「人間の手で成されたもので驚嘆に値する最高のものは、建築物、記念建造物、彫像のような永続的な記念物に集中している」（214ページ）。図は帝政期のローマ市の模型。中央はコロセウムだが、プリニウスはその完成を見る前に殉死した。

フォルム・ロマヌム（ローマ広場）
「はるかな昔、誇り高く栄光に満ちた国王が建立した／塔、墓、ずらりと並んだ彫像／女、花の空気、たたずむ恋人／その大通りを、偉大な男が歩いていく」（15ページ）。図は栄華を誇った帝政時代初期のフォルム・ロマヌムの想像図。

ローマの水道

ローマへの水の供給には、導水管、下水、浴場の建設など途方もない労力が必要だった。14 の水道が毎日 300 万ガロンの水をローマに供給した（215 ページ）。図はローマ東南で水道橋が交差する様子を描いた復元図。

運命の女神の神殿

ローマ人たちの好きな運命の女神、その運命の女神も倦怠するおそれがあり……そうすると、幸福はその確固たる基板を失ってしまう。……大切なのは一日一日の重さなのだ（26 ページ）。図はローマの運命の女神の神殿。

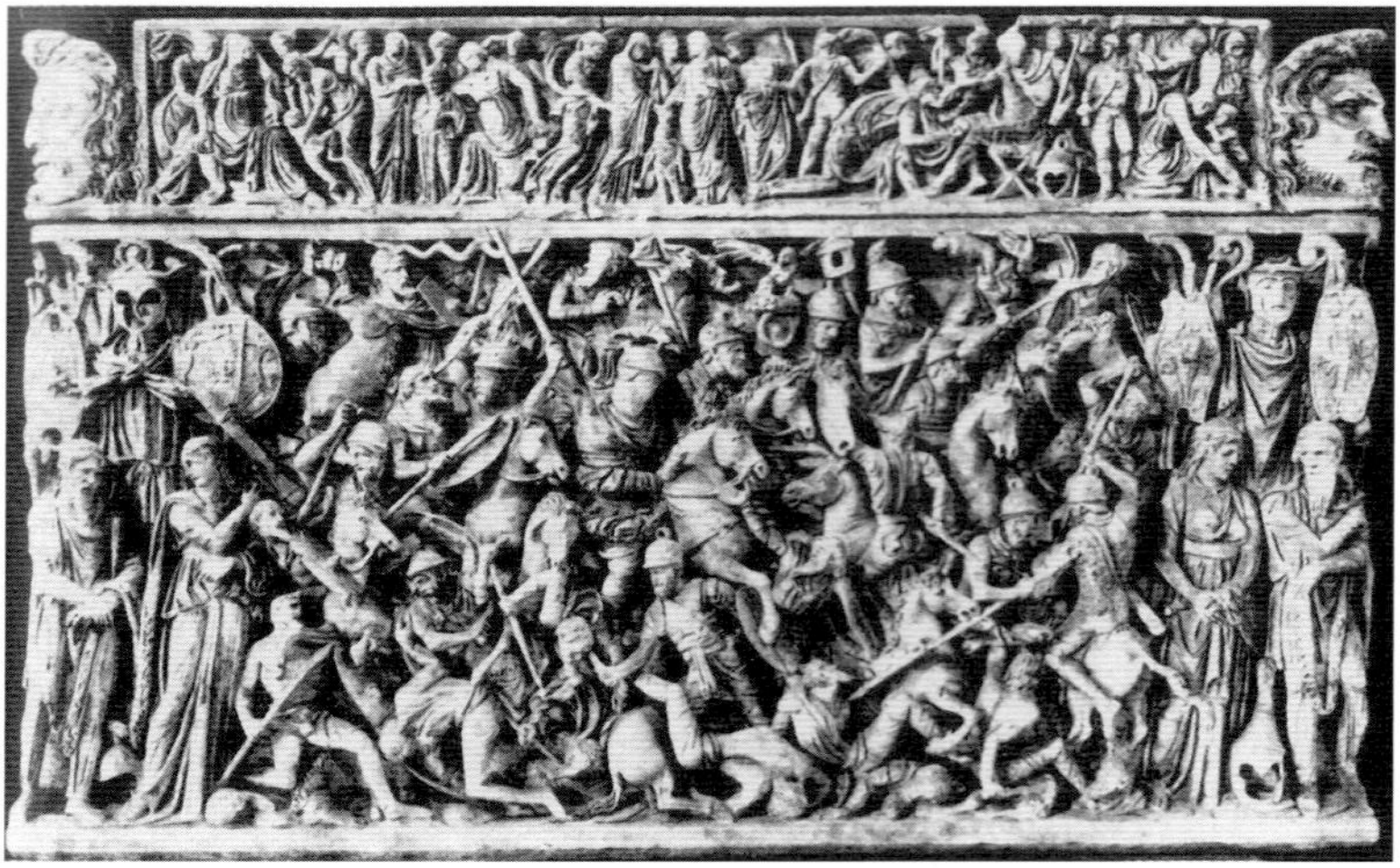

棺に描かれたローマ軍の戦闘

鉄は最善のもの（耕作、植樹、刈り込み、建築、岩石の切り出しなどの有用な目的）に用いられる。一方でそれは最悪のもの、つまり戦争に、殺戮に、山賊行為に用いられる。そこで農業以外に鉄を用いることを禁止したこともあった。（131 ページ）。

ティトゥスのユダヤ遠征

ユダヤ王国を滅ぼしたユダヤ戦争で、ティトゥスの遠征軍にプリニウスが参加していたことも考えられる。図はティトゥスの凱旋門の、エルサレム神殿から戦利品を運びだす様子を描いたレリーフ。

世界の富がローマへ

ローマにおける莫大な富の集積は、地中海の支配権をめぐる闘争でカルタゴに勝利した直後から急速に始まった。……数えきれない富のオリエントからローマへの流入をもたらした(166ページ)。図はローマの外港オスティア港の繁栄を描いたレリーフ。

パンとサーカス

ローマの平和は一面でローマ市民の奢侈や悦楽、あるいは怠惰をもたらし、市民は剣闘士や野獣の闘争、戦車競技などにうつつをぬかし、とめどもなく「パンとサーカス」を要求した。図は戦車競技を描いたレリーフ。

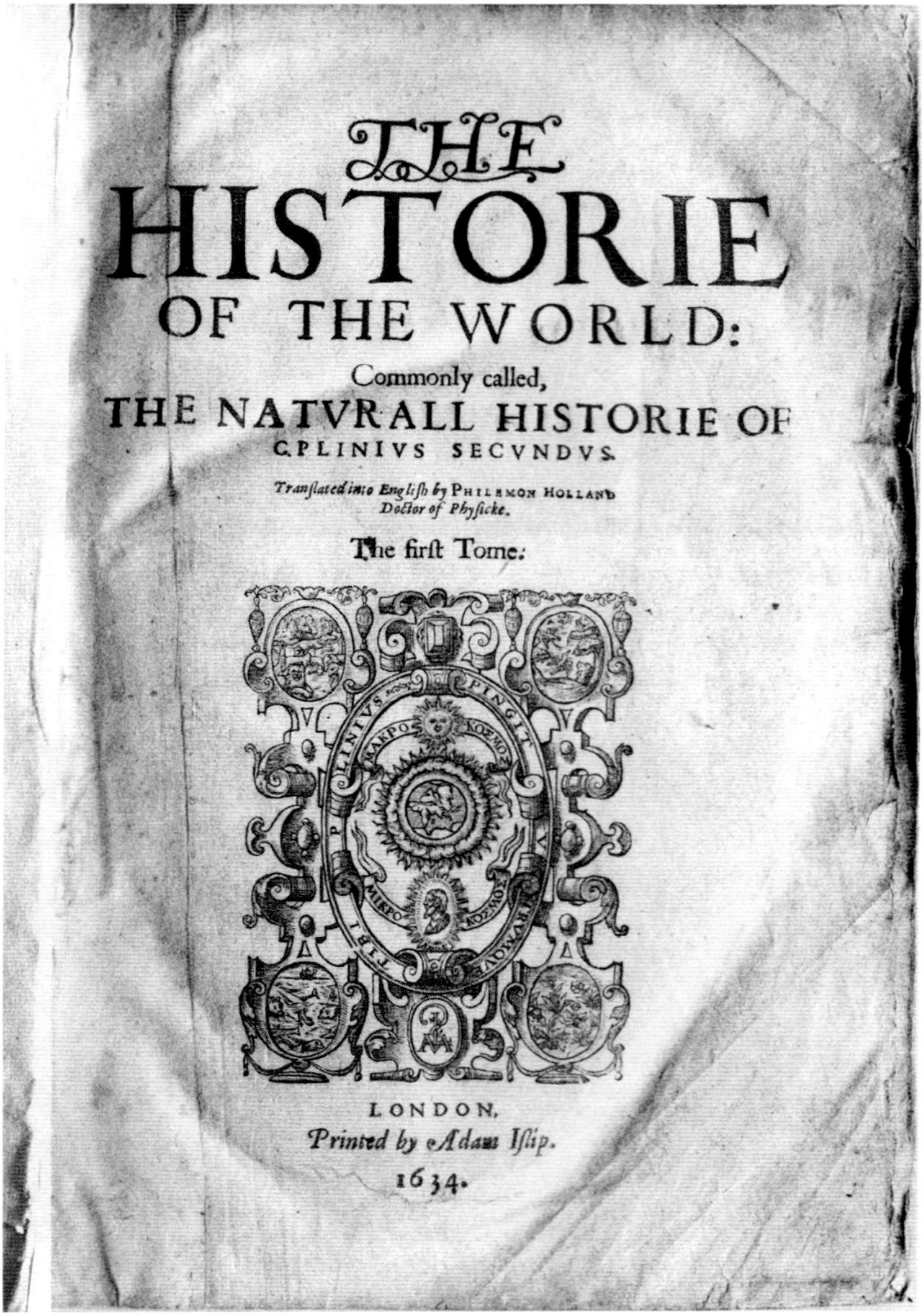
THE
HISTORIE
OF THE WORLD:
Commonly called,
THE NATVRALL HISTORIE OF
C.PLINIVS SECVNDVS.
Translated into English by PHILEMON HOLLAND
Doctor of Physicke.
The first Tome.
LONDON,
Printed by Adam Islip.
1634.

ホランド訳『博物誌』

ホランド訳のこの書がウェザーレッドの用いたテキストである。この英訳版はプリニウスの普及に大きな貢献をし、自然科学の分野のみならず文学や精神史にも影響を与えた。初版は1601年であるが、図は1634年の再版本（中野所蔵）の扉。

目次

■プリニウスの博物誌■

〈縮刷版〉Ⅰ

〈縮刷版〉Ⅱ

〈縮刷版〉Ⅲ

〈縮刷版〉Ⅳ

〈縮刷版〉Ⅴ

〈縮刷版〉Ⅵ

〈縮刷版〉別巻Ⅱ

中野里美著

『ローマのプリニウス（仮題）』

凡　例

一、本文中にある注および挿入句については、（　）は原著者によるもの、〈　〉は訳者によるものである。

二、プリニウスの博物誌からの引用について、

①引用文は原則として雄山閣出版刊の『プリニウスの博物誌』によっている。

②引用部分の末尾の（　）内の数字は、『プリニウスの博物誌』原著の巻数および節をあらわす。

③引用中にある（　）の挿入句は、プリニウスの原文にあるか、もしくは文脈をつなぐために訳者の挿入したもの、〈　〉は訳者によるものである。

プリニウスが沈殿させた、人類の発見・技術・誤謬についての巨大な記録

ギボン[一]

この水晶というものは氷の硬く凍ったものに他ならない。ダイヤモンドはヤギの血で柔らかくされるか砕かれてしまう。入江は稲妻と雷電の被害から保護してくれる。ゾウは関節を持たない。コウノトリは共和国だけに住むだろう

サー・トーマス・ブラウン(『迷信について[二]』)

然り、すべてが驚異である。排水、衛生設備、照明、暖房、今日のファイブタウンズ[三]の陶工が頭を掻くほどのすばらしい陶器マニュファクチュアの遺業、ブドー圧搾器、製粉機、一九二七年のものとまったく同じような浴場。すべて三千年以上も昔のことなのだ。……そこにはマチスやゴーギャンにも影響を与えたに違いない文様がある

アーノルド・ベネット(『クレタ島[四]』)

はじめに

今日、考古学は世間一般のたいへん強い関心を呼んでいるし、世界中あまねく発見に熱中している。それと並行して、人類の遺産に関する記録についても関心が深まっている。そのような記録がなければ、文明活動の物質的証拠にたいする研究は意味をなさないか、意味をなしてもほんのわずかなものでしかないであろう。

これが、プリニウスの巨大で広範な仕事が常に注意をひきつける原因である。それを示すため、何か適当に、たとえば湖上生活者の古い居住地のことを例にとってみよう。プリニウスは、ヨーロッパの北岸の住民を自分の目で見て、彼らの哀れな生活を、ローマ法による権利を享受している幸福な人間（少なくとも彼の目からみて）と比較して記述している。そして、彼らは文明化とはほど遠く、おそろしいほど住み心地の悪い生活をしているにもかかわらず、従属よりも独立を選んでいることに驚いている。

プリニウスが取り扱った膨大な科学や技術に注目するにつけ、人々は二つのことに感動を受けるだろう。一つは、その文明化された世界が、人々が想像していたものよりも現代的であることである。もう一つの魅力は、ギリシア人の飽くなき好奇心と生き生きとした想像力を感じることである。ギリシア科学の時代は、今日の世界の創造に貢献したものすべてを包含している。そしてプリニウスの『博物誌』にはその経緯についての最高の要約が盛られている。

本書の目的は、この素晴らしい概括書の、今でもたまに重版が出るあるエリザベス朝の人物による翻訳書にもとづいて、明快で包括的な説明を加えることである。だが、百数十万語に及ぶこの翻訳についてこのような作業を行なうことは、今日ではかなり困難なことである。(一)

プリニウスは信頼できる案内人なのだろうか、という疑問があるかもしれない。これは重要な問題点である。なぜなら、この作品を研究する人を最初にとまどわせるのは、プリニウスをめぐる評価があまりにも多様なことである。彼は、猟奇的なものや偽科学の材料の収集者として膨大な記述を残したにすぎない、というように批判されたし、そのような判断のもとで、おしゃべり鳥よりも識別力がないとさえ信じこまれてしまった。そのような一つの誤解――プリニウスが展開した広範な知識や判断にたいしてだけでなく彼のユーモアについてさえの誤解は、きわめてありきたりで生半可な知識から発生したものにすぎない。それ以外にも、不可解なことだが、科学の揺籃期に流布された信念の大部分はプリニウスに責任がある、という批評がある。このような評価にたいして、プリニウスは決して予言者でも時代の先導者でもなく、彼は単なる報告者であり、彼の使命はその報告者としての資質を発揮することにあった、という反論がなされた。彼はヘロドトスと同じようなタイプの歴史家（もしくは記録の編集者）である。ヘロドトスは、自分にとって信じられないことでさえもその多くを書き残した。自分の権威を維持するという立場から、それらも報告するのが義務だと考えたものだから。だがしかし自分自身の判断は留保した。「私自身にとっての義務は、語られたすべてについて記述することである。しかし」――彼は意味ありげに言う――「私はすべてを等しく信じようとは思わない。理解することのできる見方、それを私のすべての歴史につけ加えるのだ」。奇妙な話だが、ヘロドトスがそのルールから外れる若干の場合には、ありえないような事柄が後で真実であると証明されても、彼自身は予言者としての業績からそれを除外した。軽信はいずれの道をも切り開くことができるのである。

当然のことながら、『博物誌』の医術の部分に大変興味を抱いているシンガー博士(二)は、一世紀に書かれたプリニウスの記述は、その後の千年あるいはそれ以上の間の科学者たちの知識の発達を抑えた、と嘆いているようにみえる。彼は言う「批判的・科学的な力量のない、正直で勤勉で、だまされやすい紳士から予見できるような、植物の性質・起源・利用法についての時流にのった見解の蒐集を彼のなかに見ることができる(三)」と。だが博士は、プリニウスの科学にたいする貢献は「次の一五〇〇年間の医術書の原型」となったことを認めている。いずれにしても、そのようなとてつもなく長い年月、科学思想の先導者とされてきたからといって、それが功績だとは必ずしもいえない。彼はつけ加える「彼のたいへんな議論癖や挿話好みはわれわれにとっても得るところがある。そして、彼は医術的知識の進歩に何も加えなかったけれども、古代の医術の実際について多くの洞察を残してくれた」と。それ以上、彼の能力につけ加えるべき何があるだろうか、という疑問はもっともである。

論議のために、もし、ある植物に含まれるプリニウスの「治療薬」が全体として正しいと仮定しよう。残念だが、たとえばヘンルーダの例でみるように、たいした障害もなしにこの植物が百以上の病気を治癒できるなどと主張されているが、この話はあまりにもうますぎて、信じられないのだ。だが、今日の特許薬の宣伝においても、似たようなことを請け合う人が大量に続出するのではないだろうか。結局のところ、プリニウスは現代人よりも、だまされやすかったのだろうか。「経験」というものは、いつもそうであったように、人を惑わす案内人であると思われていたのかも知れない。だから、彼が「科学と大衆の意見は正反対である」と明言するときも、彼が気にかけている読者の強い感受性を、十分に理解していなかったとは言えないのである。

ひるがえって、『博物誌』についての賞賛をみると、『銀の時代のローマ文学史』の著者ウェイト・ダフは、「世界におけるもっとも興味ある半ダースの書物の一つ」として高く評価している。

ノルデンシェルド〈四〉はその著『生物学の歴史』のなかで、プリニウスはアリストテレスに次いで「古典古代におけるもっとも影響力のあった生物学者である」と、またT・R・グラバー博士〈五〉は「警句にたいする情熱を持った天性の蒐集家、どこを開いても読む価値がある」と述べている。彼がこの主張につけ加えたただ一つの留保は、「このラテン人は解釈するよりも読め」というのであった。これはオリジナルテキストよりも、我々に伝えられた優れた翻訳を使うことに十分な正当性があるとの見解である。

最後に、このプリニウスの広範な作品にたいするギボンのすぐれた、そして包括的評価を紹介すると、「人類の発見・技術・誤謬の堆積」である。ここには歴史的記録に関しての貴重な収穫がある。事実、プリニウスが好奇心のおもむくままに研究したことが、古代の完全な絵巻の現出に貢献した彼の資質を磨きあげたのだと言われている。

それ以外の当然出てくる質問は、「結局のところ古代科学のどんな価値なのか」ということである。世間の人は、この古い科学の大部分はもう利用価値がないから捨て去られたと考えるかもしれないが、——そういう考えは、排水溝を流れる水や海に流れ込む川の水を追跡するほどの価値もない。

だがこの類比はよりよい解釈を生む。不正確な科学知識は、全体としてそれ自身価値があるのだろうか。川の下流は、情報や交易をより自由に展望するためには有利である。しかし上流では、神秘的な小さい支流や不思議で魅力的な逆流のすべてが、探査されることを望んでいるのだ。ヒライアー・ベロック[六]は、尊敬すべきヨーロッパの土を踏むとき、足の下に二千年の堅固さを感じない人は、半人前の人でしかない、と言っている。もしこれが真実なら（これは歴史の価値についての一般的な表現である）、この原理は同じく科学の発展に関する問題にも同様にあてはまる。そしてヒューマニズムの視点だけからだけでも、かつてウォルター・ペイター[七]が指摘したような主張がある。それは「生きることに関心を持ったこともなく、語るべき言葉も発言を封じられた神託を持ったこともなく、積極的な人間精神によって夢を楽しんだこともなく、何ものにも情熱を持ったことがなく、時間や熱意を浪費したことのない、全体として言えば生命力を失ったような、そのような男や女は決していないのだ」。

この立派で完璧な主張はわれわれに、古代についての、汲めども尽きない感興を呼び起してくれる。

だが同時に、その思索はギリシア人のものと同じほど躍動的であったというような手のこみすぎた解釈には、いくらか用心したほうがいいと警告したい。われわれは十分な知識を得ることによってはじめて、空想を餓死させることに成功するのだ。同時に、古代人は科学的思考向に関しては単なる子どもにすぎない、と想像することも間違っている。その反対であって、あまり高い評価は与えられないにしても、彼らが真理であると推測するうちの相当部分で、驚くほど見事に虚偽を締め出している。鈍感な人々というのは、『無商旅人』のなかのバーロウ氏[八]のように、あまりにもしばしば無用な注釈をさしはさむ。ディケンズは、「私の『アラビアン・ナイト』の邪魔をし、うんざりさせる権利など彼にはありはしない。それなのに彼はそうした。そしてつねに船乗りシンドバッドの信憑性に疑いをはさむ。もし魔法のランプを手に入れることができたなら、彼は几帳面にその手入れをして火を灯してみるだろうし、また捕鯨場をちょっと点検して、ランプ用の鯨油の質についてさんざん講釈するだろうことを私は知っている。彼はすぐ機械的原理にもとづいて魔法の木馬[九]の首についている木釘を発見する。そしてそれを職人かたぎの正しいやり方で回すので、木馬はほんの少しでも空に舞い上ることはできず、この物語は存在しなかったことになるのである[一〇]」と嘆く。

　プリニウスをラテン語で読むのはたいへんなので、みんなのために誰かが翻訳するのが望ましい、という考えが自然発生的に生れた。そういうわけで、幸いにも『博物誌』はラテン語以外の言語によって多く知られている。初めて私にこの本を紹介して注目をうながした友人は、この本をイタリア語訳によって知ったのである。しかし、『欽定訳聖書』の十年前に出版されたわがエリザベス朝の訳本は[一一]、イギリスが誇る偉大な時代の豊かな魅力と優れた遺産の分け前なのである。

　このようにして、よく利用され、どこでも引用されるようになったこの翻訳は、少しばかりスペル、句読法を現代化し、そしてまたしばしば文章を節約したが、その簡略化はわずかであり、妥当なものと言えよう。

　この広範な古代の科学的知識の情報源について、細部にわたって紹介するのは容易なことではない。そこで、利用できる多くの参考書のうち、とくに有益なものを紹介しよう。

Clark and Geikie, *Physical Science in the Time of Nero*.

Heath, *Aristarchus of Samos*.

Nordenskiöld, *History of Biology*.

Charles Singer, *From Magic to Science*(Ch・シンガー『魔法から科学へ』平田寛他訳、社会思想社、一九六九年)。

The Travels of Sir John Mandevill(J・マンデヴィル『東方旅行記』大場正史訳、平凡社、一九六四年)——たいへん興味深い中世における反応。

T. R. Glover, *Greek Byway and Herodotus*.

　このグラバー氏のご好意によって、わたしはこの多彩で魅力的な主題の扱い方について、大変多くの価値ある示唆をいただくことができた。

H・N・W

第一章　プリニウスと翻訳者について

聖アウグスティヌスはウァロ〈一〉を、ローマの最初のエンサイクロペジストであると評した（ローマには独創的な科学者は誰もいなかった）。というのは、ウァロは非常な読書家であったので、何かを著述するという暇はほとんどなかったし、そしてまた、あまりにも著述に熱中したので、読書の時間を見つけだすことが困難であったからだと。ウァロについてそういうことが言えるならば、プリニウスについては百倍もそうであると言える。彼は、情報蒐集に熱意をもやし、決して満足せず、つねに新しい知識の道を探求するという人間であった。彼が探求した科学の蔵書の多くは、その後のアレキサンドリアの大火で燃えてしまったか、ローマ帝国が滅亡する際の全面的な破壊によって、今日われわれの手に残されていないものである。

このようにしてプリニウスは、古代の伝承についての、彼が残してくれなければ欠落してしまったであろうところの、一つの立派な筋道の立った報告書をわれわれに残してくれた。中世においては、そのような記録の重要性は、とくにギリシアの哲学、およびそれより劣るがローマの哲学に密接に関連した科学の考え方のなかに無数に見ることができる。天文学についてのプラトンの知識は、彼の高く聳え立つ思索の性格に影響を与えた。そしてまた、科学を倫理学と政治学をも包含する自然の諸現象の研究の体系の重要な一部として扱った当時の最高の生物学者アリストテレスもそうである。だからわれわれは、いわゆる『博物誌』――それは自然の力の受容というよりその解釈である――を研究することによって、一世紀のローマの精神を知るのである。

古代の科学の多くはまた、われわれがいま伝説と呼んでいるが古代人たちにとってはありのままの事実と思われたものをも包含している。アルゴナウテス〈二〉たちの遠征は彼らにとって単なるお話ではなく、現実に中央ヨーロッパの内陸部で起きたことであった。優れた船であるアルゴー号は、再び海に浮ぶため、アドリア海の港までアルプスを越えて船員たちによって運ばれねばならなかったのである。プリニウスはそれを作った木についてさえ報告している。伝説、科学、文学、絵画、彫刻芸術、宗教、それらはすべて一つの栄光ある統一体を形成する。そして誰も、このような人類の知識の広範な集積物の構成要素を、プリニウスほど完全には組み立てることはできなかった。彼の作品は、すべての価値ある仕事を導く道路標識のようなものであったと言っていいだろう。

ガイウス・プリニウス・セクンドゥスは、甥の小プリニウスと区別するために大プリニウスの名で知られているが、紀元二三年に、コモ〈三〉の名門の家柄に生れた。

その五六歳の生涯で、多くの注目すべき事件が起きている。ユダヤが、彼の友人であり軍隊での仲間であったウェスパシアヌス帝によって攻撃され滅びた。その息子ティトゥスもその戦いに参加していた。ロンドンはローマの一入植地になった。アグリコラ〈四〉ははじめてブリタニアを周航した。インド航路が紅海を通って開かれた。伝承によれば、聖ペテロと聖パウロがプリニウスの悲劇的死の二〇年前に、ローマで殉難死したという。

プリニウスの生涯の細部についての資料は乏しい。しかし、彼の知性の強靭さ、ほとんど理性の限界を越えた仕事にたいする情熱を指摘するには十分である。小プリニウスはバエビウス・マケル〈五〉宛の手紙で、この有名な親族についての素描を書き残してくれた。そこには個人的な回想のほかに、プリニウスの著わした書物の短いカタログも含まれている。

それには、軍隊での教育、雄弁術の技法、文法、科学が含まれる。『馬上からの投げ槍について・一巻』は彼がゲルマニアで騎兵隊長をしていたときに書かれたものである。『ポンポニウス・セクンドゥス〈六〉の生涯・二巻』は、友人への追憶である。次に『ゲルマニア戦役』は二〇巻に及ぶ野心的な歴史書である。これは、ゲルマニアで戦った有名な軍人であるドルスス・ネロ〈七〉がプリニウスの夢枕に立って、自分が忘れられないようにして欲しいと頼んだのが、著作のきっかけである。他の作品はもっと文学的な主題を扱っている。最後に『博物誌』三七巻を完成させた。唯一現存しているこの偉大な自然科学書には、彼の甥の小プリニウスの「自然それ自身と同じくらい広範で博識に富んだ」――という表現ほどにふさわしい賛辞はないだろう。プリニウスの著作は総計一〇二巻に及ぶ。『博物誌』の一つの巻の長さからみて、彼の全著作だけによって立派な文庫ができる。これはまた、かなりの期間法廷弁護人として活躍し、二つの属領で行政を担当し、ヨーロッパの各地で転戦し、皇帝の親しい顧問であり、最後は艦隊長であった人物による著作である。引き受けたどんなことにたいしても、決して努力を怠らない、精力的な一人物による驚異的な記録である。

小プリニウスが、この膨大な成果を成就するにあたって果たした伯父の資質としてあげているのは、鋭い知性、信じ難い適応力、少ししか眠らないですむという驚くべき才能である。彼はローソクの明りのもとで夜遅くまで仕事をした。そして夜が明ける前に起きだしウェスパシアヌス帝のもとに伺候した。ウェスパシアヌスも夜仕事をするのが常であったから。家へ帰ってくると、古い慣習によるごく軽い朝食をとり、日光浴をする。もしそれが夏で良い天気ならば、本を読ませているあいだに抜書きをした。彼は、どんな本でも役に立たないものはなく、何かしら有益なものが含まれている、というのが常であった。

日光浴のあと、冷水浴をし、昼食をとり、そのあと少しばかり昼寝をした。それから再び仕事を始め、それは夕食まで続いた。本の朗読が行なわれ、注釈が加えられた。これが家庭における日課であった。旅行に出かけるときには、書記が書物と書き板を持って側につきそった。それが冬ならば、指が凍えて時間を無駄にしないように、書記は手袋をして保護した。徹底して時間の浪費を嫌ったことは、いつか小プリニウスがぶらぶら歩いていて叱られたことが決定的証拠になる。やらなければならないことが沢山あるので、そのような時間は勉強に使われなければならなかったのである。これは甥の手紙のほかの個所の調子からみても、あり得ないことではない。彼もまた、法曹界での高い地位と国家の重要機関の高官になったが、伯父に努力が足らないと厳しく叱られたことが影響している。事実彼は、伯父と比べて自分が怠けもので駄目な人間なので、恥じて赤面しなければならないと告白している。

プリニウスの死をもたらした事件については、その事情を知りたがった歴史家タキトゥス宛の、〈バエビウス・マケル宛と〉同じくらいの長さの手紙に書かれている。小プリニウスは次のように報告している。艦隊がミセヌム軍港に停泊しているとき、伯父のプリニウスは、異常な大きさと形をした雲が突然ウェスウィウス山からたち昇っているのに気がついた。それは、その下にあるポンペイやヘラクレネウムの滅亡を予感させるような爆発であった。雲は松の木のような形になり、幹が高くそびえ、枝分かれし、大量の葉が飛散ったように広がっていた。風が上の方を吹き流していた。そして土や灰が降り始めた。プリニウスは異常事態の調査のために快速船を出すよう命令した。ちょうどそのとき、海岸にいる一人の友人からの、救助を求める伝言がもたらされた。彼はこの四段櫂船を発進させ、海岸に接近するように命令し、つき進む船のうえで、なおも続く爆発の有様をすべて口述し記録させた。海は盛り上がり、熱い灰や軽石が降ってきた。恐ろしくなった舵手が、引き返したいと言ったが、プリニウスは「幸運の女神がついている」と叫んで前進するよう命じた。

海岸に着いたときプリニウスは、みんなが恐怖でおののいているなかで、落ち着いた様子を示し、友人を慰め、不安をなだめ、浴室に案内するよう頼んだりした。そのあと陽気に夕食をとった。そのあいだにも、煙は広がり、火柱は高く燃え上り、それは夜のような暗闇のなかで輝きを増した。そのような周囲の危険にもかかわらず、彼は静かに眠りについた。というのは、部屋の外にいた従者がそのいびき声をはっきり聞いたと伝えられているから。状況は急速に悪くなった。壁は繰り返し強烈な衝撃を受け、あちこちへ揺れた。降りそそぐ灰は、脱出する手段をすべて奪おうとしていた。人々は熱い火山礫から身を守るために枕を頭に縛りつけた。一つの手段として、海岸に出ることになったが、海は波が高く荒れに荒れていた。プリニウスは地面に敷いた布の上に横になった。だが硫黄の煙が彼の気管を襲った。二人の少年の奴隷が彼を起こそうとしたが駄目だった。彼の気管は「弱くて狭く、よく炎症を起していた」ので窒息したのである。

朝になって日光が戻ってきたとき、彼は無傷のまま発見された。衣服を全部つけていて、その姿は死者というよりも、眠っているように見えた。

これが、かつて西欧世界を揺り動かしたと考えられる、自然の最大の劇的な異変という大事件の混乱のなかでの、歴史上の偉大でしかももっとも情熱的な一人の著作家の最後であった。小プリニウスはこのとき一八歳であったが、母とともに命からがら逃れることができた。ディオン・カッシオス〈八〉は百年以上ののちに、トランペットの伴奏（人は一陣の強風が吹いたと評した）のもとにこの噴火を語った。そして生き生きとした描写で、ポンペイとヘラクレネウムの埋没という大異変が、イタリア中をくまなく震駭させた様子について、印象深く描いた。このとき、プリニウスが記録してくれた芸術作品も、絶え間ない土砂降りの雨によって山の斜面を押し流された土と灰の泥の海のなかに埋ってしまったのである。

プリニウスは『博物誌』三七巻の著述にあたって、百人のギリシア人・ローマ人の著述家の二千巻を下らない書物を参考にしたと述べている。このリストのなかには、ホメロス（最高級の科学者であるとみなされていたし、プリニウスは「古代における君主でしかも父親」と呼んでいる）、ヘロドトス、クセノフォン、トゥキュディデス、エウクレイデス、デモクリトス（原子論の創始者）、アルキメデス、テオフラストス（「植物学の父」）、ディオニュソス、クテシアス、ウァロ(1)、ストラボン、ボエティウス、アナクシマンドロスや、その他今は知られていない大勢の著作家が含まれている。古代における著作のリストから選別するにあたって、これ以上立派な選択はなかったであろう。

ほとんどの古代の写本と違って、プリニウスの写本は中世の暗黒の時代にも失われることはなかった。これは、その狂気の時代にあって、その大衆性——人はそれを現代性というかもしれない——に原因があるのだろう。それは絶えず筆写されてきたが、今日のような、厳密で学究的な視点からみて、いつも正確であったとは言えない。筆写という方法だから間違いも生じた。修道士と筆写人は、いつでも自由に自分の思いついたことを書き加える傾向があった。筆写している原典にあまり注意を払わなかった。というのは、写本を自分の書斎のために入手できない人間が、テキストの絶対的正確さが決定的重要性を持つということなどに考慮を払うはずがなかった。

次のような気ままは常であった。筆写人はときどき彼自身の判断で、この仕事が完成した感謝の言葉を加えようとした——その心情は許せるが、適切とはいえない文言でもって。

この書は最初ベネチアで一四六九年に印刷され、四三の版が重ねられた——重々しいタイトルページと立派な題字によって威厳をつけた豪華な書物であった。編集にあたっては可能なあらゆる注意が払われた。ポリツィアーノ[九]が、フロレンスの聖マルコ寺院から借りた二部の写本と、ナポリのフェルディナンド王から借りたもうひとつの写本の助けによって三度校合した。

英語に翻訳されたのはエリザベス朝のときで、翻訳はかなり目新しいものであった。フィルモン・ホランド〈Philemon Holland 一五五二―一六三七〉に翻訳が任せられたのだが、彼はすでにフューラー[一〇]によって、「当時の翻訳長官」という称号を受けていた。実際上、この翻訳は今までのものとは違ったいくつかの試みがなされている。というのはラテン語のテキストに、必要以上に密着しないという流行によるからだと思う。そしてまた、幸運にも才能上競争相手がいないことから、自分たちがほぼ独立した著者であるという印象を訳文のなかに持ちこみたい、という気持を持ったエリザベス王朝人の気質もその原因である。その当時は実際に、古典の著作を「民衆の言葉」に翻訳することにたいして、同時代の古典学者が激しく憤ったものである。ホランドはその序文のなかで、自分の目的は暗闇のなかに死んだように埋められて横たわっている文書を明るみに出すことであると宣言したが、そのなかにこのような対立関係の徴候をよみとることができる――「古い素材を新しくし、曇ってうす暗いものに光沢や輝きを与えること。魅力、活力、叙述の力強さを与えてくれるのは確かに古代人である。あたかも年月がこくのある良い葡萄酒を生みだしさえするように」。彼は、最後には自分の努力が、対象としたすべての人々によって感謝されるだろうという希望を大切に抱いていた――若い研究者にとってはラテン語の不明瞭な解釈からよりたやすく免れることができ、また大先生にとっては――皮肉な調子の楽しい感触を味わうことを可能にし――「つまずいたところを協議をしたり、決定したりする際に、満足してもらえるだろう」と。

この書の扉には次のように書かれている。

　世界の歴史（THE HISTORIE OF THE WORLD）
　通常　博物誌（The Naturall Historie）と呼ばれる
　C・プリニウス・セクンドゥス

日付は一六〇一年、サー・ウォルター・ローリ[一一]の著わしたもう一つの有名な『世界の歴史』に先立つこと一三年であった。「歴史(history)」の語は二通りに使われる。ラテン語の意味では事件の記述という意味をあらわす。しかしギリシア語からの派生によれば(プリニウスはこの意味に使っている)ありとあらゆる知識の概略という意味を持つ。

フィルモン・ホランドは、その途方もない労作にまったく相応しい人物であった。というのは彼は八十歳以上生きたが、まったく眼鏡を必要としなかった。そしてプリニウスに加えてスウェトニウス、リウィウス、プルタルコス、クセノフォンの全作品を翻訳した。そしてこれらは彼の余技というべきものであった。なぜなら彼の本職は内科医であったから。このことを考えれば、彼がこのような仕事をするのはまったく妥当で、格別に相応しいことであった。というのは、もっぱら医者の視点から、健康に関してまだ知られていない便益を、富者にも貧者にも等しく贈るということを誠実に信じて実行した仕事だったのだから。

翻訳の様式はその年代から判断できるだろう。これは『ハムレット』が書かれた年と同じで、一五六八年の『主教聖書』と一六一一年の『欽定訳聖書』のほぼ中間に位置する。〈一二〉それだから、古代の著作の訳文にはうまく適合することが明らかなリズムと語法の特質が、かなりの程度反映している。それ以後の唯一の現代訳は、ジョン・ボストック(John Bostock)およびT・H・ライリ(Riley)によって一八五五年、ボーン・ライブラリーから発行されたものである。〈一三〉それはより文学的で正確であることは間違いない。しかし、翻訳の偉大な時代のきらめきと心地よい香気には欠ける。

たいへん幸いなことに、フィルモン・ホランドの翻訳は、原典の大衆的な語調を保つことに成功している。古代の科学は少しばかり気まぐれだという確信的な主張は、容認してもいいだろう。同時に、驚異的記述に満ちていることが発見されたという主張も。謹厳さのなかにしゃれっ気も混じっている。これは、プリニウスが友人である皇帝ウェスパシアヌスへの献辞に、「それは農民や職人など一般大衆と、それに何もすることのない学問の徒のために書かれたものです」〈一四〉と述べた理由を説明している。薬草の研究のみは、病苦を和らげるうえで、口で言えないほど大きな価値を持っている。そしてこの実利的関心に加えて、時折の無味乾燥さを活気づける豊富な逸話を伴った、すべての問題を解決する百科全書としての目的を持ったのである。だからわれわれは簡易見出しから、クレオパトラの真珠と毒薬、アペレスと彼の絵について、アレクサンドロスとその愛馬ブケファロス、キンキナトゥスと犂、近眼のネロとエメラルド、ネロの歌と発声の練習について、そしてまた、後にその多くが伝承に熱心な中世の著作者たちのおかげで、長いあいだに広く普及した魚、鳥、動物についての素晴らしい物語の蒐集、それらを見いだすのである。そこには、自分たちの価値を証明するためにワシが自分の子にまばたきしないで太陽を見つめさせる話、若くてパテのように柔軟な子グマを、母グマがなめまわしながら自分と同じ姿をしたクマの形にしていく話、イルカが水夫の歌に魅了されたり、子供を背中に乗せて学校へ連れていった物語、ゾウやウグイスがレッスンを受けて自習をすることとか、気高いライオンと巨大で不気味なヘビについての物語などを発見する。つまり、物語に加えて情報量の豊富なゴシップ話は、どれもみんな実利的なのである。

『博物誌』についてのその他の歴史的興味は、ギリシア人とローマ人の空想力によって捉えられ彩られた世界の不思議物語を、われわれに保存してくれたことである。それからまた、芸術の至宝に留意したことである。プリニウスは、古代の画家の絵画について、大理石・象牙・金の彫刻について、ブロンズの鋳像について、また壮麗な都市に建立された多くの記念建造物や建築について、的確な記述をした最初の批評家であった――

「はるかな昔、誇り高く栄光に満ちた国王が建立した
塔、墓、ずらりと並んだ彫像
女、花の空気、たたずむ恋人
その大通りを、偉大な男が歩いていく」

この作品は広範にわたりすぎて散漫であるかもしれないが、現代において再構成した多数の著作よりも、古代の習慣や思想についてのより正確な歴史を含んでいる。フォルムのゴシップや流行の思想、その時代の迷信について知っている一人の正確な目撃者、一人の解説者から、われわれは直接報告を受けとるのである。われわれは、珍奇なもの不思議なものにたいして、きわめて鋭敏な欲求を持っているローマの大衆の、典型的な実務的感覚を知るうえで、間違いを犯すことはない。結論的に言えば、彼の人類の技芸にたいする関心が、彼の自然にたいする愛情と知識が生き生きしているのと同じように生き生きしていることは、プリニウスの名誉であるとともに、われわれの喜びである。

第二章　人間について

プリニウスはジョンソン博士〈一〉の、

「広い視野をもって観測し、
　中国からペルーにいたるまでの人類を探査せよ」

というたいへん賢明な勧告を遂行できなかったけれども、彼はともかくもぎりぎりのところセレスの土地、中国に触れてはいる。その中国からは、ローマの貴婦人の客室に絹がもたらされ（不謹慎という理由で、厳格な道徳主義者から非難されたが）、またもっと贅沢なことだが、暑いからといって兵士たちが鎧・冑の下に絹を着たりしているのである。ペルーに触れていないのは当然である。しかし中部大西洋の島々についてはそれなりの正確さをもって記述されている。

　ところで、人間を概観するにあたって、プリニウスは広く観察を行なったが、とくに彼以前の著者の記述について注意深く見解を述べている。彼自身は大旅行者というわけではなかった。だが軍務および行政官としての勤務でガリア、ゲルマニア、ヒスパニアを直接経験していた。またエジプトを訪問したし、多分、地中海の沿岸の各地も知っていただろう。しかし、遠隔の地域については、ヘロドトス、ストラボンその他の地理や人類学のページを引用している。

彼はストア哲学の影響を受けていたので、人間の運命に関して冷静で厭世的、そして運命的な見方をとった。人間は「世界の美であり、神のような理解力を持った存在」であるどころか、ローマ人の通常の精神のなかでは、芸術によって僅かに改良されただけの野蛮な群衆にすぎない。その意味では、自然から与えられた便益は、実用化されて天の恵みとなったのである。自然という言葉のなかには「神の技芸」とみなされるものが含まれていた。人間は神の恩恵の受容者であった。人類の大きな欠点は、自分たちの女主人にたいし敬意を払わないこと、金や大理石、鉄やその他の金属を求めて冷酷にも大地を根こそぎにすることである。

一種の陰気くさい哲学的な男にもかかわらず、彼はローマ人には大変興味深い人間として受け止められていた。時には落胆したり当惑したりするが、常に底無しで特別あつらいの楽天主義を示す。キケロは、死すべき人間のなかに神に似た要素があると考えていた——ダイモンか天才か——これは人間の意識にとっては、かなり説明しにくいものである。だがプリニウスは、むしろ物質主義の考え方の空虚さ、過去から受け継がれてきた人生の苦痛、死を超越する望みのない、免れることのできない病気と死について、じっくりと考えることを好んだ。彼の実際の目的は、もし可能なら、不幸な運命を緩和する方法を自然のなかに発見することであった。さらには、人間が毒によって自殺できる存在であることのありがたさを拡大することであった。「生のよろこび」は、次の文節から判断されるように、ローマ哲学の顕著な特徴ではなかった。それは、アイスキュロスのコーラスの憂うつな気分を思い起すような哀歌である。

自然がはたして人間に対して親切な親であったという方がよいのか、残酷な継母であったというのがよいのか判断することはできないくらいだが。まず第一に、自然はすべての生物の中で人間だけを借り物の資材で覆う。ほかのすべてのものに自然はいろいろな方法で覆い物を与える。貝殻、樹皮、刺、殻皮、毛皮、剛毛、髪、柔毛、羽毛、鱗、羊毛などがそれだ。木の幹でさえ樹皮、それも二重になっていることもある樹皮でもって寒暑から守ってやった。しかるに自然は、人間を生まれた日に裸のままで、裸の地面へ抛り出すものだから、彼はただちに号泣したり涕泣したりする。ほかの動物にはそんな泣虫はいない。そしてそれも生まれて来るほんのしょっぱなでのことである。ところで嘘でないが、よく言われて来た嬰児の微笑も、どんなに早くても六ヵ月経たなければ、どんな子どもにも与えられない。こうして光の中へ初めて出て来ても、それに続く一定の期間は、そんなことはわれわれの間で飼われている動物にすら振りかからぬことだが、手足全部に枷をかける繋縛を受ける。このようにしてうまく生まれてきても、彼は手足を邪魔物に包まれて、泣きながら横たわっている。それが、やがてはすべてのほかのものに対して主人面をすることになる動物なのだ。そして彼は、たったひとつの過ち、すなわち生まれてきたという科の故に罰をもって生涯をはじめるのだ。こんな出発をしながら、自分たちは誇りある地位に生れてきたのだなどと考える者があるとは、なんたるたわけたことだろう。

彼が将来強くなる望みが現われはじめ、時の経過がまず許してくれるのは、彼が四つ足動物に似たものになることである。いつ人間は歩きはじめるのか。いつ口をききはじめるのか。いつその口は食物を摂るほど丈夫になるか。なんと長い間彼の頭蓋は動悸を搏つことか。これは彼がすべての動物のうち一番の弱者であることのしるしだ。それから彼の病気、そしてあらゆる薬がそれに対してつくり出される。この薬も次には新しく起ってくる変調によって打負かされる。すべてのほかの生物は、自分自身の性質について自覚をもっている。すなわち、あるものは速力を、ある者は快速な飛翔を、あるものは遊泳を利用する。しかるに人間のみは教育によらなくては何ひとつ知らない。ものを言うすべも、歩くすべも、食べるすべも知らない。つまり、彼に生れながらできる本能といえば泣くことだけなのだ。そういうわけで、生れてこなければよかったとか、できるだけ早くおさらばをした方がよかったとか信じた人びとも多かったのだ。すべての生きもののうち、人間にのみ悲しみが与えられる。人間にのみ奢侈が、それも無数の形で与えられ、そして彼の身体のあらゆる違った部分に及ぶのだ。彼のみが野望を、貪欲を、生に対する数限りもない欲望を、迷信を、自分の埋葬について、そして彼がもう存在しなくなってから起る事柄についてまで心遣いをする。いずれの生物の生活も、人間よりもおちつかないものはなく、あらゆる享楽に対するより大きな欲望、より弱々しい臆病、よりはげしい怒りをもつものはない。結局、ほかのすべての生きものは、至当なことながら、彼ら自身の種属の間で彼らなりに時を過している。われわれは、彼らが群をなして、他動物に対してしっかりと立ち向うのを見る――猛々しいライオンも彼ら同士で闘うことはない。ヘビはヘビに咬みつくことをしない。海の怪物や魚といえどもほかの種属に対してだけ残酷なのだ。ところが、誓って言うが、人間にはたいていの禍は仲間の人間から来るのである。（七、1―5）

葬られた後の死者の魂についてはいろいろな問題がある。誰でも最後の日以後は、最初の日以前と同じ状態にある。そして肉体も精神も感覚をもたないことは生れる前と同様なのだ――ところが人間の空しい望みが、自己を将来へも延長し、自分で死後の期間まで続く生命までもでっちあげる。時には霊[1]に不滅性を与え、時には変容を、時には地下の人びとに感覚を与え、霊魂を崇拝し、人間であることさえやめた人を神にしたりする――人間の呼吸のし方がほかの動物のそれと違うかのように、あるいは人間より寿命の長い動物はいくらもないかのように。こういうものに対しては誰も同様の不滅性を予言したりはしないではないか。だが、魂そのものの実体は何であろうか。その質料は何か。その思考はどこに宿っているのか。どのようにしてそれは見たり、聴いたりするのか。何によって触覚を得るのか。それはこれらの諸感官をどんなふうに用いるのか。これら感官がなかったら魂はどんな幸福を経験するのか。次に、彼らの住まいはどこか、無数の時代の魂や幽霊はどんなにおびただしい数にのぼるだろうか。こういうことは子供くさいばかげた空想で、永世を貪り求める人間のすることなのだ。人間の肉体を保存しておくだとか、デモクリトスが、人間はまた復活すると約束したというようなことも同じくむなしい望みというものだ。彼自身復活などしなかったではないか。くそくらえだ。生命が死によって更新されるなんてなんとたわけた考えだ。霊魂は天上界にあって感覚を保持しており、幽鬼は下界にとどまるなどということだったら、同時代の人びとにはどんな安息が得られるというのか。たしかに、この甘美ではあるが軽々しい想像は自然の主要な恵みである死を打ち壊し、死に臨んでいる人に、今後にも来るべき悲しみまで考えて悲哀を倍加させるのだ。（七、188―190）

プリニウスの哲学的確信が、彼の個人的感情と経験とに、いかに一致しないかということに注目することは重要である。彼が時間を大切にしたことから判断すれば、人生というものが、つかのまの、はかないものだという感情には彼は無縁なのである。一般的な無益論とは著しく異って、ある意味で彼は時間を享受し大事にもした。このことを彼は、最後の瞬間を無駄にせず活用することによって証明した。怠惰は苦痛を、勤勉は幸福を意味した。さもなければ、そんなに熱心には自分の仕事を果たさなかったであろう。そしてまた、それが後世の高い評価の理由となったことだが、名声や不道徳は彼にとって意味のないことであった。彼の行動には弱点や不安定の徴候はない。最後の危難で彼は、もっとも爽快な人物であることを示した。彼の人生についてのストイックな考え方は、彼を根っからのペシミストであると見なす理由はまったくないことを信じさせてくれるのである。

もし彼が事物を見る場合、哲学原理の問題や原罪のような陰鬱な見方をとったなら、難解な他人の心のありかたに感嘆したりはしなかったであろう。彼は言う、クラッススは生涯笑うということを知らなかった、ソクラテスは決して陽気になったり乱れたりはしなかった、キュニコス派のディオゲネスはたいへん峻厳で、しまいに全人類を憎むようになり、欠陥のある、頑固で強情な性格を養ってしまった、と。これらの「哲学の柱石」と彼が呼んだ人々は、彼の理想である完全な人間では決してなかった。むしろ、彼の判断によればカトーは、高度の保守主義、断固たる義務の遂行、他からのあらゆる刷新にたいする頑固な敵であるという、ローマ人の原型であった。

人間についてのその広い視野のなかでプリニウスは、詳細な考察をおろそかにしていない。彼は人間をあらゆる角度から眺める――精神的な面だけでなく（「記憶力はなににもまして重要なものである」）、忍耐力の強さについての観点から物理的に（古代世界は競技会の記録に強烈な関心を持っていた）、それからまた身長、長寿、いろいろな癖についてまで。クレタ島での地震の際、有史以前の何かの怪物の化石が発見されたことは、他のことと並んで、人類は体格が小さくなったのだという考えにプリニウスが陥った原因になった。だがプリニウスは、彼と同時代のガバラという一人の人物の証人になった。この男は九フィート九インチの背丈に達した。また彼はアウグストゥス時代の二人の人間についてつけ加えている。その名はプシイ（少年の意）とセクンディラで、背丈はさらに半フィート高かった。その遺体は一般に公開するためサルスティウス公園の墓地に保存された。その反対にアウグストゥスの孫娘ユリアの愛玩物であった「二フィート一パルムの背丈」〈二〉の小人の話が出てくる。

長寿の統計についての興味は尽きない。ヘシオドス〈三〉はカラスの寿命を人間の九倍、雄ジカはカラスの四倍、ワタリガラスはもっとも長生きで雄ジカの三倍であるとした。フェニックスは六六〇年で、限られた人々（ほとんどが国王）が例外的に長生きして、一五〇〇年から八〇〇〇年におよんでいるとしている。

プリニウスはここで、違った計算方法がとられていることを大目に見ていることは事実である。ある国では夏で一年、冬で一年とし、またしばしば四季のそれぞれが一年とされたし、また、エジプト人は月の満ち欠けによって計算する。この方法によれば、異常なことだが、個々人が千年あるいはそれ以上も生きることができるのだ。

この他に、この老著者が関心を持ったお気に入りの話として、異常な出産の事例がある。リウィウス〈四〉は雌ブタの頭をしたヒツジ、人間の頭をしたブタ、五つの足を持った子ウマの例をあげている。彼はまた半陰陽者は海へ投げ込まれると述べている。以下に述べられているような、ある婦人がゾウを生んだという奇妙な話は、子どもの鼻が不恰好であることからの連想から生れたもので、それが話の基になっている。またイタリアの国家にとって大家族を助長することはある程度必要であったのである。

> 三つ子の出生はホラティイ族、クリアティイ族の事例で証明される。それ以上の数は、エジプト以外では縁起が悪いとされているが、このエジプトではナイル河の水を飲むことが多産の原因となる。最近では、故アウグストゥス陛下の葬儀の日に、オスティアでファウスタという下層階級の一婦人が二人の男児と二人の女児を分娩したが、これはたしかに、その後起った食糧不足の前兆であった。われわれはまた、ペロポンネソスの一婦人が四回も五つ子を産んだが、その都度産児は大部分生き長らえた事例を知っている。また、トログスは、エジプトで一度の分娩で七人の子供が生れた例があったと断言している。
>
> また結合した両性を具えて生れるものもあって、われわれはそれをヘルマフロディトスと呼んでいる。

以前はアンドロギニ〈ふたなり〉と呼ばれ凶兆と考えられたが、現在ではお慰みと考えられている。大ポンペイウスは彼の劇場にさまざまの装飾品をおいた中に、やはり装飾のために、伎倆のある優秀な芸術家がとくに入念につくった名高い怪奇物の像をおいた。その中に、トラレスのエウティキスという婦人の像があり、彼女は二〇人の子供たちによって火葬場へ運ばれたが、彼女は三〇回も分娩したと、それからアルキッペという婦人はゾウを生んだというようなことが物の本に書いてある。この後者の場合は、たしかに凶兆のひとつに違いない。というのは、マルシ戦争〈前九一—八八年〉勃発の前兆は、ある下婢がヘビを生んだこと、そしてまたほかの不吉な出来事とともに、さまざまの種類の怪鳥が現われたことが記録されているからだ。クラウディウス皇帝は、テッサリアで半人半馬が生れ、即日死んだと書いているが、事実彼の治世に、彼のためにエジプトからハチ蜜漬けにして送られて来た半人半馬をわれわれもこの眼で見た。（七、33—35）

故アウグストゥス陛下に関する特殊な出来事は数多くあるが、そのひとつは、彼が存命中に彼の娘の孫のマルクス・シラヌスを見たことである。このシラヌスはアウグストゥス死去の年に生れた。シラヌスはネロ帝の後を襲いで執政官になり、アシア属州をもっていたが、その在任中ネロが毒を盛ってかたづけてしまった。クイントゥス・メテルス・マケドニクスは六人の子供と、一一人の孫を残したが、養女、養子を含めて、父と呼んで彼に挨拶した者の総数は二七人であった。故アウグストゥス陛下の期間の年代記にこういう話がのっている。彼が一二回目の執政職で、ルキウス・スラがその同役であったとき〈紀元四年〉四月九日に、ファイスラエのガイウス・クリスピニウス・ヒラルスという身分の低い解放奴隷が、二人の娘を含めて八人の子供、二七人の孫、一八人の曽孫と、結婚による八人の孫娘を先立てて行進し、それら全員に付添われて、ユピテル神殿に生贄を捧げたと。（七、58—60）

性の転換に関しても関心が持たれている。プリニウスはアフリカのティスドリタでそういう一市民を自分の目で見たと述べている。「結婚した当日、女から男に変った。そして私がこの本を書いているときも生きていた」。もう一人の「人物」はアルゴスのアレスクサと呼ばれる人で、結婚した妻であったが、だんだん髭が生えてきて「あげくの果て、妻をめとった」。

次は、メンデルの法則にも見られるような、肉親の類似に関しての記述である。

実際、祖父に似ていた子供もあったし、双生児の一人は父親に、一人は母親に似ていたという例、一人の子供が一年も後に生れたのに、双生児のようにその兄に似ていた例などがあったこともよく知られている。また自分に似た子供を生む婦人もあり、夫に似た子供を産む婦人もあり、家族の誰にも似ていない子供を産む婦人もある。またある婦人は父親に似た女児を、自分に似た男児を生んだりする。疑いを容れない例は、ビザンチウムで生れた有名な拳闘士ニカエウスのそれだ。彼の母はエティオピア人との姦通で生れた子であったが、ほかの婦人と変らぬ色の皮膚であったのに、ニカエウス自身は、彼のエティオピアの祖父を再現していた。

こういうような事例は、実際きわめて範囲の広い問題であって、この問題は、非常に多くの偶然的出来事、たとえば受胎の際さまざまな光景や音響を思い浮べるとか、現実にいろいろな五感の印象を受けるとかいうことによって影響されるという信念を含んでいる。また、どちらかの親の心に突然ある考えがひらめいたことによって、類似が生み出されたり、目鼻立ちの組合せがひき起されたりすると考えられている。そして、すべてのほかの動物よりも、人間において変化が多い理由は、思考が早く、心の動きも敏活で、精神的性格も多様であることが、非常に変化に富んだ型を刻印するのに対し、ほかの動物の心は遅鈍であり、それぞれの種属内ではどれもこれも似たりよったりであることである。（七、51―52）

長距離ランニングは、マラソンの元祖であることを強く印象づける一種のスポーツであった。ピディッピデスはアテナイからラケダイモンまで一一四〇スタディアを二日で走った。ある走者は、アレクサンドロス大王の使いでシキオンからオティスまでの一二〇〇スタディアを一日で走った。〈五〉（一スタディアは約六〇〇ギリシアフィート）。プリニウスは言う、「円形大競技場で、一日に一六〇マイルも走りつづけることができる者がおり、また八歳の少年が正午から夕方までの間に七五マイル走った」と。ネロが三頭馬車でゲルマニアで病気で臥っている弟ゲルマニクスの所へ急がせたとき、一昼夜で二〇〇マイル――ロンドンからヨークまでの距離――を走った。

体力による芸当についての、より真実味のある記述がある。

ウァロは異常な体力の事例についての記述について書いているが、サムニウム式装備をして剣技を行なって有名であったトリタヌスという男は、身体のつくりはほっそりしていたが桁はずれの力もちであった。大ポンペイウスの兵士であったその息子は、身体中、腕や手にいたるまで碁盤縞に交錯した筋肉をもっていた。そのうえ、一度彼が敵の一人に単独格闘を挑むと、手に武器をもたず相手を打ち負かし、はては一本の指で敵を捉えて陣営へ連れて来たという。ウィンニウス・ウァレンスは故アウグストゥスの近衛隊長を勤めたが、彼はブドウ酒袋を積んだ二輪車を、ブドウ酒を空けてしまうまで持ち上げていた。また四輪車を片手で押え、それを引く連馬の努力に逆って自分の重みをかけて止めたとか、その他の驚くべき手柄を立てたものだが、それらは彼の記念碑に刻まれているので見ることができる。マルクス・ウァロも同じようにこう言っている。「ルスティケリウスはヘラクレスとあだ名されていたがいつも自分のウマを持ち上げた。ファウス・サルウィウスはよく二〇〇ポンドの錘を足につけ、同じ錘を手に持ち、二〇〇ポンドの錘を二つかついで梯子を登ったものだ」と。われわれはまたアタナトゥスという名で、不思議な演技ができた男を見たが、彼は重さ五〇〇ポンドの鉛の胸当てをつけ、重さ五〇〇ポンドの靴をはいて舞台の上を歩いた。競技者ミロがしっかり位置につくと、誰も彼の足を動かせることができなかった。そして彼がリンゴを握っていると、誰も彼に指を伸ばさせることができなかった。

（七、81―83）

遠くまで見ることのできる視力について、いくつかの記述がある。ある男は、一三五マイル離れたものを見ることができるということで評判だった。ポエニ戦争のとき、いつもシチリア島の岬に立って、敵船がカルタゴの港を出てくるのを見張っていたという。

『イリアッド』の全文を筆写した小さい羊皮紙が、一個のクルミの殻[2]の中に収められたという事実からみて、微小なものを見る能力もまれではなかった。簡潔な表現の元祖だったのだろうか。そんなに圧縮された手写本の、しかも書いてもいないことを、誰が読むことができようか。

またミュルメキデスは同じ方法で、四頭立ての馬車と、きわめて小さい部屋に沢山のウマがいるものを作ったが、それらは「小さいハエの羽にみんな隠れ」たという。

さらに、自然の偉大な賜物について、また人生の目的にとってもっとも必要な事柄について言及する。キュロス王[六]は、自分の軍隊のすべての兵士の名前を言うことができた。ルキウス・スキピオ[七]は、同じようにすべてのローマ人の名を言うことができた。ミトリダテス[八]は大そう言語に堪能であったが、彼が支配している二二の国民の裁判に臨んでは、通訳なしに話しかけ、それぞれの言葉で判決を言い渡した。言語の記憶で言えばマコーリ[九]も羨むような水準であった。ギリシア人のカルミダス[一〇]は、誰かが引用を乞うと、図書館にあるどんな書物の内容でも、あたかもそれを読んでいるかのように暗誦した。しまいに記憶術が考案され、実際に一度聞いたものはなんでも、同じ言葉で繰り返すことができたという。これには、どんな現代の記憶術もかなわない。

それからまた、人間の諸能力のうちで、記憶力ほどもろいものはない。病気や事故による損傷、いや損傷したのではないかという懸念だけでも、場合によっては記憶の一領域を、また場合によってはその全領域をおかす。石にぶつかったときに読み書きを忘れてしまったが、その他は別状なかったという人が知られている。たいへん高い屋根から落ちた人が、自分の母親や親戚や友人を忘れた。またある人は病気のため自分の下僕たちを忘れた。雄弁家のメッサラ・コルウィヌスは自分自身の名前を忘れた。これと同様な、しばらくの間の、緩やかな記憶喪失は、別に身体が損傷しているわけでなく、休息している際にもよく起る。また眠りが次第に近づいて来ると、記憶が切りつめられたり、空虚になった心が、自分はどこにいるのかといぶかったりする。（七、90）

さて、基本的な疑問となるのは、運命と幸福とに関する問題である。プリニウスの見解によれば、ローマ人は全世界の全人類のうちでもっとも勇敢な国民である。しかし、どの個人が世界でいちばん幸福であるかを決定することは別の問題である。幸福だと思えるものは、今ここにあるかと思えば、次にはもう向うへ行ってしまう。彼は言う、幸福というものは、それぞれの好みと気質によって異るのだからと。ただ一つの理論的結論は、真の幸福を見つけるなどということは、この世でもあの世でもありえないということである。昔は白い石で印をつけた「赤い文字の日」、つまり祝日[一]でさえ、黒い〈暗い〉金曜日によって帳消しにされてしまう[二]。

死後の生命についてのストア哲学の理論によれば、精神は極端なガス状の物質である。魂、あるいは生命は、生贄から立ちのぼる蒸気であり、それは宇宙に広がっている精神が身体に宿るものとして描くことができる。だから魂の本質は物質である。だからその信念によれば、かつて生を享け、そして今やその物質的存在の継続を終える人間にとっては、どんな喜びもどんな満足も経験できないと想定するのは当然である。忍従はプリニウスにとって本源的な徳であり[3]、不安は人間の幸運にとって致命的な敵であった。シェークスピアも不安について「すべてのあさましい情熱は、最大の呪われものである」と語っている。

運命の女神というものは、不幸でないと断定しても間違いでない人に対しては、惜しみなく与え、寛大な取引をするものである。実際、ほかのいろいろなことは考慮外として、たしかに運命の女神も倦怠するおそれがあるもので、いったんこのおそれが懐かれると、幸福はその確固たる基礎をすべて失ってしまう。人間誰しもつねに賢いというわけにゆかぬという諺はどうだろう。できるだけ多くの人びとが、この諺は誤りだ、予言者の言葉じゃない、と思ってほしいものだ。人類というものははなはだ虚栄心があって自己欺瞞がうまいので、トラキア種族のやり方にならって予測を行なう。トラキア種族は、毎日の経験に応じて、いろいろの色の数え石を壺の中に入れ、最後の日にそれを色分けし、数を数え、そして個人個人について判断を下すのである。輝くばかりの白い石がよしとしたその日が、不幸の源を含んでいるとしたら、この事実はどういうことになるか。いかに多くの人びとが権力を得ることによってうち倒されたことか。いかに多くの人びとが富によって破滅を招き、じかに責苦の中へ突き落されたことか。富というものはいかにも、われわれがそれに取巻かれて、一時の悦びをもっていた間は富と呼べるだろう。これは実に確たることだ。幾日か経てば審判はほかの者に下る。そして最後の日においてのみ決定的審判がすべての人に下される。であるから、一日として期待できる日はないのだ。善いことと悪いことは、たとえ数において等しいとしても、匹敵するものではない。どんな悦びも最小の悲しみに釣合うものでないという事実はどうだ。ああ、何とむなしく愚かしい努力だろうか。われわれは日数を数える、しかるに大切なのは一日一日の重さなのだ。（七、130—132）

たしかに、この甘美ではあるが軽々しい想像は自然の主要な恵みである死を打ち壊し、死に臨んでいる人に、今後にも来るべき悲しみまで考えて悲哀を倍加させるのだ。というのは、もし生きることが楽しいものであるとしたら、誰が生を終ったことを楽しいと思うことができよう。だが、各人が自分自身を信頼し、われわれが、将来の静謐の観念を、生れて来る前の経験から引き出すことの方がどんなにか容易で安全であることか。（七、190）

プリニウスの幸福についての言葉を、もう一人のストア学者セネカの見解の要点と比較してみるのは興味深い。彼が信じたのは忍従ではなくて精神の高揚であり、生活における単なる物質的享受ではなくて、思想を高い水準に高めること、そして自然の観想と自分の仕事を通じて慰めを発見することであった。彼は言う、これは「人間の視野を越え、自然によって配置されたより大きな素晴らしい王国である……」と。それにつけ加えて「私は、世界に公開された自然の一面だけを見るときは、彼女の聖堂に入ることを許されるときのようには自然に感謝することができない」と言う。だから、できるならば、どんな材料で世界が作られているか発見するのは神聖な義務なのである。もし、そのような、もっとも高尚な研究が許されるのが人間の特権でないならば、人生は無益な賜物でしかない。「大地の上に立ち上がることがなければ、人間はなんと卑しい被造物なのだろう」と彼は叫ぶ。「英知や知識の追究は人間の努力すべき最大のものである。それは、熱狂や快楽や人生の騒擾、また死への恐れや病気や不健康への不安を取り払ってくれる」。

セネカはある優れた文章のなかで、虚しい支配権を獲得しようと、低俗な競争に熱中する人たちにたいし侮蔑の念を表明し、そして世界を大きなアリ塚にたとえている(4)。

「人間の幸運は、すべての悪が足元で踏みにじられ、魂が高所を探求し、自然の中に奥深く到達したときに完全に成就される。いろいろな星の間をぶらつきながら、豪華な金めっきしたホールや、全世界の人々の金の貯蔵所を軽蔑の目で見下ろすのはなんと楽しいことだろう。金だって、そう、今までに生産され、売りに出され、さらに、後代の強欲を満足させるためにこっそり貯めこんだ金のことだ。人は全世界を見渡したときにのみ、巨大な柱廊、象牙でできた天井の輝き、豪華な邸宅の見事に刈り込んだ木立や冷たい小川を、真に軽蔑することができるのだ。空からのみ人は、ほとんどの部分が、海や焦熱か凍結による不毛の荒野に覆われたこの狭い世界を見渡すことができるのだ。哲学者はつぶやく。こんなに多くの部族が、戦禍によって分割されるのは陰謀ではないか。なんと滑稽なことか、彼らの国境というものは。ダキア人は下ダニューヴ川を通行してはいけない。ストムマ川はトラキア人を遮断しなければならない。ユーフラテス川はペルシア人の防衛線であるに相違ない。ダニューヴ川はサルマティア人とローマ人との境界を形成しなければならないし、ライン川はゲルマニアの境界を設定しなければならない。ピュレネーはガリア属州とヒスパニア属州の間にその山脈を連ねなければならない。エジプトとエティオピアの間には不毛の砂漠が横たわらなければならない。どうだろう。もしアリに人間の知能があれば、同じような方法で、脱穀場を多くの属州に分割するだろうか」。

この文章はよく知られた物語に一撃を加えたように見える。脱穀場への言及は、おなじみの象徴についての指摘である。穀物が終りのない循環を繰り返しながら雄ウシやラバによって脱穀されるときに、その環状の形は、明らかに日々太陽、月、星とともに回転する天空を示唆するという。だが穀物場についてのもうひとつの解釈はより適切である。穀物が竿で打ち叩かれるとき、旧約聖書の「ハバクク書」に現われているように、神は憤りながら国のあちこちを歩き回り、怒って異教徒〈ヒース〉を打っている〈脱穀している〉ものとして語られている〈二三〉——全体としてこれらの話は、現代には少しも当てはまらないのだが。

第三章　身体と精神

集団としての人間から、腕や脚や頭やその他からできている個人としての人間へは、ほんの一歩でしかない。人間がそれぞれの部分から構成されているということは、完全な機構としての働きができるよう、それぞれに、自然によって個別の義務が割当られたのだと考えることができる。このようにしてわれわれは、生命の源泉の発見を目的とする研究において、心臓、脳、肝臓、血などが持っている特別な重要性に気づく。プリニウスによると、心臓は精神、魂、勇気、もっとも旺盛な活動力が宿るところである。同じ考えが聖書にある——「ライオンのような心臓の持主は勇敢である」。このような信念は実際にあったし根強かったから、ロバート・ブルース〈一〉の心臓は、彼自身の命令によって、死後、パレスチナに埋葬するため身体から切り離された。ダグラス〈二〉はヒスパニアのムーア人を制圧するために出かけたとき、ブルースの心臓を銀の小箱に入れていたが、不運にも彼は殺され、計画は失敗に終った。

心臓が感情の柔和さを示したり、バレンタイン・デーにふさわしいものとして描かれるというようなことは、古代人の最初の発想の中心にはなかった。象徴主義の審判者、チャールズ・ラム〈三〉は言う。「他ならぬこの解剖上の場所〈心臓のこと〉に、恋の神クピードーの本殿や中心地を設定するというような典拠が、どんな歴史や神話にあるというのだろうか。どこにもない」。たしかに、情緒的な連想は、異教徒時代にその始まりがあったのではない。

心臓は熱情の源であり、その活動は生命の根源であるとされた。そして、あたかも別個の動物のように絶えず運動し動悸を打っており、「強い肋骨と胸の壁」で要塞か城のように守られている。こまかいことを言うと、強靱で硬い心臓を持っている動物は愚鈍であると想像されていた。これは広く信じられていた。だが、体の割合には過大の心臓を持った動物（ネズミ、野ウサギ、ロバ、雄ジカ、ハイエナなどのような）がもっとも臆病であるというのは奇妙な話である。さらに次のように述べられている。

　ある人々は生れながら心臓に毛が生えていて、そういう人はとび離れて大胆で毅然としている。その例はアリストメネスという名のメッセニア人で、この男はスパルタ人を三〇〇人も殺したということだ。彼自身は重傷を負って初めて捕虜になったとき、石切場にあった幽閉所から、キツネが入ってきた道筋を通って遁走した。この男はふたたび捕えられたが、監視兵がぐっすり寝込んでいたとき、火のところへ転がって行って、からだに火傷を負いながら革紐を焼き切った。三度目に捕えられたとき、スパルタ人は彼を生きながら解剖した。すると彼の心臓にはもじゃもじゃ毛が生えていた。（一一、185）

生贄の心臓が無かったことがあったが、これは困難な問題を引き起した。

　ルキウスの息子ルキウス・ポストゥミウス・アルビヌスが生贄を捧げる王であったときのことだが、占者たちが他の諸器官とともに心臓を調べることを始めた。カエサルが独裁官として初めて紫衣をまとって行進し、黄金色の椅子に着いた日、彼が生贄を捧げたところ、他の器官はあったが、心臓は見つからなかった。そしてこのことが卜占の研究家の間に、その生贄は心臓なしで生きていることができたのか、それともそのとき見失われたのかということについて盛んな論議をひき起した。（一一、186）

争点は、心臓の欠落に際してどんな超自然的作用が働いたのかということであった。

血液の色が感情によって変化することに、プリニウスはたいへん注目している。彼は、ほんのちょっとした動作や、恥らい、怒り、恐怖などの精神状態によって、血液の力と強さが変化することに驚いている。一瞬にして青ざめ、他の瞬間には赤面する——感情の状態によって常に違った顔色になる。恐怖におそわれると「血液は退いてどこにもなくなる。人はどうしてそうなるのかわからない」。このような変化は人間にのみ見られる。動物の顔色は他の原因による。「一種の反射によって他のものの色を借りるのである」。カメレオンがあんなにも多様に色を変えるのは、大きな謎である。カムフラージュする動物の例について触れられているが、全体についての解釈としては、それ以上の説明がない。

血を持っている動物は、同時に脳を持っていると理解されている。プリニウスは、アリストテレスに追随して、脳は体のなかでもっとも水分が多くもっとも冷たいと述べている。アリストテレスはまた、心臓は魂と知性の機関であるとしているが、プリニウスは脳により高い機能を与えている。彼は、女性の脳より男性の脳のほうが、質量とも大きいとつけ加えている。[1]

> 脳は最高の地位を占める器官であって、頭の穹窿によって保護されている。それには筋肉も血液も廃物もない。それは知覚の城砦、すべての血管の流れが心臓からそこに集まり、そこで終る焦点、最高峰であり、心の政府のある場所だ。しかしすべての動物の脳は前方へ傾いている。それはわれわれの感官も前方に広がっているからだ。脳は眠りの源泉であり、うたたねの原因である。脳のない種は眠らない。（一一、135）

肝臓は血を分配する役割を担っており、胆嚢に接している。もし黒い胆汁が肝臓にあると、凶暴と狂気の原因になる。怒り荒れ狂う人間は、今でもそうだが、「胆汁質」とか胆嚢がいっぱいの、とか言われる。もしそれがからだ中に広がると黄疸を発生し、「目さえもが、サフランのような色に変る」。

血に関する思想と物質的証言は、一から十まですべて古代宗教にその源がある。古い儀式は間違いなく血の匂を帯びている。歴史を見れば、人間および生きている動物の生贄が圧倒的に広く行なわれていたことがわかる。そしてその主張は、血は一つの偉大な物質的・根源的要素であるという古くからの信念にもとづいたものであった。

このようにして、血の源である肝臓は、生贄を解剖する際のもっとも重要な部分なのである。占い・予見の方法として生贄の動物の肝臓を検分することは東方にその起源がある。それは古代にシュメールからもたらされたが、小アジアで広く実用化され、その後、極めて信頼のおける占いとして、イタリアにおいて熱狂的に受け入れられた。いつも皇帝が死ぬ頃、不思議にも肝臓が無くなったり曲げられたりしていた。一方、その増殖や二倍化は喜ばしい前兆であると考えられた。アウグストゥスが権力の坐についたとき、六頭の生贄が殺されたが、そのすべての肝臓が内側に折り重ねられていた――これは彼の権力と権威が二倍になることの確証であるとされた。

体の他の部分についての連想は、全体としてさほど重要ではない。膝は、「ある種の宗教的尊厳」を含んでいる。プリニウスは、世界のどこにでも普通に見られることだと明言している。そして、「手の甲を唇に当て、それを前へ伸ばすと（ファシストの敬礼の変形）、それは信頼と忠誠のしるし」であった。ギリシアでは、頬に触るという尊敬の身ぶりは、偉い人に嘆願するときに行なう。誰かを証人にたてるときには、耳たぶに触る慣習がある。そこは記憶の坐とされているから。[2] 非常に活発な精神活動を行なうときには、一般に額に触る。

皮膚は重要性を持たない。あまり意味はない。厚い皮膚は「稀薄な空気と善良な精神が体に入る入り口である」ことを妨げる、という一般的な信念があるが、プリニウスはそれにむしろ異論をはさんでいる。ところがわれわれはこのような信念を受け継ぎ、皮膚の厚い人は、より微妙なニュアンスに鈍感だと見なしてきた。だがプリニウスはこの見解をまったく認めない。そしてこの考えにまっとうな判断を下している。

皮膚が厚くてたくましい人間は、感情や理解力が粗雑であると指摘する人がいる。ワニがまったく機知と勤勉さに欠けているのは皮がたいへん厚いからで、それと同じだといって。カバの皮は非常に厚いので槍の穂先に用いられる。しかもその心は一種の医学的能力を備えている。ゾウの皮も貫くことのできない盾を供給する（彼らは四足類ではもっとも卓越した精神の鋭敏さをもっているものと信じられているのだが)。したがって彼らの皮膚自体は感覚を欠いている。とくに頭部がそうだ。ゾウの皮膚は、頬や瞼のような、皮膚だけで筋肉のないところに傷を受けると治癒しない。(二一、227)

耳はもっとも虚栄心の強く、経費のかかる部分である。というのは「婦人たちの宝石や真珠の耳飾り」のためである。東方では男性が金のイヤリングをつけるのは魅力的で立派であると考えられている。額と眉は感情の指標である。それは悲しみと厳しさ、陽気と喜びの、温情と優しさ、残忍と苛烈を表現する。誇りと傲慢もこの額に住む。「自由に支配・統治するための場所として、眉を除いては、体全体のなかでもっと高く堂々とし、もっと険しい場所は見つからなかったから」。

目はとても多様な外見と機能を持っている。

平均より大きいもの、中位のもの、小さいもの、突出しているもの、これははっきり見えない眼だと思われている。落ち込んでいるもの、これはヤギの眼と同じ色をした眼と同様もっともはっきり見える眼であると思われている。

そのうえ、遠くがよく見える人もあれば、近づけられたものしか見えない人もある。多くの人々の視覚は太陽の明るさに関係がある。曇った日や日没後にははっきり見えない。ところが日中はぼんやりしか見えないのに、夜には途方もなく視力が鋭くなる人もある。われわれはすでに二重瞳について、あるいは不吉な眼をもった人々について十分述べた〈七巻16〉。青白い眼は暗がりで割合よく見える。ティベリウス・カエサルは夜に眼が覚めているとき、しばらくの間、明るい日中とまったく同じにすべてのものを見ることができた。もっともやがて見えなくなってくるといわれているが。そんな体質をもったものは全人類に例がない。故アウグストゥスの眼はウマの眼のように灰色であったが、白眼が普通の人間より大きかった。そのため彼は、人々があまり近くで彼の眼を見つめるとよく腹を立てた。クラウディウス・カエサルの眼はしばしば充血していて、眼尻の肉性のぎらぎらがあった。ガイウス皇帝はじっと見据える眼をもっていた。ネロの眼は、つい近くにもって来られた物を見るためには、目を細めなければよく見えなかった。ガイウス帝の養成所には二万人の剣闘士がいたが、何かさし迫った危険に直面したとき瞬きをせず、したがって屈服させることができなかった者はたった二人しかいなかった。人間にとってじっと見つめるということはそんなにも難しいことなのだ。ところがたいていの人々にとっては、瞬き続けることは自然であり、そして昔から瞬きをする者は臆病だと信じられている。（一一、141—145）

眼は心の宿るところである。それは輝く、見つめる、潤む、瞬く。それから同情の涙が流れる。われわれがそれに接吻するときは、心そのものに届いたような気がする。それは涙と、頬を潤す流れの源だ。悲しみの瞬間にあんなにもたくさん、あんなにも迅速に流れるこの水分の性質は何であろうか。またそのほかのときにはそれはどこにあるのだろうか。事実は、見たり観察したりする真の器具は心なのだ。眼は意識の視覚的部分を受けて伝達する一種の道具の役をしているのだ。このことが、なぜ深い思いに沈んでいるとき、視覚が内に引き込まれて眼が見えなくなるか、そしてなぜてんかんの発作中、心がくらまされているとき、眼は開いていながら何も見分けられないのかということを説明する。（一一、145—146）

ローマ市民たちの間には、人が死にかかっているときには眼を閉じてやり、火葬壇のうえではまた開いてやるという厳粛な儀式的習慣があるが、この習慣は、最終の瞬間に眼が人に見られることはよくないし、天国に向って開かれていないのもよくないというのでできたのだ。（一一、150）

人類は上下の瞼にまつ毛をもっている。婦人はそれを毎日染める。彼女らの美しくなろうという願望は非常に強いもので、自分たちの眼まで彩色する。しかしほんとうはまつ毛というものは、自然によって別の目的で与えられたのだ。すなわちそれは視覚に対する一種の垣であり、差し出ていて、眼にぶつかってくる昆虫とか、その他のたまたま眼に入ってくるものを防ぐ防壁なのである。（一一、154）

最後に声と脈の二つを取り上げよう。幼児は一歳でしゃべり始める。それ以前ではない。しゃべり始めるのが早すぎる幼児は、歩きはじめるのが遅い。すべての人は、その顔が違うように、声もその人独自のものだ――この事実が、言語が多様であることの原因である。プリニウスは結論づける。「声はわれわれの思想の表現でありわれわれを獣や野獣から区別するものである。だから人間同士の言語の違いは、人間と獣の違いと同じくらい幅がある」。

脈あるいは「動脈の鼓動」は、ヘロフィロス〈四〉が科学現象として扱って研究したものである。彼は正しい脈搏とリズムを設立し、それをあらゆる年齢に適用し、早すぎたり遅すぎたりした場合それを記録した。「脈搏が強く早いか、遅く弱いかを観察すれば、われわれの生命を支配する自然の強弱を、はっきり判断できる」。この点に関するヘロフィロスの技術は、あらゆる医学上の実践において、群を抜いて不変の価値を持ちつづけた。

トログス〈五〉は人相学の大家だったようだ。アリストテレスもまた、ある徴候の意味についていくつか総括的に言及している。それをプリニウスは忠実に繰り返している。

エジプトで一人の怪物のような人間を育てるように決められた。それは後頭部にも眼が一対ある人間であった。もっとも彼はそれらの眼で物を見ることはできなかったが。

わたしとしては、アリストテレスがわれわれのからだにはわれわれの生涯を予告する前兆が含まれていると信じただけでなく、その信念を発表したことに驚く。しかし、こういう考えは根拠がなく、すべての人が自分のからだにそういう前兆を見出そうと躍起になると困るので、直ちにそれを持ち出すのは適当でないと思うのだが、アリストテレスほどの科学の大家がそれを蔑視しなかったのであるから、ちょっとそれに触れておこうと思う。さて、彼が短命の徴として記したものは、歯が少ないこと、非常に長い指、鉛色の顔色、手にひどくたくさん切れ切れのしわがあることなどであった。そして他方彼は、なで肩の人、手に一本あるいは二本の長いしわのある人、三二以上の歯がある人、耳の大きい人などは長命だと言っている。とはいえ、わたしの察するところ、彼はこれらの性質が一人の人に現われていることを認めているわけでなく、別々に現われているというのだ。考えてみるとこんなことはたいしたことでない。よく一般の話題になるが。同じようにわれわれの同時代の中でもトログスはもっとも批判的な権威者でありながら、性格を現わすいくつかの外的徴をつけ加えた。それをここで彼自身のことばでつけ加えておこう。「額が大きいのは、その下にある精神が遅鈍であることを示している。小さな額をもつ人々は心が鋭敏だ。丸い額をもつ人は短気だ」――こんなことを言うのは自惚れ根性の目に見える指標のようなものだ。「眉についていうと、水平になっている人は穏和で、鼻の方に曲っている人は厳格で、こめかみの側が下へ曲っている人は嘲弄者であり、全体的に垂れている人は悪意があり、邪険だということを現わしている。眼の両側が細いのはその人が腹黒い性格だということを示している。鼻の方の隅が肉質になっている眼は腹黒い徴である。眼の細い部分が広いのは鉄面皮の指標である。やたらに閉じる癖のある眼は信頼できないことを示している。耳が大きいのはおしゃべりとたわけの徴だ」。トログスはこれくらいでたくさん。(一一、272―276)

犠牲の儀式によって、人々は身体の臓器にきわめて馴染むようになった。そして、それに触発されて、具合の悪い体を、健康な状態にとり戻す方法を、いろいろ考え出すようになった。

そのような問題をプリニウスは科学的な道筋、とりわけ薬草の方に導いた。豊富な野菜とサラダはプリニウスが集めた健康のための処方薬であった。レタス、キュウリ、新鮮なキャベツ(**crambe bis cocta**, 新鮮でない料理や話題にたいする警告〈六〉)、朝食の前にとる塩をふったラディシュ、パースニップ、エジプト人によってたいへん珍重されるタマネギ、ネロが歌声をよくするため(3)にしょっちゅう食べていたリーキ、アスパラガス(**velocius quam asparagi coquantur**, 速さを示唆する比喩〈七〉)――それらはすべて選り抜かれた安全な治療薬である。「自然ははじめ、すぐ発見して調合できる、そして簡単に使え、どこにもあって、費用もほとんどかからないようなものを、われわれの日々の生活上の病気の医薬にするよう命じたのである」。

このような効力のある薬草と治療の知識が、なぜもっと広く知られていないのだろう、とプリニウスは問う。彼の答えはこうである。上流階級の人たちはこの点についてては無知で、そのような医薬に精通しているのは、薬草の生えている地域に生活している農民だけだから。もう一つの理由は、無頓着さと薬草を探す苦労を嫌うことにある。そしてもっと大きな理由は、「いたるところに医者がいて、人々が、調合薬を貰おうと彼らを追いかけてばっかりいるからである」。

この知識の欠乏のもっとも恥ずべき理由は、その知識をもっている者もそれを教えようとしないということだ。まるで自分のもっているものを他の人々に与えると自分自身がそれを失いでもするかのように。それにつけ加えねばならぬことは、それを発見する確実な方法がないことだ。というのはわれわれがすでに知っているものについても、ときには偶然がその発見者であったし、他の場合には、ほんとうのことを言うと、発見者は神であったのだ。つい近年まで狂犬に咬まれたときの治療法がなかった。その徴候は水に対する恐怖であり、あらゆる飲物に対する嫌悪である。最近のことだが、近衛隊に勤務しているある男の母親が、キュノロドン〈バラの一種〉という野バラの根を息子のところへ送って飲ませなければならないという夢を見た。それが灌木林に生え出て、その前の日彼女の心をひいたのだ。イタリアにもっとも近いヒスパニアのラケタニアで軍の行動が進んでいたが、たまたまその兵士がイヌに咬まれて恐水症状を示し始めていた。そのときにその母親から神のお告げに従ってくれという手紙が届いた。それで彼は思いがけなく命拾いをしたのだが、その後同じ医薬を試みたものはいずれも同様に助かった。（二五、16—17）

しかしながらここに、たとえば、生後四日の小イヌの尻尾をそのつけ根のところから切断するというような、二者択一的治療がある。プリニウスは言う、尻尾はもう二度と生えないだろうし、そのイヌはもう決して発狂しない、と。ある品種では尾を短く切るという流行が現在見られるが、この信念はこの流行の源泉なのだろうか。カトー〈八〉は、ギリシアにたいしては、どんなものにでも根深い異論を唱えた。ギリシアの医者にたいしてはとりわけ反感をいだいていた。彼は友人への手紙で、この外国人たちは自分たちの医学によって、野蛮人（彼ら自身を除いたすべての国民）

を皆殺ししようと互いに誓いあっている、と警告を発している。さらに、医療を行なうにも報酬をとるが、これは他の民族をより容易く、素早く抹殺することを助長することになるわけで、これでは踏んだり蹴ったりであるという。さらに彼は、ギリシア人がローマ人をオピキ（田舎者）と呼ぶという事実に憤慨する。カトーがこれを書いたのは八五歳のときであったが、それは彼が必要な薬をすべて農園からの「薬草」で満足していた健康な時であった。

それだけでなく、犯罪的無知を罰する法律もないし、報復しようという提案もされない。医者たちは、われわれの生命の犠牲において実験を行ない、われわれの危険を材料にしてその知識を得るのだ。全然咎められずに人殺しができるのは医者だけである。それどころか、下手人でなくやられた方が責められる。彼が節制を守らなかったのが悪いとされる。そして実際叱責されるのは死んだ人間だ。（二九、18）

われわれは誰でもその資格があるのだ。自分自身の健康に必要なものは何であるかについて知りたがる者が一人もないかぎりは。われわれは他人の足で歩いている。われわれは他人の眼によって自分の知人を認め、挨拶をするために他人の記憶に頼るのだ。そしてわれわれの生命そのものを他人の手に委ねている。生命を支えている貴重な自然の賜物を全く失ったのだ。（二九、29）

わたしは、あの暴徒の屑、その無知についても責め立ててはならない。また病気のとき、湯を用いるというような常軌を逸したやり方、失神状態にあるとき一日に数回も食物を詰め込まれる患者に、厳重な絶食をさせること、さらには際限もなく考えを変えること、厨房への彼らのいろいろな命令、彼らのややこしい膏薬、といったような医師たちの無責任をも咎めてはならない。（二九、23）

わたしは薬にインドキンナバリスを加えるべきところを、名前の混同からふつうミニウム〈鉛丹〉が加えられていることを発見したが、この鉛丹はわたしが顔料について論ずるところで指摘するように〈三三巻124〉一種の毒物なのだ。（二九、25）

さして有害でもなくさして気にも留められないもので、主だった医師たちも自分自身に認めているものだが、そういう習慣がたしかに帝国の道徳頽廃の因をなしたものだ。わたしが意味するのは、われわれも健康なときには異を唱えないいろいろな習慣だ。レスラーのからだに、病気の治療を施すつもりででもあるかのように、軟膏をぬりたくる。煮立つような熱湯に入浴させ、それによってわれわれのからだの中で食物が調理されるのだと医師たちがわれわれを納得させるので、誰でも自分よりからだの弱い者を彼らの治療に委ねる。そしてもっとも従順なものは埋葬されるために運び出される。物も食わずに酒を何杯もがぶ飲みする。へどを吐いてはまたもや痛飲する。医師たちの樹脂によって女々しい脱毛をする。そして婦人の隠し所まで人目にさらされる、といったようなのがそれだ。他の何物にも増して、薬によってわが国人が退化しつつある事実は、カトーが、ギリシア人の頭脳による著述にはちょっと頭を突込んでみるだけで十分であって、それを綿密に研究するなど無用だと言ったとき、彼が真正の予言者であり、賢者であったことを、日々証明している。これはまぎれもない真実だ。あの元老院とローマ国の六〇〇年を擁護するために、これだけは言っておかなければならない。それは、そこでは当てにならぬ諸事情から、善良な人々が最悪の人々に権威を認めることになるようなひとつの職業に対してであり、同時に、金がかからないもので有用なものはないと考えるある人々の愚鈍な信念に対してである。（二九、26―28）

わたしが自分の著述に信憑性を与えることよりも、何か他の何事かに注意を向けたいのであれば、文を面白くする材料にも事欠かないであろう。作り話は、不死鳥の灰および巣が最上の薬のひとつであるなどとまで言っているくらいだから。まるでその話が真実であって作り話ではないかのように。（二九、29）

これらの文節は結局のところ、プリニウスがそんなに信憑性を置いていないことを示している。

彼が問題として取り上げているのは、東方の賢者たちの技術と工夫に始まるものであった。ミトリダテス王は、医術からいい加減に派生してきたに等しい魔術の技巧を、大量にローマに持ちこんだ。死後、ポンペイウスによってミトリダテスの私有物であった一つの小箱が発見されたが、そこには彼の処方箋の一つが入っていた。それは解毒剤の処方であることがわかった。その成分は二つの乾燥したクルミ、二つのイチジク、二十枚のヘンルーダの葉を砕いたもの（読者は始め驚くかもしれないが、「微量の塩を加える」）であった。

クルミは調合するときの用法が要注意扱いされた重要な成分であった。クルミは脳の渦巻状態に似ていることから、精神的障害にたいする特効薬であるとはっきり指示されていた。それ以外の原理の例として、Viper's Bugloss（ムラサキ科シャゼンムラサキ属）がある。ヘビに噛まれたときの特効薬で、茎のところからとクサリヘビ（viper）に似た種子とからとれる。あるいは、オトギリソウ（St.John's Wort）、これは傷を癒すのに大変信頼のある治療薬で、葉や花に穴があることが目じるしであるが、それは死んだとき血が落ちることを示唆する。

動物に関しても同じような連想がある。野ウサギ（喜びとか美しいとかに関連した言葉の遊びによる〈九〉）は、それを食べると眠れなくなり、美の贈り物を授けられると信じられている。多分、良い夢をみるという意味なのであろう。ゾウ、ライオン、ハイエナ、ラクダ、ワニ、カメレオンの吐き気を催させるような部分が、薬物類のなかに加えられた。同じようにサイから七種類の医薬が引き出された。それらの薬のなかで一番奇妙なものは、養毛剤としてサイの皮からとった灰を用いることである。それはおかしな話だが、サイが動物のなかでは毛深くない方だからというのが、その理由である。

サイについてもうひとつ言及すると、現住民の猟師は今でもその角のゆえに価値ある「獲物」だと考えている。それを粉にしたものは、苦痛を緩和し、動物の血やその他の成分にも効くと考えられている。

それらの医薬の効き目には、明らかに精神的要素が入っていたし、今日でも入っている。より気味の悪いものが、より効き目があるとされた。ミツバチが蜂蜜のなかで死ぬとその蜂蜜は膿瘍に、ワシの肺は吐血に推奨された。幼児には茹でたネズミを他の食物とともに与えた。ある種のゴキブリの調合には、プリニウスも嫌悪感で叫んだ、「なんたることだ。ディオドロス〈一〇〉は、黄疸と呼吸困難の内服薬としてこれに樹脂と蜂蜜を加えて投与したと言っている。医術は、その気になればどんな治療薬をも処方できるくらい強い力を持っているのだ」と。ミミズクの足指が体に触ると発熱を癒すなどということが、いつ魔術の財産になったのだろうか。プリニウスはふたたび憤慨する、「なんと、誰がそんなことを発見したというのだ。誰がそんな関係に意味をつけたのか。なぜ、全世界のうちミミズクでなければならないのか」。しかしプリニウスは無批判であると言われている。

もっとまともな医薬に話題を移そう。打撲傷にたいするすぐれた軟膏の効能は次のように立証される。

タプシアは抜け毛や打ち傷に極めて良く効く。ネロ帝はその統治の初めこの汁を有名にした。というのは彼は夜の乱行の間に顔にたくさんの打ち傷を受けたとき、タプシアと乳香と蠟を調合したものを塗りつけた。そして翌日別に何ともない皮膚をして歩き回り、噂が嘘っぱちであることを示そうとしたからだ。（一三、126）

ブラックベリーやキイチゴが見つかると嬉しいものだが、それらは目の充血、聖アントニー熱、丹毒のためのよい外用水薬である。それらは「内服すれば、胃弱によい」。これらは、古代においてはなかなか見つからなかったので、大切な治療薬として尊重された。

それでは医薬の実際についての、もっとはっきりした形態についてみてみたい。大地が水の強さと高潔さに恩義を受けているのと同じように、人類は水から利益を受けている。カトーの家は、水治療法の施設に改装された。ナポリにはまた、硫黄、みょうばん、塩、硝酸カリウム、瀝青、その他酸と塩が混じったものを含んだ、薬用になるいろいろの泉がある。

それらのあるものは温室に使われ、その蒸気は健康によく、体のためになる。たいそうな高温なので、浴槽を暖め、さらにそのなかの冷水をも沸騰させる。なかには、卵を茹でたり食べ物を煮たりすることができるものもある。〈二〉（三一、5）

さて水の種類だが、ある水は筋肉に、足に、また坐骨神経痛によい。あるものは脱臼または骨折によい。便通をつけるもの、傷を癒すもの、とくに頭に、また耳に特効あるものなどさまざまである。一方キケロの水は眼に効能がある。アウェルヌス湖からプテオリに行く途中の海岸に、M・キケロがアテネに擬してアカデミアと名づけた、有名な柱廊と木立のある別荘があることは記録に留める価値がある。

そこで彼は『アカデミカ』と呼ぶ書物を書いた。そしてその中に彼は、世界のどこにも建てたことがなかったとでもいうように、自分自身の記念碑を建てた。キケロが死去して間もなくの頃、所有者はアンティスティウス・ウェトゥスに代っていたが、この領地の前方の部分に、眼病にたいへんよく効く温泉が噴出した。この温泉はキケロの解放奴隷の一人であったラウレア・トゥリウスの詩によって有名になった。その詩からただちに、彼の召使までがあの偉大な天才から霊感を受けたことを知ることができる。そこでわたしは、その地においてだけでなく、どこにおいてでも読む価値のあるその詩を引用しよう。

おお　わがラテン語の高名な擁護者
あなたの育てた木立はいよいよ美しい緑を茂らせ
アカデミアの名で誉れを得た館は
ウェトゥスの手厚い保護を得てここにある
隠れていた泉も姿を現わし
その水滴は疲れた眼を癒す
効能あるこの泉は
その主キケロを賛えるその地自身の贈り物
キケロはいずこでも読まれおればこそ
視力をよみがえらすこの水は
さらに豊かにあふれ出る

（三一、6―8）

一方、飲料水の効能については医者の間に議論がある。雨水は軽すぎる。だから雪を好む。さらに氷が好まれる。土から出る水は一番重い。しかし、プリニウスが的確に指摘したように、胃がそれらの違いを感知できるだろうか。ネロは、悪い物質を除去するため、沸騰させた水をガラス器のなかに入れ、それを雪の中に埋めて冷やすのが常だった。

塩は食物を保存し、食欲を刺激する。塩は生命の維持、心の喜び、精神の快活、休養、満足に必要な要素であると考えられていた。立派な人に授けられたいろいろの名誉や地位は、サラリースと呼ばれた。神への生贄や供物はコムギと塩で作った菓子なしでは決して行なわれなかった。

魔除を身につけることは、しばしば、とても不愉快で気に食わないと述べられている。それは『互いの友』[一二]のなかのヴィーナスの店の内容を思い出させる。

> タカが寝転がった埃をリンネルの布に包み、赤い糸で結びつけるか、黒イヌのいちばん長い歯をそうする。にせスズメバチと呼ばれ、単独で飛びまわるスズメバチを左手で捕えて頭の下に吊す。他の人々はその年初めて見たスズメバチを用いる。（三〇、98）
>
> 彼らはイモムシを一匹リンネル布に包み、糸で三カ所くくって結び目を三つつくる。世話している介抱人は結び目をつくるごとに、そうする理由を言う。その他のお守りは、ナメクジ一匹を一片の皮に包んだもの、四匹のナメクジの頭をアシで切り取ったもの、多足虫を羊毛に包んだもの、それからウシバエが生れるウジでまだ翅が生えていないもの、あるいは刺のある灌木にいる他の毛のあるウジ、などである。これらのウジを四匹クルミの殻に閉じ込め、お守りとして付ける人もある。殻のないカタツムリ、あるいは斑点のあるトカゲを小さな箱に入れて、患者の頭の下におき、熱が下ったら取り外す。（三〇、101—102）

他人の目から自分が見えないようにするには次のようなものが必要である——竜の尾と頭、ライオンのたて髪、それらの動物の骨髄、競技に勝ったウマの泡、イヌの脚の爪。それらは鹿の皮で縛られ、シカとガゼルの筋肉とともに、互い違いに結びつけられる。このような経験話の後に、クモの巣は、ひげを剃った後の出血を止めるための良い塗り薬だといわれている、などという個所を読むと新鮮な感じがする。

プリニウスの教えるところによると、医者の歴史は、アイスクラピウスから始まった。[一三]アイスクラピウスはヒッポリュトゥスを蘇生させたが、ユピテルの雷電に打たれて死んだという。[一四]ヒッポクラテス[一五]がその後を継ぎ、「臨床」

と呼ばれる医術の部門を創設した（言葉の意味は、患者をベッドに訪問したということ）。患者は、その改革が気に入り、特別の診察に多額の報酬を支払った。のちに自らを「経験派」と呼ぶ医者の一派が始まった。自分たちの仕事をまったく経験に頼ったからである。

その次にヘロフィロスが現われた。この人が医術に貢献したのは、「脈搏のリズミカルな調べが、患者の年齢によって違うことをはっきりさせた」ことである。これは、あまりにも数学的すぎるし、一般的・実際的な方法に頼りすぎると見られ、やがて間もなく捨てられた——後に復活したが。

成功した医者は莫大な収入を得ることができた。Q・ステルティニウス〈一六〉は、仕えていた皇帝から年に五〇万セステルティウス以上は貰っていなかったと不平をこぼしている。彼と彼の弟は莫大な収入を豪華な邸宅を作ることに消費したが、それでも三〇〇〇万セステルティウスを相続人に残した。

テッサルス〈一七〉も金持ちの医者の一人であった。彼が人々を引き連れて街を歩くのは見ものであった。マッシリア〈マルセイユ〉のクリナス〈一八〉は占星術を使って成功した。彼は患者に、厳密に定めた時間や季節以外に飲食を認めなかった。彼は一〇〇〇万セステルティウスの遺産を残した。そして——

突如としてローマは、これまたマッシリア生れのカルミスによって侵入された。彼は前々からの医者たちの非をならしただけでなく温水浴もいけないと言って、冬の結氷の中にあっても冷水浴をするよう人々を説得した。彼は自分の患者たちを水槽の中へ突込んだ。彼が、見せびらかすために、寒さでこわばっている老人たちや前執政官たちに対しそうするのをよく見たものである。これについては今日、アンナエウス・セネカの書いたものの中でも確かめることができる。これらの連中はすべて、何か新しいものによって人気を得ようとして、われわれの生命でそれを購うことを躊躇しなかったことは疑いない。このことから、患者のベッドの傍らで、診察についてはしたない喧嘩がはじまるようなことにもなるのだ。どの医者も、それぞれ異を唱えなければ、他の診察が優れていることを認めているように思われるだろうと、おそれるのである。またこのことから記念碑に「わたしを殺したのは一群の医者だ」というような、縁起でもない銘が刻まれるようなことにもなるのだ。医学は日々変り、後から後からと一新する。そしてわれわれはギリシアの賢い頭脳の息吹きのまにまに、あちこちへと吹き飛ばされる。彼らのうちの誰かがお喋りの能力を得ると、そのものは直ちにわれわれの生死に対し、至上の支配権を掌握するということは明らかだ。まるで幾千という人々は、医者がなくては命がないかのように。ところが昔から薬というものがあって、ローマ人は六〇〇年以上もそれでやって来たのだ。もっとも彼らはいち早く科学や技術を歓迎し、実際医術に対しては貪欲であった。そのためとうとうそれによってひどい目に会って、こんどはそれを非難するにいたったのだが。（二九、10―11）

医者が患者をいじめ、不必要な苦しみを受けさせていた時代に、アスクレピアデス〈一九〉がたいへん高く評価されたのは当然であろう。彼はもっと単純で快適な処方を好み、はじめて、患者が望むことを見つけるやり方をとり、それを維持することを主張した。

彼はとくに一般に当てはめるべき五つの原則をつくった。絶食、他の場合には禁酒、マッサージ、歩行、いろいろな乗物に乗ることを避ける、などであった。誰でも、これらのことを自分自身に当てはめることができることを認めていたし、みんなが、もっとも容易なことはまた真実であるかのように思って彼に喝采したので、アスクレピアデスは、ほとんどすべての人類を自説になびかせた。それは彼が天から遣わされた使徒ででもあるかのような有様であった。

さらに彼は、実のない術策を弄して患者に約束を与え、機会あるごとにブドウ酒を与えるかと思えば、今度は冷水を飲ませるというようなことをして、人心をひきつけるのを常とした。そして病気の原因の探求という点では、ヘロフィロスがすでに彼に先がけてしまったし、昔の医師のなかでは、クレオパントゥスがブドウ酒による治療法をひどく著名にしてしまっていたので、マルクス・ウァロによれば、彼は「冷水を与えるもの」という別名を自分にかち取りたかったのだ。彼はまたそれと違った魅力的な治療法を案出した。たとえば吊り床だが、それを揺することによって病気を癒し、あるいは眠りを誘うことができるというのであった。さらに彼は、水療法の体系を編み出したが、これは人間の水浴に対するはなはだしい嗜好に訴えるものである。それ以外にも、お喋りの種としては愉快で楽しい多くのことを案出した。これによって彼は、大きな職業上の名声を博した。彼の名声は、彼が自分の知らない人の葬列に会い、死人を火葬壇から下ろさせその生命を救ったとき、それにも劣らず高くなった。こうした出来事を述べるのは、誰かが、治療法や一般の人気にあんなにも激しい変化が起こったのは、ちょっとした理由によるのだなどと考えないためである。ただひとつわたしに腹立たしいことは、きわめて浅薄な種類に属する一人の男が、裸一貫から出発して収入を増そうというので、突如として人類に健康に対するいろいろな規則を与えたことだ。もっともそんな規則は後でたいてい放棄されたのだが。アスクレピアデスの成功は、昔の医療のいたましく荒っぽい姿に負うところが少なくない。たとえば、患者を被い物の下におおい隠したり、発汗を促すために可能なあらゆる方法を用い、からだを火にあてて炙るかと思うと、わが雨の多い市で、いやいたるところ雨の多いイタリア帝国で、絶えず日光を求めさせるというようなことが慣例であった。それから初めて下から温める熱風浴が用いられるようになったが、これはきわめて魅力ある治療法であった。そのほか彼は、ある病気に用いられていた、人を苦しめる治療を放逐した。たとえば扁桃腺炎の場合、医者はある器具を喉に挿入して治療していたものである。彼はまた吐剤を非難したがこれは至当であった。そのころは吐剤がむやみやたらに用いられていたのだ。また彼は、胃に有害な飲薬を与えることに反対したが、これはおおいに健康な批評であった。いつもわたしが、まず第一に胃によい薬を示すのは、そういう理由からである。（二六、13—17）

第四章　動物

『博物誌』の英訳版には「足で歩く陸棲動物の性質」という項目があるが、これは、現代の動物の定義づけではなく、古代の定義づけからとられている。二〇人のラテン人の著者のリスト（ウェルギリウスも含む）があり、主としてギリシア人からなる四五人の「外国の著者」、それは四人の国王――ユバ、アッタロス、ピロメテル、アルケラオス[二]――を含み、科学知識にたいする関心がいかにすべての階級に広がっていたかを現わしている。約七八八の「記憶に価する基本的問題、物語、観察」を扱っているのはこの書物だけであるが、そのほんのわずかしか紹介できない。

すべての著者は、群を抜く学者としてアリストテレスの名をあげている。彼は紀元前三八四年から三二二年まで生きたが、自分の知識を組織化した最初の自然学者であった。事実、彼は最初の進化論者であった。[1] 彼は **scala naturae** つまり「自然のはしご」を作った。そこには、自然における進化の状態が巧みに叙述されている。それは、植物、海綿動物、甲殻類、爬虫類、昆虫、鳥、そして魚から哺乳動物、最後に人間へと序列が高まる。人間だけが、理性と自分の行動や運動に影響を与えることを可能にする思想を与えられた。彼の理論によると、生命の基礎は、何か強力な活力に満ちた原理によるものであり、前世紀に広く流布された機械論者の理論とは反対のものであった。

プリニウスはアリストテレスの図式の含意を、おそらくはその科学的意義のすべてを正しくは認識しないまま、一般的に受け入れた。彼の動機は単に一般の読者にも理解できる科学の説明をすることであった。だから彼は、自然のすべてはそれ自身で独自の用途を持っており、それを発見するのは人間の仕事である、という信念を主張しつつ、単純で実利的な視点から問題に取組んだのである。たとえばミツバチは蜂蜜を供給する義務を負っている。この見解は、ハロルド・スキンポール氏[二]によって心から支持された。イナゴは破壊的な性質を持っている[三]にもかかわらず、ペルシアではすぐれた食料とされ、国王はその美味を喜びその食卓を飾る。インドでは珍奇なことが溢れているが、イナゴの体は適当に乾かすと、のこぎりとして使えるほど大きい[四]と報告されている。同じような理論の組み立てによって、カイコはローマの婦人に絹を供給するために創造されたとされるのである。だからヒツジの使命が、布、つづれ織り、カーペットを作るために毛を供給することにあるのは明瞭なのである。

アレクサンドロスの世界征服はいい知れぬ重要性を持っている。自然誌はインドや東方からの蒐集にもとづく報告——しばしば虚偽の、しかし想像力を刺激することが少なくない——がなければ、その興味の半分を失うだろう。ワニがはびこるインダス川とナイル川の水とのあいだには、何か関係があるのではないかというような疑問が論じられた。それは、この二つの川の水源が同じではないか、ということを意味する。その時代の知識状態では、世界はまだ未知の可能性に満ち、人は来たるべき最後の珍しきものを渇望していた。アリストテレス自身はアレクサンドロスの教師であった。彼は、少年に、生あるものすべてについての知識の蒐集についての情熱を焚きつけたことは間違いない。プリニウスが述べているように、アレクサンドロスは成人してから、数千人の人たち——猟師、鷹匠、鳥猟者、漁師、木こり、公園管理人、養兎場主、家畜・養魚池・養蜂場・家禽の番人——に、全アジア、ギリシアの世界で知られているすべての動物に関しての情報を、アリストテレスに報告するよう命令した。これらの材料から五〇巻近い『動物学』の著述が作られ、プリニウスはこのテキストから自由に借用した。

動物の分類は一見したところ、試験的なものである。多くの爬虫類にはトカゲ、カエル、ヘビ、とくにワニが含まれている。

ワニが動物（「足で歩く陸棲野獣」の定義の中にあることはあるが）の分類で不適当な場所を占めているが、それはワニにたいする顕著な好奇心がそうさせたのである。聖書の「ヨブ記」には、神の言葉のなかに、不思議な生き物の一つとして記録されている。ワニはエジプトでは礼拝の対象であった。プリニウスの叙述は格別に生き生きとしている。「これは足が四本ある呪われもので、陸上でも水中でも害をなす動物である。これは唯一の舌のない陸棲動物である」。舌がないことは、永遠の静寂を象徴するもの、高貴な性質であるとして、エジプト人の尊敬を一層増加させた。「動く上顎を押し下げて嚙む唯一の動物で、そしてまた櫛の歯のように密生している歯並のゆえに恐ろしい」。プリニウスはまたヘロドトスから借用して、その卵はガチョウくらいの大きさがあり、雄と雌が代るがわる抱卵すると、もっともらしく述べている。ワニの皮はとても硬いと言いながら、彼は古い論議に戻る。「ワニがたいへん涙もろいということを誰が否定できようか」と。彼はまた、ワニの口のなかにまつわりついて餌を求めるシギの話をしている。また彼は、絶好の瞬間を捕えてワニに決定的な猛襲を加えるネズミ〈五〉の話をつけ加えているが、これはそれ以上に信用できない話である。

> この動物は魚の食事で満服し、いつも食物で口をいっぱいにして岸で眠りに陥るとき、土地ではトロキルスと呼ばれているが、イタリアでは王鳥と呼ばれている小鳥にそそのかされて、その鳥が餌を食べられるように口をぱっくり開ける。そしてまずひょいと飛び込んで口の中を、それから歯と喉の奥までもきれいにする。この掻き集めが気もちよいので喉は広く開いている。するとエジプトマングースがワニがこの満足の最中眠りに打ち負けるのを見守っていて、投槍のように、ぱっくり開いている喉から飛び込んで胃腑を嚙み裂くのだ。(2)(八、90)

それ以外の厚い皮に覆われ、もっと図体が大きく、申し分なく賢明な動物はゾウである。これは知性において人間に一番近い動物である。

ゾウは自分の国の言葉を理解し、命令に服従し、教えられた義務を記憶し、愛情や名誉の徽章をよろこび、いやそれだけでなく、人間にあってもまれなもろもろの徳、正直、知恵、正義、そしてまた星辰に対する尊敬、太陽や月に対する崇敬などをそなえている。その道の権威者たちの述べるところでは、マウレタニアの森林では、新月が輝いている夜に、ゾウの群がアミロという川に下っていって、そこで自分たちの身体に水をふりかけて浄めの儀式を行ない、そうやって月に敬意を表した後、疲れた子ゾウたちを先に立てて森林に帰ってゆくという。彼らはまた他人の信仰上の拘束力を心得ていて、海を渡ろうとするとき、象使いがゾウたちに必ず元に戻すからと誓約しておびきよせなくては、乗船を拒むくらいだと信じられている。そして彼らは苦痛に疲れはてているとき（というのはあの巨大な図体でも病気に襲われることはあるのだから）大地を代理人に立てて彼らの祈願を支持してもらおうとするかのように仰向けに寝て、空へ向けて草を投げるのが見られたこともある。（八、1―3）

ローマでゾウが初めて使用されたのは、アフリカ戦の凱旋行進で、引具をつけられて大ポンペイウスの戦車を引いたときであった。もっとも、前にリーベル・パテルがインド征服後の凱旋行進を行なった際、ゾウが使用されたという記録があるにはあるが。プロキリウスの述べるところでは、ポンペイウスの凱旋行進では連象は門を通過することができなかったとのことだ。[3] ゲルマニクス・カエサルの催した剣闘場の見せ物では、何頭かのゾウが、舞踏者のような恰好をして、ぎこちない運動をしてみせることまでやった。彼らのありふれた出し物は、風によってそらされないように武器を投げること、彼ら同士で剣闘仕合を演ずること、あるいは一緒になっておどけた戦争踊りをやることなどであった。次に彼らはいっぺんに四頭が、寝ている貴婦人をよそおった一頭を吊り台に乗せて運びながら綱渡りをやったり、客でいっぱいになっている食堂の寝椅子の間を、飲んでいる連中の誰にも触れぬよう慎重に歩を進めながら、自分たちの席に就くために歩いてゆくというようなことすらやってのけた。

やや頭が鈍くて、教えられることが呑み込めないで、繰返し鞭打ちの罰を受けた一頭のゾウが、夜分同じことを練習しているのが見られたというのは周知の話である。彼らが綱を登ることができるということは驚きだが、とくに彼らがまた降りて来ることができるとは驚き入ったことだ。とくにその綱が傾けて張られているときには。三度執政官になったムキアヌスの述べているところでは、あるゾウがほんとうにギリシア文字の形を覚え、ギリシア語で「わたし自身がこれを書いて、ケルト人からのこれらの分捕品を捧げた」ということを書き表わしたものだとのこと、また彼が自身で見たことだが、ゾウたちが海路プテオリへ連れて来られて船から歩かされたとき、陸からずっと長く延びている渡り通路の長さにびっくりし、そして回れ右をして後ずさりをして歩いたが、それは彼らが自分たちで距離の判断をまぎらしてしまうためであったということだ。

ゾウ自身も、彼らのもっているもので掠奪物として望ましい唯一のものは彼らの武器、それをユバは「角」と呼んでいるが、彼の大先輩の著者ヘロドトスが普通のもっとよい言葉で「牙」と呼んでいるものであることを知っている。したがって、それが何かの事故か老齢のため落ちるようなことがあれば、彼らはそれを地中に埋める。牙だけが象牙である。そのほかはこういう動物でも体軀の枠をなしている骨組は普通の骨である。しかし近来は牙が不足しているため骨までが置物に刻まれはじめた。牙の贅沢な供給は今日ではインドからのほかはまれにしか得られなくなったからだ。われわれの世界の他のいたるところで人々は贅沢に負かされてしまったのだ。若いゾウはその牙が白いことで知られる。これらの動物は牙をこのうえなく大切にする。彼らは闘争の際それがなまくらであっては困るので、一本の先端は使わないようにする。そして根を掘ったりかさばるものを押し出したりするには、いま一本の牙を用いる。そして一隊の猟人たちに囲まれるようなことがあると、いちばん小さな牙をもっているものを前方に配置して、彼らと闘ってもましゃくに合わないと思われようとする。そしてその後疲れはてると、牙を立木に打ちつけてそれをへし折り、その望まれている獲物の代償と引き替えに身を救うのである。（八、4—8）

ゾウはつねに群をなして移動する。最年長のものが縦列を率い、次に年長のものがしんがりをつとめる。川を渡ろうとするときは、大きいものたちの足で川底が掘られて水深が増すと困るので、いちばん小さいものたちを先に立てる。アンティパテルの述べているところでは、アンティオコス王によって軍事的目的に使用されていた二頭のゾウはその名前まで一般人に知られており、実際彼らは自分自身の名を知っていたという。カトーは、自分の年代記から軍司令官たちの名を削除したのに、戦闘中もっとも勇敢であったカルタゴ軍のゾウがシリア人と呼ばれていたこと、その牙が一本折れていたことを記録したことは事実である。アンティオコスが川を渡ろうとしていたとき、彼のゾウ、アヤクスはがえんじなかった。それまではつねに先導をつとめて来たのに。そこでアンティオコスはまず渡河したゾウに先導者の地位を与えるという布令を発した。そしてそれをやってのけたパトロクロスに、ゾウがこのうえなくよろこぶ銀の装具や、その他いろいろな先導者の徽章を褒美として与えた。面目を失したゾウは恥辱を被るよりも餓死を求めた。（八、11—12）

雄ゾウは仕込まれると戦争に出る。そして武装した兵士が乗り込んだ櫓を背負ってゆく。ゾウは東方の戦争ではもっとも重要な要素であって、前方にいる兵士たちを追い散らし、武装した兵隊どもを踏み潰す。そのくせ、彼らはブタのちょっとした鳴声にもおびえるのだ。そして傷を負って、驚いたときは必ず逃げ出して、敵に対してと同じ程度の損害を自分自身の味方に与える。アフリカゾウはインドゾウを恐れる。そしてあえてそれを見ようとしない。実際、インドゾウの方がより大型だから。（八、27）

隻手でゾウと闘った一人のローマ人についての有名な話がある。それはハンニバルがわが軍からの捕虜に相互に果し合いをするように強制したときのことであった。彼は生き残った一人をゾウと取り組ませたのだが、この男は、もし彼が勝てば放免されるとの約束をとりつけてから、闘技場で独りでゾウと対戦してこれを殺して、カルタゴ人をくやしがらせた。ハンニバルはこの仕合の報はゾウを侮蔑させることになるだろうと悟って、その男が出立しようとしていた際、騎馬兵を差しむけて殺してしまった。（八、18）

またポンペイウスが二回目に執政官であったとき〈前五五年〉ウェヌス・ウィクトリクス〈勝利の女神〉の神殿に捧げられて、二〇頭あるいはある記録によれば一七頭のゾウが円形劇場で闘い、その相手は投げ槍で武装したガエトゥリア人たちであったが、そのうちの一頭が驚くべき闘争を演じた。すなわち、その脚が傷ついてだめになってしまったので、敵の群に向って匍匐して行って彼らの盾をひったくり、それらを空中へ放りあげたが、それらが落ちるとき、怒り狂った野獣ではなく、巧みな手品師によって放られたかのように描いた曲線によって観衆をよろこばした。またいま一頭の場合驚くべき出来事が起った。その一頭は投げ槍が眼の下に命中して頭の致命的な部分に達したため、一撃で斃された。するとゾウの全群が自分たちが囲われている鉄柵を突き抜けて脱出しようとして、観衆の間に相当の騒ぎを惹き起した。そのため次に独裁官であった〈前四九年〉カエサルが同じような見せ物の催しを計画した際、彼は闘技場を水を湛えた堀で囲んだ。この堀はネロ皇帝が騎士身分のための特別席を加えたとき撤去された。しかしポンペイウスのゾウたちは、彼らがのがれる希望をまったく失ったとき、何とも名状しがたい懇願の身振りをして群集の同情を得ようとし、一種の哀泣をもって彼らの運命をひどく嘆き悲しんだので、それに悩まされた観衆は、将軍のことも、将軍が観衆の敬意を得ようと入念に工夫した気まえのよい贈物のことも打ち忘れて泣き出し、一斉に立ち上ってポンペイウスの頭に呪いの願をかけた。それで彼はその後間もなくその償いをしなければならなかった。ゾウはまた独裁官のカエサルが三回目に執政官になったとき〈前四六年〉彼のために戦った。このときは二〇頭が五〇〇人の歩兵に対抗させられたが、二回目には、それぞれ六〇人の守備隊員が乗っている櫓を乗せたやはり二〇頭のゾウが、前回同様五〇〇人の歩兵、さらに同数の騎兵を加えた相手側と正々堂々戦った。（八、20—22）

カルタゴ戦争の折、ゾウは顕著な存在であった。カルタゴ人がそうしたように、この扱いにくい動物一四〇頭を一般に用いられている船に乗せ、〈六〉一〇〇マイル以上の航路を安全に移動させることは驚嘆すべきことであり、それは、後にローマ人がライオン、トラ、ヒョウを競技場での大衆娯楽のために海を渡らせるときだけに真似した方法である。

ヘロドトス、アリストテレス、プリニウスはすべてライオンはヨーロッパで発見されるとしている。現在では、それはおもにバルカン地方のことだと考えられている。ライオンは間違いなくゾウよりは賢くないと考えられていた。しかし、その高貴なことでそれ以上の高い人気を得ていた。ライオンは、ウマと人間を除いて涙を流す能力を持つ唯一の動物であると見なされていたようだ。

アリストテレスは、雌ライオンは初回の出産で五子を生み、毎年一匹ずつ少なく生んでいって、ただ一匹の子を生んだ後は不妊になると言っている。また、子はほんの肉の塊に過ぎず、ごく小さくて最初はイタチほどの大きさしかなく、六カ月経ってもほとんど歩くことができず、二カ月になるまでは全然動けないと述べている。またライオンはヨーロッパではアケロウス、メストゥス両河の間にしかいないが、それらは力においてアフリカやシリア産のものよりずっと勝っている、と述べている。

彼は述べている。二種類のライオンがいて、その一つは毛深く体長が短く、割合縮れたたてがみをもっている。これらは体長の長いまっすぐな毛をもつ種類よりも内気である。後者は負傷などものともしない。（八、45―46）

動物のうちライオンのみが嘆願者に慈悲を示す。彼は自分の前に平伏する人びとを害さない。そして怒っているときも怒りを女性よりも男性に向ける。そして極度に飢えているときでなければ子供を攻撃することはない。ユバは、懇願の意味がライオンに通ずるのだ、と信じている。とにかく彼はこういう報告を受けた。捕虜になったが逃亡したガエトゥリアの一婦人を森の中で一群のライオンが襲ったとき、その襲撃は彼女のやった演説によって抑えられた。すなわち彼女は、自分が女性、逃亡者、か弱い者、すべての動物のうちもっとも寛大な、すべてのほかの動物の王者への嘆願者、彼らの名誉にとってふさわしくない獲物だと言ってのけた、というのである。次の点すなわち野生動物はそれに向けられた嘆願によってなだめられるものだという点については、各人の気質や場合にしたがって意見が分れるであろう。ヘビですら唄によっておびき出され、懲罰に服することを余儀なくされるということの真偽はまだ経験によって決定されていないのであるから。ライオンがその尾によって精神の状態を示すことは、ウマが耳によって示すのと同様である。というのは、自然はすべての最高等動物にこういう表現方法すら与えたのだから。したがってライオンの尾は彼が静穏であるときは動かない。そしておびき寄せようと思っているときはそれを静かに動かす。だが、そんなことはめったにない。というのは怒りの方がもっと普通だから。最初は尾で地面を叩いているが、怒りが高ずるにつれて、さらにそれをかき立てるかのように自分の背中を叩く。ライオンのいちばんの力はその胸にある。引き掻かれるにせよ噛まれるにせよ傷を負うと、どの傷口からも黒い血が流れ出る。だがライオンが飽食したときは害を加えない。ライオンの精神的気高さは、彼が危険にひんしたときにいちばんよく看取される。すなわち、攻め道具を侮って長いこと威嚇だけで身を守り、余儀なく行動しているかのように抗議したり、相手に立ち向っているのは危険がさしせまっているからではなく、相手の愚行に対する腹立ちからであるかのような振舞に示される。この精神のさらに気高い現われは、どんなに強力な猟犬や猟師勢に襲われても、そこが平地で自分が見られるような場所であれば、小馬鹿にしたようにたえず立ち止りながら後退するが、いったん藪や森にはいるやいなや、まわりの状況が自分の不面目を隠してくれることを知っているかのように全速力でつっ走ることとである。ライオンは追跡するときは跳躍するが、逃走するときはそういう足どりはしない。傷つけられるようなことがあると、その攻撃者を驚くべき方法で心にとどめておいて、どんな大群の中からでもそのものを見つけ出す。しかし、誰かがライオンをめがけて飛道具を放って傷つけ損なうならば、ライオンはその人を摑んで振り回し、地面に叩きつける。しかし傷つけることはしない。母ライオンがその子を守って戦っているときには、猟の槍にひるまないように、じっと地面に眼をすえているという。そのほか、ライオンは悪知恵とか猜疑心などはもち合せていない。そして彼らは横目で人を見ることをしないし、また同じように見られることも好まない。死にかかっているライオンは土を嚙み死に対して一滴の涙をそそぐと信ぜられて来た。だが、このような性質、このような凶暴性があるにかかわらず、この動物はまわっている車輪、誰も乗っていない戦車、さらに雄鶏のとさかと鳴声、とりわけ何よりも火に驚く。(八、48—52)

ライオンの生け捕りはかつてはむずかしい仕事で、主として落し穴によって行なわれた。クラウディウスが元首であったとき、偶然が一人のガエトゥリア人の牧羊者に一つの方法を教えた。その方法たるや、こういう性質の野獣の場合ほとんど恥ずべきものであった。獣が攻撃して来たとき、彼はその襲撃に向って外套を投げかけた――これはその後ただちに見せ物として闘技場にもち込まれた芸当なのだが――その動物の非常な狂暴性も、その頭がほんの軽い包み物で被われただけで、ほとんど信じられないようなふうに減退し、闘争を見せることなしに屈服してしまうという結果になった。ライオンの力は全部両眼に集中しているので、眼が見えなくなったことが力を弱めてしまったのだ。それでリュシマコスがアレクサンドロスの命によってライオンの檻に閉じ込められたとき、それを絞め殺すことに成功したというわけだ。マルクス・アントニウスはライオンを馴らして首木をかけ、それに引具をつけて戦車を引かせたローマにおける最初の人であった。そうしてこれは実際、国内戦の最中のことで、パルサリア平原での決定的戦闘の後、時局の形勢を示そうという意図も若干あったが、寛容な精神もときに首木に屈することができるという意味をふくめた、無気味な離れ業であったのだ。というのは、彼が女優のキテリスを傍らにはべらせてこんなふうな戦車乗りをしたことは、あの悲惨な時代に起ったいろいろな不吉な出来事にも勝るとも劣らぬ一事件であったのだ。こういう記録がある。カルタゴ人の最著名人の一人ハンノは不敵にもライオンを適当にあしらい、圧服して見せた最初の人間であった。そしてこれが彼が弾劾を受ける理由となった。というのは、このような手練手管に長けた人物は、公衆を焚きつけて何かさせるかも知れず、また狂暴すらがあんなに完全に屈伏した人に任されたのでは彼らの自由が損われると感ぜられたからであると。

しかし時にはライオンに対してさえあわれみをかけた事例もいくつかある。シラクサ人メントルはシリアで嘆願するような様子で寝転っているライオンに出会った。そして恐ろしくなって逃げようとした。そのときライオンは彼がどちらを向いてもその行くてに立ち塞がり、彼にへつらうようにその足跡を舐めた。彼はライオンの足に腫物と疵があるのに気づき、刺を抜いてその動物を苦痛から救ってやった。シラクサにある一枚の絵はこの出来事の証拠である。同じようなことだが、エルピスというサモス生れの男が船からアフリカに上陸した際、威嚇するように大口を開けている一頭のライオンに出会い、木に登って難を避け、リーベル・パテルに助けを求めた。というのは、祈りを捧げる場合といえば、希望がまったく失われた危急の場合くらいのものであったから。ひょっとしたらということは、野獣を前にしては当てにできることではないし、それ以上躊躇するとすれば、その原因は恐ろしさよりはむしろ驚愕によるものである。その獣はそうしようと思えばできたと思われるのに、彼が逃げようとしたとき、その行くてに立ち塞がることをしなかった。そして木のかたわらに横たわって、彼を嚇した大口を開けたまま憐れみを乞いはじめた。食物をあまりにも貪欲に嚙んだため、一本の骨が歯の間に刺さっており、ライオンが見上げて、音もたてずに助けを求めるように見えたときは、それが刺そのものに含まれている罰だけでなく、飢餓をもって彼を悩ましていたのである。だがとうとう男は下りて来てライオンのその骨を抜いてやったが、ライオンは片足を彼の方に差し延べ、それをちょうどよい角度になるよう加減した。そして、船が岸に停泊していた間、ずっとライオンは獲物を恩人のところへ運んで来ることによって感謝の意を表したということである。こういうことがあったので、エルピスはサモスに一つの神殿を建ててリーベル・パテルに捧げた。ギリシア人はこの出来事にちなんで、この神殿に口を開けたディオニュソスの神殿という名を与えた。こういうことがあったからには、野獣がほんとうに生類のひとつからの援助を望んでいるときには、彼らは人間のやり方を認めるものだという事実も驚くに足らぬことではあるまいか。なぜなら、何ゆえ彼らはほかの動物のところへは行かなかったのか、あるいはどうして彼らは人間が治癒する特性をもつことを知っているのか。けだしはげしい病気が野獣をも駆ってあらゆる方便に訴えさすのであろう。（八、54—58）

なんと高貴な動物であることか。その一方で、恐怖を与え無慈悲な動物がいる。マクベスはバンクォーの幽霊に向い合ったとき、むしろ、三種類の恐ろしい野獣の姿のいずれかの方がよいと望んだ。

（亡霊に）人の敢てする事なら、何でもする。
すさまじいロシヤ熊の姿で来い、
角の生えた犀なり、ヒルケーニアの虎なりの姿で来い。

其姿さえ止してくれゝば、
此堅固（しっかり）した筋肉が仮にも慄えるような事はないのだ。〈七〉

シェークスピアが自然誌の多くをホランドの翻訳から探し出してきたことはほとんど疑いない。クマは比較的柔和であるという評価を得ている。われわれにとっては不思議なことだが、クマはどの動物よりも頭蓋が弱いと信じられている。いちばん硬いのはオウムだとされているのに。クマは冬眠を終えて出てくると、しばらくのあいだ極端な菜食主義者になる。プリニウスはこのことをよく知っていて自身の説明を加えている。また彼は、母グマのことと、母グマが子グマをなめながらクマの形にしてゆくやり方についても述べている。この話は一般に言われていたことで、ポープ〈八〉も二行連句のなかで使っている――。

警戒心のとても強いクマ君、やさしく気配りしながら形を作り、
どんどん大きくなる塊を、クマに仕立てあげる。

三〇日間に最大五匹の一腹子を生む。生まれたものはネズミより少し大きい。白くて形もない肉塊で、眼も毛もなく、爪だけが生えている。この塊を母グマがゆっくり舐めて形をつくる。また雌グマの出産を見ることは何にもましてむずかしい。その後雄は四〇日間、雌は四カ月間ひそんでいる。適当なほら穴が見つからないと、木の枝やそだを積み重ね、床には柔らかい葉を敷いて、雨の漏らない穴ぐらをつくる。最初の二週間はひじょうによく熟睡するので、傷を受けても眼を覚さないほどだ。この期間に彼らは運動をしないため相当に肥満する（クマの脂は薬として、また禿頭の予防剤として有用である）。この長い日数眠り続ける結果、体が小さくなる。前足を舐めることによって生きているのだ。彼らは、卵をかえす鳥のように、凍えた子供たちの上に横になって、自分の胸に押しあてて大事にする。こんなことをいうとおかしいが、テオフラストスは、クマの肉の煮たのを保存しておくと、その期間中は嵩が増してゆくと信じている。またこの期間にはその腹の中にどんな食物の形跡もなく、少しの水があるだけで、またほんの数滴の血液が心臓の辺りにあるだけで、その他のところには全然ないと信じている。

春になると彼らは出て来る。だが雄はひじょうに太っている。その原因はわからない。というのは、上に述べたように、彼らは二週間以外は、眠りによって太らされるということはなかったわけだから。穴から出て来ると彼らは内臓をゆるめるためにアロン〈アルム、サトイモ科〉という植物を貪り食べる。そうしないと内臓がつまってしまうのだ。そして歯を木の幹に擦りつけて口を鍛える。彼らの眼はぼんやりになってしまっている。それが、彼らがハチの巣を求める主な理由である。そうやってハチどもに顔を刺され、血でもってその悩みを解消しようとするのだ。クマのいちばんの弱点はその頭である。ライオンでは頭がいちばん強い点であるのに。したがって、彼らが攻撃者に追いつめられ、岩から身を躍らそうとするときは頭を前脚で覆って跳ぶ。また闘技場ではよく頭を手で殴られただけで死ぬ。ヒスパニアの諸属州では、クマの脳に毒があると信じられていて、クマが見せ物で殺されると、その頭は観衆の眼の前で焼かれる。そのわけは、その毒を飲んだ人は熊気違いになるからというのだ。クマは二本脚で立つことさえする。そして木から後ずさりで下りてくる。彼らは脚を四本とも使って雄ウシの口と角からぶら下がってその重味でウシをへとへとにしてしまう。どんなのろまな他の動物でも、敵をやっつけるのにこれより巧い方法をとるものはない。年代記に、マルクス・ピソとメッサラが執政官であった〈前六一年〉当時ドミティウス・アヘノバルブスが造営官の高官にあったが、彼はその九月一九日の競技会で、一〇〇頭のヌミディアグマと同数のエティオピア猟師とを調達したということが書いてある。このヌミディア産のクマについての記事には驚き入った。というのは、クマはアフリカには産しないということは誰でも知っていることだから。(八、126—131)

「川のウマ」としてのサイとカバについては、古代の自然学者はすこしばかり混同している。それは主として彼らがそれらの動物を一角獣と混同しているからである。この一角獣は、のちにいろいろつけ加えられて少なからぬ悪評を買った。サイとその天敵であるゾウのあいだには自然の大きな反発力が働いていると述べられている。サイはゾウと闘うために角を硬い石で研いでおり、いざ試合になると「そこが割合柔らかい」ことを知っている腹を狙う。次の文節では、カバがいろいろの病気を治すために、自分で放血する賢明さを描いている。

いまひとつのもっと丈の高い怪物がまたナイル河で産する。すなわちカバだが、これはウシのように割れたひづめ、ウマのような背中、たてがみ、嘶き声、獅子鼻、イノシシの尾、さほど恐ろしいものではないが曲った牙、そして強い皮があって、この皮は盾と兜用として貫かれることのない材料として用いられる。もっともこれは水に漬けるとだめだが。このカバは、毎日あらかじめ一定の部分を見定めておいて、作物を食い荒すといわれている。そして畑から出てゆく足跡を残すので〈九〉、それが引き揚げるとき罠をしかけることができない。

カバはローマでは、当時造営官であった〈前五八年〉マルクス・スカウルスが催した競技会で、五匹のワニといっしょに初めて見せ物にされ、それを入れておく臨時の堀が造られた。カバは医学のある分野のきわだった達人である。というのは、絶えず貪食しているのでとかく食べ過ぎる。すると陸へ上って、最近アシが刈り取られた場所を踏査し、ひじょうに鋭い茎を見つけると、からだをどっかとそれに押しつけ、脚にある血管を傷つける。そうやって放血してからだを楽にする。こんなことをすれば普通は病気にかかりやすいのだが。そしてまたこの傷に泥をこてこてと塗りつけておく。（八、95―96）

トラはマクベスがあげた第三番目の獰猛な動物である。信じられないほど敏捷で強く、凶暴でしかも走るのが極めて素早い動物であると思われていた。トラは子どもにたいする愛情が深く、猟師が子どもたちを捕えて逃げると、どこまでも追いかけ、猟師が子トラの一匹を手放すまでは追跡を止めない。そして母トラはその子トラを口にくわえて巣穴に連もどすと、すぐさまとって返し、それを繰り返す。そして最後には、この自力での救出方法によって、全部の子どもを取り返す。

イヌとウマは、人類にとってネコ以上の友人である。イヌをオオカミとかけ合わせるのと同じように、トラとかけ合わせる話は珍しい。忠実な家畜であるイヌは、自分の主人の名や家を知っている唯一の動物である。イヌはもっとも長く記憶を維持できる動物で、狩猟においても記憶力を発揮する。

猟犬は追跡し、ついて来る追跡者を革紐で引っ張りながら獲物の方へ足跡をつけてゆく。そしてそれが目に入ると、なんと、音をたてず、ひそかに、しかしなんと大事な指示を、最初は尾により次には鼻づらによって与えることだろう。そんなわけで、イヌが年老いて疲れており、盲目で弱くはあっても、人々は彼らを胸に抱いてゆく。すると彼らは微風と匂いにくんくん鼻をならし、その鼻づらを獲物の隠れ場所の方へ向ける。

インド人はトラによって生れる猟犬を欲しがる。そこで、繁殖期になると雌イヌをその目的で森につないでおく。彼らは第一子と第二子は獰猛すぎると考え、第三子を育てる。同じように、ガリア人はオオカミから猟犬を繁殖させる。そういう猟犬の一群ごとに一頭のイヌが指導者・案内者としてついている。その群は狩の際その指導者についてゆき、それに従順である。というのは実際イヌは彼らの間で権力を振うからだ。ナイル河付近のイヌは、貪欲なワニに機会を与えぬよう、走りながら川の水を飲むといわれている。

アレクサンドロス大王がインドへの途上にあったとき、アルバニアの王が彼に異常に大きなイヌを進呈した。アレクサンドロスはその見かけによろこんだ。そして何頭かのクマ、次にイノシシ、そして最後に雌ジカを放たせた。その猟犬はばかにしたようにしてじっと横たわっていた。そんなに図体が大きいくせに、このようにものぐさであることが大王の寛大な心をも悩まし、彼はそれを打ち殺すよう命じた。この報らせが王のところへ達した。それを聞いた王はいま一頭の猟犬を贈り、アレクサンドロスに、それをそんなに小さな獲物で試さずに、ライオンかゾウで試してごらんになったらいい、自分はこの品種を二頭しかもっていないので、もしこれが殺されるようなことがあれば、一頭もいなくなるであろうと口状を添えた。アレクサンドロスは早速実験をやった。そしてたちまちにしてライオンが打ちひしがれるのを見た。次に彼はゾウを連れて来るよう命じた。そしてどんな見せ物でもこんなに彼をよろこばしたものはなかった。というのは、そのイヌの総身の毛が逆立ち、まず雷のような吠声を挙げ、たえず躍り上り、こちらの脚と思うとあちらの脚に向って立ち上がり、巧妙な闘争を展開して、ここぞというところで攻撃と退却を繰り返し、ゾウは絶えずぐるぐる回り、とうとう大地をゆるがす響きを立ててうち倒れた。(八、147―150)

戦争で、騎兵隊の番犬として最前線で闘ったイヌの話が出てくる。長所は彼らの装備に金がかからないことであった。「彼らは勇猛に戦い、決して尻込みしなかった。そして報酬を求めないもっとも忠実な味方であった」。忠実さの例としては、自分の主人が襲われたとき、決して主人の身体を見捨てるようなことはしないことだ。ローマで、一人の男が、ある罪で非難され scalae gemoniae(「嘆きの階段」)を降りた。だが彼のイヌはその屍体を離れず、処刑を見守っている群衆のなかで悲しげな泣声をあげていたという。一片の肉が投げ与えられると、そのイヌは死んで横たわっている主人の口に持っていった。やがて死体がティベルス川に投げ込まれると、死体が沈むまで泳いでその後を追った。これ以上の献身があろうか。

ウマと競馬は昔も今もずっと人気がある。また、歴史上の偉大な軍人のほとんどすべてが、傑出した乗馬を持っていたことは偶然の一致だろう。

アレクサンドロスはまた幸運にもひじょうに優れたウマをもっていた。そのウマはブケファロスと呼ばれたが、それはその外観が猛々しかっただけでなく、その肩に雄ウシの頭のしるしが烙印されていたからである。それはアレクサンドロスがまだ子供であったころ、その美しさに心を奪われたため、ファルサロスのフィロニクスの群の中から一六タレントで買い求めたものだという。このウマは国王の鞍で飾られているときは、アレクサンドロス以外の人々が乗るのを許そうとしなかった。そうでないときには誰でも乗せたが。それはまた戦争におけるめざましい功績によっても名高い。すなわち、テーベ攻撃において、自分が傷ついたときにもアレクサンドロスが他のウマに乗り替えることを許さなかった。そしてまたこれに類する数々の出来事が報ぜられている。そのため、それが死んだとき、王はその葬列の先頭に立った。そしてその墓のまわりに一つの市を建て、それにちなんでブケファラと名づけた。[4] 独裁官カエサルのもっていたウマもまた他の何人をも乗せることを拒んだという。またその前足は、ウェヌス・ゲネトリックス神殿の前に立っている像が示しているように人間の足に似ていたと報ぜられている。故アウグストゥスもウマのために葬丘をつくり、それがゲルマニクス・カエサルの詩題になっている。アグリゲントゥム〈ギルゲンティ〉ではおびただしいウマの墓がピラミッドを戴いている。ユバの証言ではセミラミスはあるウマにすっかり惚れ込んでしまって、それと結婚したという。スキタイ人の騎兵連隊は実際有名なウマの話で鳴りひびいている。ある首長が敵に決闘を挑まれて殺され、その相手が彼の鎧を剝ぎ取りに来たとき、彼のウマはその男を蹴ったり咬んだりして、とうとう殺してしまった。また他のウマは、その眼隠し革が取り除かれて、自分が交尾したのが自分の母ウマであることを知り、ある断崖へ走って行って自殺した。レアテ地区のある馬丁が同じ理由で馬に咬みつかれたと、ある本に書いてある。というのは、ほんとうにウマは血の続き柄を理解しているのだ。そして雌子ウマは群の中にいても、母ウマよりも一年上の姉ウマと歩くことを好む。彼らの従順さといったらひじょうなもので、シュバリス軍の全騎兵が楽隊のしらべに合わせて一種のバレーを演じたものだと聞きおよんでいる。シュバリスのウマは戦争がいつ起るかを予知しており、主人を失うとそのために嘆き悲しむ。時には彼らは離別に涙を流すこともある。ニコメデス王が殺されたとき、彼のウマは食物を拒んで死んだ。フュラルコスの記すところでは、アンティオコスが戦没したとき、ガラティア人のケンタレトゥスが彼のウマを捉えて、意気揚々としてそれに乗った。しかしウマは憤激に燃え立ち、馬銜(はみ)を歯の間にくわえて制御できないようにし、ある断崖へとまっしぐらに駆けて行って、乗手もろともあい果てたという。ピリストスの記録では、ディオニュシオスは自分のウマが沼に落ち込んだのを見捨てた。そしてそのウマが抜け出たとき、ミツバチの群をたてがみにまつわりつかして彼の後を追って来た。そしてこの凶兆の結果、彼が僭主政治を摑んだのだという。(八、154—158)

闘技場で戦車を引くウマは、たしかに激励や賞讃の喚声を理解することを示す。クラウディウス・カエサルの百年祭競技会〈紀元四七年〉の一部をなす闘技場の仕合の折、白組の戦車手コラケが発進の際振り落されたが、彼の連馬は先登を切って走り、敵手の進路に入ったり、押しのけたり、大の手だれが馭していたらそうしなければならなかったろうと思われるあらゆることをやって優勢を保ち、そして人間の熟練がウマにかなわなかったことを恥じたので、定められた走路を完走したとき、決勝点で立ち止って死んでしまった。もっと大きな凶兆は、ずっと以前平民の闘技場競技で、戦車手は振り落されたが、ウマどもは、依然彼が手綱をとっているかのように、全速でカピトル神殿まで駆けてゆき、神殿のまわりを三回かけめぐったときであった。しかし最凶兆は、ウェイイの勝利者ラトゥメンナが振り落された後、戦車馬がシュロの枝と花束をもってそのウェイイから同じくカピトルに到着したときであった。この事件が後にそこの門に名を与えたのである。サルマティア人たちは長旅に備えて、その前日餌をやらず、少しの水をやるだけで彼らのウマを訓練する。そしてこういう方法によって彼らは手綱を引くことなしに一五〇マイルの騎馬旅行をするのだ。

五〇年も生きるウマもある。雌ウマの寿命はもっと短い。雌ウマは五歳のとき成長しきるが、雄ウマは一年遅れる。もっとも好ましいウマの外観はウェルギリウスの詩にまことに美しく描写されている。だがわたしもまた『馬上からの投槍について』においてそれを取扱った。そしてわたしは、それについてはほとんど普遍的に賛同が得られていると思う。しかし闘技場で使うには別な体格が必要である。したがってウマは他の仕事にならば二歳で馴らされてしまうだろうが、闘技場の競技では五年も経たぬうちにそういうことを求めるのは無理だ。（八、159―162）

雄ウシ、ラクダ、ヒツジ、サルについては簡単に通りすぎよう。

古代の闘牛は、ウシとウシを闘わせた。テッサリア人は優れた牛飼いであり、カエサルはロデオの見世物を開いてローマ人を喜ばすことに成功した。テッサリア人は、ウマで早駆けしながらウシの角を摑む方法をあみだした。そして「ウシの首をひねって殺す」のだ。

エジプトではアピスという名で信仰の対象となっている。至高の栄誉に選ばれるウシは、右の横腹に白い斑点と、舌の下にカブトムシのような印がなければならない。定められた年齢を過ぎると、聖職者たちはそのウシを溺死させる。深い悲しみのなかで頭を剃り、喪に服す。そしてあとがま選びをはじめる。アピスは託宣者と見なされている。その動作は国民にとっての重要な予言として解釈される。ゲルマニクスが皇帝であったとき、餌を与えたらウシがそっぽを向いた。その結果ゲルマニクスは間もなく死んだ。[10] キュロスの息子カンビュセス[11]もアピスを刺すという神聖冒瀆をした。そのため、後に同じ場所に傷を負って屈服した。行列のときこの聖なるウシは、ウシを讃える聖歌を唱う可愛い少年たちとともに行進するという。そしてウシはそれを喜び満足すると報告されている。短い生命だが幸せなのだ。

ラクダ——二つ「こぶ」も一つ「こぶ」も含めて——は、いずれも運搬用として、また戦争での騎乗用として用いられる。彼らは四日間も渇きに堪える。水を飲む前には常に、泥や砂を前足でかきまぜる。そうしないと水がうまくないのだ。

カメロパルダス——これはラクダとヒョウの間の子であると考えられていた——は、キリンのことである。それは、赤らんだ肌に白い斑点があり、頭はどうみてもラクダに似ているからである。ウマのような首と、ウシのような足と脚を持つ。ローマでの見世物ではとても人気があり、「野生羊」[5]という名も与えられた。

サルは人間の形に一番近い。

サルはおどろくほどさかしい。彼らは鳥もちを軟膏として用いる。そして彼らは彼らを捕えるために仕掛けた罠を、猟師の真似をして、靴でもあるかのように足につけるという。ムキアヌスによると、有尾猿はチェッカーをするとさえ知られているし、一目で蠟製の偽果物を見わけることができる。そして月がかけてゆくときはふさいでおり、新月を喜んで拝むということだ。そして他の四つ足の動物も日月蝕におびやかされることは事実である。サルという種属はその子に対し異常な愛情をもっている。

家で飼い馴され、子どもを生んだサルは、その子どもを連れまわって誰にでも見せ、子供が撫でてもらうと喜ぶ。それは子供が祝福されていることを理解しているかのように見える。そんなだから彼らが自分の子供を抱き締めることによって、それを殺してしまう場合が相当にある。（八、215―216）

ヒヒはイヌのような頭と鼻をしている。これはサルのなかでもっとも呪われた、意地の悪い、不幸な存在である。だがキヌザル〈一二〉はいちばん温和で人気がある。いくつかの大型のものは人間の一種であると誤解された形跡がある。

ゾウで始まったのだが、ネズミで終ることにしよう。白ネズミの出現は吉兆である。すべての大型小型のネズミ、ヤマネは幸いにも夕食や宴会では食べることが禁ぜられている。カシリヌム〈一三〉の攻囲のとき、その町で一匹のネズミが二〇〇デナリウスで売られた。そしてそれを買った人は生きのび、金が欲しくて売った人は餓死したと伝えられている。

ネズミの異常発生は彼らの破壊的習慣であるとして知られている。彼らは、何でもかじる、鉄でも時には金をもかじると信じられている。ネズミはまた未来についての不思議な知識を持っており、家が倒壊しそうだと逃げ出す（このような習性は船の沈没の場合も同じだということは、もっとよく知られている）。しかし最初の予告は常にクモがおこなう。クモは巣とともに地上に降りる。それ以外で利口な動物はキツネである。凍った池や川を渡るとき、かならず耳で氷の厚さをたしかめてから渡る〈一四〉。だからトラキアの住民はキツネが往復した所でなければ渡らない。

第五章　伝説的な被造物

極東では、ある種の動物がある領域を支配していると一般的に考えられている――フェニックスは火を、カメは水を、竜は空気を、一角獣に近い動物は大地を支配しているのだ。そして、そういう考えがゆっくり西方社会に浸透し、徐々に西洋社会に反映していったことは不思議ではない。魔術、宗教、寓話に関係している社会ではとくにそうである。ローマや中世の科学は長い間、いま簡単に述べたこれらの四つの被造物に影響されてきた。

中国ではそれなりの地歩を占めているカメも、ヨーロッパでは決して大きな評判を得ることはできなかった。おもに、そののろさと確実性についてであり、落ち着きのない野ウサギとの不当に差別された比較に関係して語られてきた。しかし、プリニウスは解毒剤としてのカメの偉大な効力について力説している。カメのスープはるいれきの特効薬として推奨される。

一方、一角獣には最高の評価が与えられ、一三世紀以来、力強さ、清浄、美しさ、そして動物の姿としては完成の極致として、象徴的地位に昇格したのである――それはキリストのシンボルでさえあった。おまけに、世俗化されて国家の象徴ともなったのである。二匹の一角獣はスコットランドの紋章のなかで王冠を支えていた。イギリスと合併されたとき、ジェームス一世は、そのうち一匹をイギリスのライオンと替えた。一角獣とライオンは互いに天敵である（古代の伝承にはそのような敵対関係の話が非常に多い）という考えは、次にあげるような、難解な意味を簡便な媒体によって表現する育児所のリズムによって育まれた。

ライオンと一角獣は
どこででも王冠を争う
ライオンが一角獣を追いかける
すべての町で

ライオン（またはヒョウ）は、常にイギリスの王冠を気高く支えてきた。もっとも徐々に他の同盟国と合同するようになってはきたが。ヘンリー六世のときにはアンテロープ（一角獣と近親関係にある）と、エドワード四世のときには雄ウシと、ヘンリー七世と八世のときにはアーサーの兜に飾られていた竜と、そしてメアリーとエリザベスのときにはグレーハウンド[一]と仲間になったようにみえる。

では一角獣の起源はなにか。奇妙な話だが、このような荘厳で優雅な動物としては、血統は極めて卑しく無体裁なものである。一本の角もしくは鼻を持つサイがその主要な先祖であるとされている。だがプリニウスはそれ以外の一角獣、インドの雄ウシ、インドのロバ[二]と一角獣をあげている。このインドの一角獣は、体はウマに、頭は雄ジカに、足はゾウに、尾はイノシシに似ているという。また、額の中央には二キュービット〈約一メートル〉もある一本の黒い角があり身の毛のよだつような声で吠えるという。

遠く離れ、漠然とした地方、不思議な事柄に満ちあふれ、曖昧模糊とした地域――それはインドとかエティオピアとかであらわされるが――そこでは最初、真実の生活が旅行者によって観察されたに違いない。その旅行者の話が口から口へと伝わるうちに、おのずから混乱し、技巧的になり、真実から遠のいた。プリニウスは一人の重要な著者を引用する。それは紀元前四世紀の人で、クテシアス[三]である。それを信用してプリニウスは『博物誌』にサイのことを書いている。それは割れたひずめを持ち、たてがみと背中はウマで（いななく習慣がある）、野生のイノシシのように曲がった尾をもつ――それは一角獣とほんのわずかしか違っていない。明らかにプリニウスは、この特殊な動物の型がいろいろあってあいまいなことを考慮に入れて、あらゆる種を含めるのが最良だと感じたのだ。サイの角の利点は、解毒剤としての高い価値である。誰でもコップ一杯飲めば絶対大丈夫である。しかし、いつもそれが立証されるとは限らない。

一六世紀、一角獣の伝説は、一種の寓意的性格の形を持ちはじめる。話はきまった語り口「身の毛のよだつような恐ろしい動物」で始まる。そして、額の真ん中に四フィートの長さの角のある、とてもすばしっこく力が強く、それに襲われたらとても逃げられない恐ろしい野獣が捕まった、という調子で話はすすむ。そして一人の乙女が囮に使われた。「彼女が膝を広げると、一角獣は頭をその上に乗せた。そして気が静まった一角獣はそのまま眠ってしまった」。この説明のしかたは通常の感覚によるものではないが、どういうわけかサイとアンテロープの性格に柔和で親切な気質が加えられているのである。七世紀の動物物語への最大の貢献者の一人として有名なセビリアのイシドルス〈四〉は、物語のなかで、そのような女性の影響の犠牲となったのち飼い馴らされ、国王の宮殿に適応して暮している、まったく優雅な一角獣について語っている。

これは別のもう一つの話と繋っている。そこでは、あらゆる動物のなかで一角獣はもっとも貴族的なものとして語られている。毒で汚染された池に連れていき、その魔法の角を水に浸すと、その汚水を飲んでも大丈夫なようにきれいにしてくれる。すでにサイの角（古代人によれば、それは能力の所在する場所であり、しばしば聖書にも利用されている）が解毒剤として有名になっていた〈五〉ことがわかる。だから同じような物語は幾世紀にもわたって伝えられ、アリコーン（もしくは一角獣の角）はボルジアの名と結びついて、ヨーロッパの外交が中毒症状を起したような恐ろしく厄介な時代に、食べ物と飲み物をテストするのに用いられた。イッカク〈六〉の牙、その性質は一本角の原理にもっとも近いが、その牙は、それ以後自分の生活が魔術をかけられていると安易に信じこむ人たちにとって重要な商品となり、大変な高値を呼んだ。

プリニウスは、インドやエティオピア――神秘の国――にはすばらしい鳥がいるが、それらのすべてに勝っているのが「アラビアの鳥」つまりフェニックスだと語っている。シェークスピアはこの伝説を大変魅力的にエリザベス女王にあてはめた。つまり彼女を、その灰から後継者が生まれる「処女のフェニックス」になぞらえたのである。

天が此暗雲の現世から君を招かせられまする頃となりますと……

其聖き御遺灰の裡から
さながら明星のように立昇らせられて、此君に劣らん御盛誉を得て
御位に安住させられまする……〈七〉

しかしシェークスピアはこの隠喩のなかで、フェニックスの性を間違えたことは明らかである。――プリニウスの解釈を見れば、どうみてもそうである。

全世界にたった一羽しかいないのでまず見られないという。その話というのはこうである。それは大きさはワシくらいで、首のまわりは金色に輝き、他のところは全部紫だが、尾は青くてばら色の毛が点点と混っている。そして喉にはところどころ毛の房があり、頭には毛の飾り前立てがあるという。この不死鳥についての最初にしてかつもっともくわしいローマ語の記事は、教師につくことなしにきわめて高くかつ多様の学問を身につけたことによって有名な、卓越した元老院議員マニリウスによって与えられた。彼は次のように述べた。誰もこの鳥が餌を食べているのを見た者がない。アラビアではそれは太陽神に捧げられている。その寿命は五四〇年である。それが歳をとりかかるとカシア桂皮と乳香の小枝で巣をつくり、それに香料を詰め、死ぬまでそこに横たわっている。次いで、それの骨と髄からまず一種のウジが生れ、それが成長して雛鳥になる。そしてまずもって前の鳥にしかるべき葬儀を行ない、それから巣全体をパンカイアの近くにある「太陽の市」へと運びおろし、それをそこにある祭壇の上におくと。マニリウスはまた述べる。プラトン年の期間がこの鳥の生命と一致する。季節と星の同じ徴候が回帰する。そしてこれは太陽が牡牛宮に入る日の正午ころ始まる。この期間の年は、彼の報告によれば、プブリウス・リキニウスとグナエウス・コルネリウスが執政官であったとき、二一五年〈前九七年〉であった。コルネリウス・ウァレリアヌスの報告では、クイントゥス・プラウティウスとセクストゥス・パピニウスが執政官であったとき〈後三六年〉フェニックスがエジプトに下りた。それはクラウディウス皇帝が監察官であった建国八〇〇年〈後四七年〉にローマに持ってこられ、民会で観覧に供せられた

という。これは国の記録によって証明された事実だ。もっともこの不死鳥はつくりごとであったということを疑う人は一人もあるまいが。（一〇、3―5）

鳥はたいそう多くの不思議義な力を持っているので、プリニウスはそのすべてを細かく取り上げることが困難であった。彼の信憑性は実際上、きわめてはっきりしている。

馬頭をもつペガサス鳥とか、耳と恐ろしく曲った嘴をもったグリフィン――前者はスキタイに後者はエティオピアにいるという――などは作り事だとわたしは判断する。そしてわたし自身としては多くの人々によって保証された髯のあるワシなども同様だと思う。その鳥はワシよりも大きく、こめかみに彎曲した角をもち、色は赤さび色だが頭だけは赤紫であるということだ。シレンなども眉唾物だ。有名な大家クレイタルコスの父ディノンは、シレンはインドにいて、そして彼らはその歌で人々をひきつけ、人々が深い眠りに陥ったとき彼らをずたずたに引き裂くのだと主張はしているのだが。そういうようなことを信ずる人なら誰でもきっと、ヘビが占者メランプスの耳を舐めることによって彼にウマの言葉を理解する能力を与えたとか、あるいはデモクリトスによって伝えられたもので、その血を混ぜるとヘビが生れ、そのヘビを食べるものは誰でも鳥の会話がわかるようになるとかと彼が述べている鳥の話とか、とくに彼がとさかのあるヒバリについて記録した事柄などを否定しないであろう。そんな話は抜きにしても、人生においては卜占に関してさえ、巨大な不確定性に包まれているものなのだ。ホメロスはスコプスという一種の鳥について述べており、多くの人々が、その鳥は獲物を待ち構えているとき、滑稽な舞踊運動を行なうと述べているが、わたし自身はとてもそういう鳥を理解し得ないし、そういう鳥自身今日知られていないのだ。したがって、すでに認められている事実について論ずることがより有益であろう。（一〇、136―138）

シナモンをどのようにして入手したかという話はなかなか面白い。というのは、怪鳥「ロック」〈八〉のような鳥、つまり水夫シンドバッドを空高く運んだ「ロック」のような大きな鳥と関係する東方の物語といろいろの共通点がある。プリニウスは次のように言う。「昔の人々や嘘つきの第一人者ヘロドトスが述べた話がある。シナモンやハッケイは、バッコスが育った地方では、ある種の鳥の巣、とくにフェニックスの巣からとれるという。その巣は、高い木や岩のうえに作られていて、その巣は彼らが餌として運んできた肉の重みによって落下するか、鉛をつめた矢によってうち落されるという」。またハッケイとカシアはある沼から取れるという。「それを見張っているかぎ爪のある恐ろしいコウモリと、翼のあるヘビによって守られている」。プリニウスは、これを信じられない話として一蹴しないで、製品の値段を釣り上げることを狙った作り話であると言っている。

実際ヘロドトス（失礼にもプリニウスは嘘つきと呼んでいるが）〈九〉が言っていることは、アラビア人は死んだ雄ウシやロバの肉を大きな塊に切断して巣のそばに置く。大きな鳥の巣はシナモンの枝で作ってあるが、そこへ大きな肉塊を運びあげる。するとその重さで巣が壊れ、下に落ちてシナモンが手にはいるということが立証されるのである。

竜は、ヨーロッパにおいては東洋におけるほどの馴染はない。アジア人はそれを悪のシンボルとみなしている。西洋ではいろいろな意味で有益で情け深いものとして扱っている。たとえば、彼らは空を飛ぶことはなくて普段は陸か海にいるヘビである。〈1〉インドに特別大きなヘビがいるのは、土地の良さや肥沃さ、温和な空気と豊富な水によって、あらゆるものが大きく育つことによる。エティオピアでは長さが二〇キュービット〈約一〇メートル〉に達する。そして時には羽毛で飾られ、互いにからみあい網代か格子状になって海を渡ることができるという。それは波をきり、頭を帆のように高くかかげ、「もっとよい獲物場を見つけるためにアラビアに」渡るのだという。

ボア〈各種の大型ヘビ〉の性質はきわめて恐るべきものであると言われる。しかし古代人はそれに改竄を加えた。

メガステネスは、インドではヘビが非常に大きくなって、雄ジカや雄ウシを丸呑にすることができる、と書いている。そしてメトロドロスは、ポントスのリンダクス河のほとりでは、ヘビは、鳥がそのうえを高くそして速く飛んでいるのに、それを捉えて呑み込むと書いている。ポエニ戦争の最中、バグラダス河のほとりで、レグルス将軍によって、一つの町を強襲でもするかのように、大砲やカタパルトを用いて退治された、長さ一二〇ペス〈三五・四メートル〉もあるヘビの話はよく知られている。その皮と顎骨がヌマンティア戦争〈前一四二―一三三年〉のときまでローマのある神殿に保存されていた。これらの話には、イタリアにいるボアと呼ばれるヘビによって信憑性が与えられる。このボアは非常な大きさに達するので、誉れめでたき故クラウディウスが元首であったとき、ヴァティカヌス丘で殺された奴の腹の中から一人の子供がそっくり発見された。彼らの本来の食べ物はウシから絞られた乳であり、それからその名〈ボアリウス＝牛の〉が来たのだ。（八、36―37）

とび抜けて評判が悪いヘビはバシリスクである。小さいがきわめて有毒である。『シンベリン』でポステュマスは自分の指輪について次のように言う――

そりゃわたしの目にはバシリスク〈一〇〉だ、
それを見ると殺されッちまう

そしてプリニウスはその恐ろしい威力について証言する。つまりそれは、ただシューという音をたてるだけであらゆるヘビを敗走させると。その習性は、地面の上を這わないで、「高く持ちあげて」すすみ、その行くところの草や葉を枯らすという。さらに、かつてウマに乗った人が一匹のバシリスクを殺したら、その毒素が槍を伝わってのぼってゆき、人もウマも殺したという。だが、この恐るべきヘビにたいして、自然は親切にもマングースという解毒剤を用意した〈一一〉。それをプリニウスはイタチとして記述している。マングースの匂はヘビにたいして圧倒的力を発揮する。バシリスクが入っている穴に「イタチ」を投げ込むと、その両方とも死ぬ。ゾウと大蛇との争いもそのような致命的な結果に終る。というのは、大蛇がゾウを固くしめつけるので、からみ合ったままゾウが大蛇の上に倒れて死んでしまうのである。

オオカミはもっとも不吉な動物である。人間からオオカミへの魔術的転換という信念は、卑劣にも転向した「裏切り者」にたいするものである。

しかしイタリアでも、オオカミの凝視は毒であり、人がオオカミを見る前にオオカミの方が人を見ると一時的に口が利けなくなると信ぜられている。アフリカやエジプトに産するオオカミは弱々しく小型である。しかしもっと寒い地域に住んでいるオオカミは残酷で獰猛である。われわれは確信をもって、オオカミに変えられ、また自分自身にかえされた人々の話は嘘だと断言しなければならない。さもなければ、ひじょうに多くの世紀の間の経験がわれわれに作りごとにすぎないと教えてくれたすべての話を真に受けなければならないことになる。にもかかわらずここで、狼人間を呪いにかかった人の一種として分類するひじょうにしっかりと根を下している一般の信仰に起源を示そう。ギリシアの著述家の中でも侮りえない地位を占めているエウァンテスは次のように書いている。アルカディア人の伝説によれば、アントゥスという氏族から、家族間の投票で選ばれたある男が、その地域のとある沼地へ連れてゆかれる。そして着物をカシワの木に懸け、水を泳ぎ渡って荒涼たる場所へゆく。そしてオオカミに変えられて、九年間他のオオカミどもの群の中で暮す。そしてその期間中、自制して人間と接触せずにいるならば、彼は同じ沼地に帰りそれを泳ぎ渡って元の形を取り戻す。ただ前の容姿に九年の年齢が加わるだけだ、と。エウァンテスはまた、その男は元の着物を取り戻すという、さらにばからしい細事までつけ加えている。ギリシア人の妄信はどこまでゆくことやら、驚き入る次第である。どんな破廉恥な虚誕も支持者にこと欠かないのだ。同じように『オリュンピアの勝利者』の著者アポラスはこんなことを書いている。その頃になってもアルカディア人はリカエアのヨーウィス神に人間の生贄を捧げていたが、その人身御供の際に、パラシアのデマエネトゥスは、生贄として捧げられた少年の臓器を食って身をオオカミに変えた、と。そしてさらに、一〇年経って元の身にかえされ、拳闘競技に身を鍛え、そして勝利者としてオリュンピアから帰還したと。[2]（八、80—82）

いくつかの話は、金が人間以外の動物を引きつけると言っている。地下に大量の宝物を埋めていたに違いない時代だから、そのうちいくつかの物語は、盗みを企てるものをおどして追い払うために意図的に創作されたものと考えられる。グリフィン(3)は山で金の管理をしていると考えられている。だがもっとも風変わりな話は、アリジゴクである。最初にヘロドトスが言いだしたもので、キツネほどの大きさで、父親はライオン、母親はアリである。それだから、古代では、しかも見知らぬ土地では、アリはびっくりするような大きさになるのである。このおそろしい野獣は、前半身はライオン、後半身はアリなので、父と違って肉も食べられず、母とも違って葉も食べられないので非常に苦しんでいる。プリニウスは、説明がとても困難なこの奇妙な創造物の能力について、次のように報告している。

ヘラクレスの神殿内に飾られていたインドアリの角はエリュトラエの見せ物の一つであった。これらのアリは、ダルダエと呼ばれる北インド地域にある地下の洞窟から金を運び出す。その動物はネコのような色をしており、大きさはエジプトオオカミくらいある。彼らが冬期に掘り上げた金を、インド人たちは夏の暑い天候のときに盗み取る。その頃は暑いのでアリたちは穴に隠れているのだ。しかしアリたちはその人々の匂いをかぎつけて飛び出してくる。その人々は非常に駿足のラクダに乗って退却しているのだが、人々を何度も何度も刺す。この動物たちはそんな速さと激しさを、彼らの黄金に対する愛情に結びつけているのだ。(4)(一一、111)

さて、雌の人魚と、あまり魅力的でない雄の人魚に移ろう。紀元前五世紀の哲学者アナクシマンドロスは、彼の創造の原理のなかで、原始のどろどろしたものからすべての生き物が発生したという理論を提案した。かれは、人間ははじめ魚に似ていたとさえ信じた――偉大で独創的な進化論である。チャールズ・ラムの「変わり者」に関するある種の知識の描写が、この古い思想の生き残りであるかどうかは明確ではない。(二二) しかし、一つの結論として、それが、雌の人魚と雄の人魚が岩のうえで出会っても、昔はそんなに驚かなかったことの理由であることはまったく明確である。

そのためにわざわざオリシポから派遣された使節団はティベリウス皇帝に、彼らはある洞窟でトリトン〈半人半魚の海神〉が法螺を吹いているのを見たし聞いたが、それはよく知られている形をしていたと報告した。ネレイス〈海の精〉の描写も不正確ではない。ただし彼らのからだの人間の形をしている部分にも毛がもじゃもじゃ生えてはいるが。というのは、ネレイスは同じ海岸で見られたことがあるし、そのうえずっと沖合でそれが死にかけているときの嘆きの歌が浜の住民たちによって聞かれたことがある。それにまたガリアの使者がおびただしい数のネレイスの屍体が浜で見られたということを故アウグストゥスに書面で報告しているからだ。私は次のような陳述に対する証言者として、騎士身分の中の何人かを承認したことがある。すなわちガデス湾で、からだのすべての部分が人間に完全に似た「海人」を彼らは見たと。そしてそれが夜分船のうえに這い上ってくる。すると「海人」が坐った側が重みで沈下し、それがもっとそこに坐りつづけると、船が水の中へ沈んでしまうというのである。（九、9―10）

第六章　鳥

人類は宗教的本能に衝きうごかされ霊感を求めて空に向かう。ローマ人は例外なしに、鳥たちの住いである大気の広い領域に魅かれていた。ユピテルは空の神であり、彼の「従者」または鎧持ちはワシであった。それは生れつきの強さと獰猛さによって選ばれた。ワシは鳥の王であるから、雷に打たれないという特典が与えられていた。

他のいかなる動物とも違って、鳥がその個性にさまざまな徳や悪徳を具現していることは単なる偶然ではない。徳の面でみると、ワシは力と威厳を、キジバトは主人にたいする忠誠と幸福を、ダチョウは速さを、ガチョウはまじめさと賢さを、ウグイスは優れた音楽の技術を、フェニックスは不滅の霊魂を、それぞれ体現している。悪徳の象徴としては、カッコウはずうずうしさと狭量を、クジャクは虚栄を、かなきり声のフクロウとカラスとワタリガラスは不幸を、オウムは度を越えたおしゃべりを、それぞれあらわす。最後に、カワセミはよい天候を予告する。そして家禽は未来を予告する主要な媒体である。

ひるがえって鳥についての科学的解釈をみてみると、注意すべき点は、ワシとタカの区別がそう簡単にはできないということである。古代における分類と命名は、おおざっぱで安易な方法がとられた。リンナエウス〈一〉がすべての問題を新たによみがえらせるまでは、いかなる有効な、そして統合的な体系も現われなかった。アリストテレスは鳥の区分を食餌によるという独創的方法を試みた――それは、肉、種子、昆虫、魚、青物野菜による分類であった。プリニウスは体系づけは何も行なっていないように見える。彼は、ガチョウ、ノガン、クロライチョウ、ピグミー族と戦うツル、コウノトリとハクチョウ、フラミンゴとホロホロチョウ、アオゲラもしくはオオム、クロウタドリ（白の変種はアルカディアだけで見られる）、その他多くの鳥の身元確認ができず、それらを一括して扱っている。

六種類のワシがあげられており、そのなかでもっとも賢いワシをホメロスはペレノス（二）と呼ぶ。この鳥は湖水のほとりに住んでいるが、カメを高いところに運んでいって落し、その甲を割るというので有名である。詩人のアイスキュロスはこの危険な習性に遭遇して落命したという。彼は魔術師によって、いつかある日、頭の上に何かが落ちてきて死ぬと予言されていた。そこで彼は危険を避けるため広いところを歩くようにしていたのである。ところがはからずも一匹のワシが彼の立っているところにカメを落して「頭にぶっつかり、彼は永遠の眠りについたのである」――おそらく二八ポンドの重さの効果があっただろう。

多分ミサゴだろうが、あるワシの一種は子どもの教育において他の種類よりずっとスパルタ的である。

> まだ羽が生えそろわない自分の雛たちを打って、むりやり太陽光線をまともに見つめさせ、瞬きをし眼から涙を出すのがあると、それをにせものであり血統外のものとして巣から放り出し、光にもちこたえて見つめるものは育てるのだが、そんなことをするのはほかにない。（一〇、10）

このようなきびしい鍛錬の仕方は、ワシが戦場におけるローマ軍隊の立派な指揮官として選ばれているからである。最初ワシは、オオカミ、ミノタウルス、ウマ、イノシシを表す表象とともに栄誉を分かち合っていた。だが徐々にこの鳥の王は優越的な地位を得て、他の表象は兵営に残して置くようになった。そして冠を戴いた銀のワシが各軍隊の徽章となった。その日からワシは、フランス、ドイツ、オーストリア、ロシアやその他の国の運命を、イギリスのライオンやアメリカの伝統的ライバルとして司った。

ちょうどイヌが狩りのため大地を走り回るように、タカは大空を飛ぶ。トラキアではタカ狩りは人気のあるスポーツである。

アンフィポリスからの内陸トラキア地区では人間とタカが鳥猟に一種の協力をする。人間が森や葦のねぐらから鳥たちを飛び立たす。するとタカがその頭上を飛んで彼らをまた追い下す。猟師は獲物をタカと分ける。鳥たちが飛びたたされたとき、タカは空中でそれを遮り、それを捕えるにちょうどよいときになると、鳴き声や飛び方で、猟師たちに機会をとらえるように招くということが報告されている(一〇、23)

ワシの獰猛さと対照的に、キジバトの絵は家庭の幸福状態を表す。つがいの夫婦は互いに貞節を守る。だが雄バトはときどき専制的になる。

配偶者がないとか死んだとかいうことのないかぎり、その巣を棄てることはない。また雄バトは横暴で、時々は冷酷でもある。それは自分自身にはそんな気遣いはないのに、姦通の疑いをかけるからだ。こういう状態で彼の喉はいつもぶつぶつ言っており、嘴はこっぴどくつっ突く。そして気がすむとその次は、嘴を交え、足をくり返し振り回して、許しを懇願しながら機嫌をとる。子供に対しては両親は同じ愛情を抱いている。そこで雌が子供のところへ帰ってくるのがあまり遅いと、懲罰が加えられるという。雌が子供を生んでいるときは、彼女は雄から慰めと世話を受ける。雛鳥のために彼らはまず塩気のある土をとって喉に詰めてきて、それを雛鳥の嘴の中へ吐き出してやる。そうすると子供は食物をとるに適する状態になるのだ。水を飲むとき首を後ろへそらさないのと、家畜のように十分に飲むのがこの種とヤマバトの特性だ。(一〇、104—105)

ダチョウは、鳥のなかで最大で、四つ足の獣に近く、その背丈は人間よりも高く、ウマよりも速く走ると書かれている。プリニウスは、彼らはアカシカのように分跂蹄を持っており、逃げるときそれで石を摑んで追跡者に投げて戦うという。彼はダチョウが「見さかいもなく呑み込んだものを消化（消化は料理の一種と考えられていた）する能力は並外れているが、それに劣らず並外れなのは、その首を茂みの中に隠してしまえば、からだの他の部分はにょっきり現われているのに、自分が隠れたつもりになるその愚かさである」ということも見逃さないで書いている。ダチョウの羽根（pennaches）は戦士の兜の飾りに使われる。

ガチョウは世界的に評価はよくない。だがローマ人はカピトルが略奪から守られたことを永遠に感謝している。それは当然イヌがやるべき警告をガチョウがしてくれたからである。〈三〉そういうわけで、ガチョウの恩に応えるため、専用の食料を調えることは検察官の第一の任務になっている。その一方、新しい話としては、この鳥は学習と知恵の具現者とみなされている。(1)またしばしば家庭用ペットとして扱われている。哲学者のラキデス〈四〉は一羽の飼いならされたガチョウを持っていたが、そのガチョウは、いつも彼のお供をしてついてまわり、夜も昼も、公の場所でも入浴中でも側を離れなかったという。

"pâté de fois gras"〈肝臓の脂身の挽肉〉と臓物はたいへん美味であるとされていた。

その肝が優れていることでガチョウを知っているわが国人はもっと賢い。ガチョウに食物を詰め込んで肝を大きくし、そしてまたそれを取り出して牛乳の中につけてさらに大きくし、ハチ蜜で甘くする。こんな偉大な賜物の発見者が誰であったか――執政官級のスキピオ・メテルスであったか、それとも彼の同時代人でローマの騎士であったマルクス・セイウスであったかという詮索事も決して理由のないことではない。しかし雄弁家メッサラの息子メッサリヌス・コッタが、ガチョウの足裏をとって炙り、オンドリの鶏冠といっしょに深皿の中で漬物にする調理法を発明したことは事実として認められている。こんなことをいうのは、わたしは誰によらず料理法で功績のあった人にはちゃんと褒美をあげたいからだ。（一〇、52）

イギリスで地方から北部大道を通ってロンドンにガチョウたちが行進してくるように、ガチョウの群がフランスのトゥアネイからの全行程を「徒歩で」ローマにやってきた。〈五〉疲れて遅れるガチョウは前に並べ、そして「残りは厚くまとまった隊をなし（一緒に歩くときには自然にそうなる）、前のガチョウたちを追い立てる」という巧妙な方法がとられた。

食用以外にガチョウは枕や長枕用の羽毛を供給する。上品で「肌の柔らかい婦人」だけでなく男性も枕なしには眠れない。そして頭を柔らかく支えてくれるものがないと首が痛くなるといって不平をいう。ゲルマニア産のものがもっとも良質である。そこではしばしばあることだが、従軍中に、これは実際プリニウスが自分で見たことだが、仲間の兵士たちが本来の任務である警備の仕事を放り出して、羽毛を手に入れるためガチョウを追いかける。その羽毛の値段は一ポンドが五デナリもする。

「カピトルの救い主」以外の名誉は、アフリカ、エジプト間の荷物を運ぶ穀物運搬船のマストの先に飾られた「金のガチョウ」の印である。この表象は船のあらゆる道具に描かれている。このような宣伝に成功したという幸運は、ガチョウが金の卵を生むという伝説によるものである。

音楽の技術はウグイス――ただ声あるのみ――〈六〉によって表現される。この鳥は偉大な歌の教師であり、鳴いて手本を示しながら雛に歌を教える（親は、雛が学習するのにふさわしい年齢になると歌うのを止めるということが確認されたので、この話の価値は損なわれた）。このような発想の例は、あちこちにまだ残っている。ローマでは、歌のうまいウグイスは気のきいた小姓や、騎士の従者にも見あう高値を呼んだ。プリニウスは、クラウディウス帝が妃アグリッピナに贈るために真っ白なウグイスを六千セステルティウスで購入したことを知っていると書いている。

「傾けた葦笛に水を注いで穴に息を吹き込んだり、舌を当てて軽く押さえたりして」ウグイスの鳴き声を再現することができる人もいた。非常に上手なので聞き分けられないくらいであった。多分今日のよく出来たおもちゃよりも優れていただろう。

ウグイスを誉めたたえた一節がある。それは、エリザベス朝の人たちの熟練した声楽の表現様式を思いださせる。

ウグイスは木の芽がふくらんでいるとき、一五日間も昼夜立て続けに絶え間なく歌声を響かせる。最低の等級には属さない珍しい鳥である。まず第一にあんな小さなからだにあんなに高い声、あんなに長続きする息がある。それにたった一羽の鳥に完全な音楽の知識がある。声は調節して発せられ、切れ目のない一息で長い調べが奏でられるかと思うと、息を制御して変音し、こんどはそれを抑えて断音にし、あるいは引き延して接続させ、あるいは引き留めておいてまた続ける。あるいは突然ひき下げて時々囁くような低音になり、高く、低く、バス、トレブル、旋音、長い調べ、よいと思われるときには調節される——ソプラノ、メッゾォ、バリトン、そして簡単に言えば、あの小さな喉で、人間がフルートの精巧な構造によってつくり出したすべてのものをつくり出す。それでこの甘美な声は、この鳥が少年ステシコルス〈シチリアの抒情詩人〉の唇の上で音楽を奏でたとき、明確な前兆によって予言せられていたものであることにはいささかの疑いもない。（一〇、81）

カッコウの習性と性格についてはアリストテレスとプリニウスには違いが見られる。アリストテレスは明瞭に、カッコウは秋にタカに変わることはないと言い、それはまたカッコウがやってくるちょうどその時にタカがいなくなるという事実から生れた過ちであり、カッコウが出発したのちにはふたたび見られるのだと説明している——いずれにしても、ハイタカに関していえばこの説明は正しい。飛びかたがよく似ているのでこんな混同が生じたのであろう。だが、プリニウスはタカが変化するという考えをはっきり支持する。これは今日から見れば、どうみても非常識な信念である。ここには、鳥の習性はつねに多くの興味と論議を喚起させるものだという彼の考えがある。

その期間にそれは他の鳥の巣の中に産卵する。ふつう野バトの巣だが、たいていいちどに一個生む。こんなことは他の鳥にはないことだ。二つ生むこともまれにはある。それが他の鳥をたぶらかして自分の雛をおしつける理由は、自分がすべての鳥に憎まれていて、非常に小さい鳥からも攻撃を受けることを知っていることだと想像される。したがって、他のものの眼をのがれなければ、その種族のために一羽の子も守られないと思っているのだ。そういう理由でそれは巣をつくらない。それは概して臆病な動物なのだ。だから巣についている雌鳥はこんなふうに辱められながら、そのとり替え子を育てる。そのカッコウの子は生まれつき貪欲で他の雛から食物をひったくる。そうして太り、そのすべすべした見てくれによって母鳥を自分にひきつける。母鳥はそれが美しいのを喜び、自分がこんな子を生んだことで鼻高々になる。一方それに比べて、自分自身の子供を自分の子供でないと信じ込んで、自分自身の眼の前でそれらが食べられるのを見逃している。そうしてとうとう、いまでは飛べるようになったカッコウは母鳥までもとらえてしまう。この段階では、どんな種類の鳥でもその風味のよいことでは若いカッコウに及ぶものはない。(一〇、26—27)

プリニウスが、若いカッコウが若い仲間を追い払うといっているのは正しい——なにをするかというと、不幸な隣人の後ろに歩いていって、横から襲う。そして巣の唯一の住人になるまでそれを続ける。幸いにも、年とった鳥は、殺人という卑怯な罪状を立証しようとはしない。

クジャクは誇りと虚栄心だけでなく意地悪という評価を得ている。そういう点では、いつもはにかみ屋で謙虚なガチョウとは対照的で、よく思われていない。クジャクはまるで宝石のように美しい色合いを最大限に表現しながら尾を広げる。しかし尾が抜け落ちると(毎年落葉の頃生えかわる)「春の花とともに新しい尾羽が生えるが、それまでは出てこようとはしない」。雄弁家のホルテンシウス〈七〉は司祭長に就任した祝宴で初めてクジャクを食卓に上らせた。羽根は、ローマで大きな儀式があるとき、今なお用いられているそうだ。帝政時代には、クジャクは太らせてから市場に出すのが普通だった。

凶兆の鳥はカラス、ワタリガラス、メンフクロウである。カラスについての意見は一致していない。というのは一部の著者は吉兆の鳥だと考えているから。しかし、メンフクロウはいつも悲しい知らせの前兆となる。それは夜間に砂漠の上を飛び、一言で言えば、不気味な夜鳥で、はっきりしない叫び声をあげ、うめくような重く陰気な声を発している。それ以外の不吉な性質は、ただ一羽で、まるで風の流れに運ばれているように斜めに傾いて飛ぶことである。

たしかにうす気味悪い鳥である。

ワタリガラスが「喉がつまったかのように声を呑み込むような鳴き方をするとき」の鳴き声は凶兆だ。マクベスは死の前兆と受けとった——

　鴉さえも嗄れ声をして、不運なダンカンが予の此城へ来るのを知らせる。……〈八〉

しかし、ときどきもっと愉快な一面が風変わりなユーモアとなって現われる。『バーナビー・ラッジ』〈九〉のなかのグリップは、悪魔的出生と怪しげな血統を喜ばしげに自慢する。しかし国葬にされたことが自慢の種になっている名高い祖先が、彼の猛烈な嫉妬心をかきたてる。

　ティベリウスが皇帝であったとき、カストルとポルクスの神殿の屋根で孵ったひと腹子のうちの一羽のワタリガラスが、郊外のある靴直しの店に舞い下りたが、この靴直しは教団によってその神殿の司に推薦されていた。このワタリガラスは間もなく物を言う習慣を身につけた。そして毎朝広場に面する歩廊へ飛んで行き、ティベリウスに、それからゲルマニクスとドルスス・カエサルにその名を呼んで挨拶し、次に通りかかったローマ公衆に挨拶し、それがすむと店へ帰るのをつねとした。そうしてこういう働きを数年間絶えず実行したことで著名になった。ところがこの鳥を隣の靴直しの店の借家人が殺した。原因は隣の靴直しとの競争であったか、あるいは彼が弁明しようと試みたように、在庫の靴に糞が落ちたため突然怒りが爆発したためであったかそのいずれかであったろう。このことは公衆の間にひじょうに騒擾をひき起したので、彼はまずその地区から所払いにされ、そののち追放された。そして鳥の葬儀は大変な会葬者の群によって行なわれ、美しい覆いをかけた棺台は二人のエティオピア人によって担がれ、そして先頭に笛吹きが立って葬列が進み、アッピア街道の右側、レディクルス原と呼ばれるところにある第二の里程標石のそばに築かれた火葬壇にはあらゆる種類の花輪が供えられた。ローマの国民が、一羽の鳥の賢さに葬送行進と一ローマ市民の処罰がふさわしいと考えたのは、いかにも正しい名分の立つことであった。そのローマでは指導者でも全然葬式をしてもらえなかった人もたくさんあったのだ。

一方スキピオ・アエミリアヌスがカルタゴとヌマンティアを破壊した〈前者は前一四六年、後者は前一三三年のことである〉後死んだとき〈前一二九年〉誰一人報復したものがなかった。（一〇、121―123）

ワタリガラスだけが鳥のなかの唯一の会話の芸術家ではない。オウムはインドから送られてくる。体は緑色だが首は赤い。皇帝におじぎをして朝の挨拶をする。ブドウ酒が好きで、飲むと嬉しくなってふざけたりする。言葉を習うときのやり方はかなり厳しい。「言葉を習っているとき鉄棒で頭を殴られる。そうしないと打たれた感じがしないのだ。飛んでいるオウムが降りるときはくちばしを地面について着陸する。くちばしに身をもたせかけ、そうやって弱い足のために体重を減らす」――たいへん写実的で観察もかなり巧みである。(2)

カササギもおしゃべりで、新しい言葉を覚えるのが喜びであり楽しみにしているが、忘れっぽい。これらの鳥は、いくつかの難しい単語の発音に失敗すると、それを恥じて死ぬといわれている。

クラウディウス・カエサルの妃アグリッピナは人々の言ったことをまねるツグミをもっていたが、それは前代未聞のことであった。わたしがこれらの事例を記録していた頃、若い二人の王子がギリシア語とラテン語を語るよう訓練され、そのうえ熱心に練習して日ごとに新しい文句を、もっと長い文章でしゃべるムクドリとウグイスを飼っていた。鳥は内密に、そしてほかの発言が邪魔しないところで教えられる。訓練者は彼らの傍に坐り、忘れさせたくない言葉を繰り返し、食物ですかしながら教え込むのだ。（一〇、120）

アリストテレスとプリニウスは鳥の生態の多くの問題を解いたし、また鳥と魚は温度に関して独特の感覚を持っていることを記録している。とくに繁殖に最適の場所を探すときにそうである。だから、彼らのきまった移動コースを正確に知ることができる。多くの鳥がコウモリやヘビのように冬眠し、その間に毛が抜け、その結果春になって、哀れにもうす汚い格好で出てくるのだと信じた過ちは許してもいいだろう。このような考えは、フィルモン・ホランドが翻訳した頃までイギリスでは普通であった。リチャード・カルーは『コーンウォールの風物誌』〈一〇〉（一六〇二）で、ツバメは錫鉱山の奥や断崖のくぼみのなかに発見されると語り、また北国の氷の下の凍った地面の中でツバメが発見されたと言っている一人の著者を引用している。それによるとツバメを持ち帰ってストーブで暖めたら生き返ったそうだ。ツル、コウノトリ、ハクチョウについての引用には、奇妙な人種、ピグミーのことが入ってくる。

ピグミー民族は、前にも言った通り、彼らと戦っていたツルが出立するときそれと仲直りをする。ツルが東の海から渡って来る距離は、計算して見ると、非常なものだ。出発しようとするときはみんなの意見が一致する。そして進んでゆく路筋が見えるように高いところを飛ぶ。彼らは先導者を選んでそれについて行く。自分たちの群の中から順番に二、三のものを列の端に配置し、命令を叫んだり、叫び声で群のまとまりを保たせる。夜は嘴に石をくわえた見張番を立てる。もし睡気がその石を落さすようなことがあると、石は落ちて彼らの弛緩を責める。その間他のものは、交互に片足で立ったまま、頭を翼の下に突込んで眠る。しかし先導者は首をしゃんと立てて見張っており、警告を与える。彼らが黒海を横切って飛ぼうとするときは、まずクロウメトポンとカランビス両岬の海峡を目指し、脚荷として砂を呑み始める。そして海の半ばを横切ってしまうと、嘴から礫を吐き捨てる。そして本土にたどり着くと砂も喉から吐いて捨てるというが、これは間違いない。（一〇、58―60）

コウノトリがどこから来てどこへ行くのかは、従来正確には確かめられなかった。ツルと同じように彼らも遠くから来ることに疑いはない。コウノトリは冬の訪問者であり、ツルは夏にやって来る。出発しようとするときは（捕えられて奴隷にされたのは別として）仲間たちで後に残されるものがないように、一定の場所に集合して一団体をつくり、法律で前もって定められたかのように一定の日に発って行く。コウノトリが立ち去ろうとしているのは明らかでも、その一団が発って行くのを見たものはいないし、われわれは到着しているのは見るが、到着するところは見ない。到着も出発も夜間になされる。そして彼らは国中をあちこち飛ぶが、夜間以外どこにでも到着したことはないと考えられている。アシアに大蛇村という広い平野のあるところがあって、そこにコウノトリが集まって長談判を行ない、最後に到着したものを足爪で襲撃し、そして立ち去る。（一〇、61―62）

ガチョウもハクチョウも同じ原理にもとづいて季節移動をするが、ハクチョウが飛ぶのは見られる。彼らは快速のガレー船のように尖った隊形をつくって、正面をまっ直ぐにして空気にぶつかるというよりもそれを切って楽に飛んでゆく。一方後方では飛行群は漸次広がってゆく楔形に広がり、吹いてくる追風に広い面をあてる。ハクチョウたちは自分の首を前の鳥にのせる。そして先導のハクチョウが疲れると後方にまわす。ハクチョウが死ぬとき嘆きの歌をうたうという話がある――わたしのいくつかの経験を頼りとする判断によればそれはつくり話だ。ハクチョウは肉食動物であって、互いの肉を食い合う。コウノトリは同じ巣に戻って来る。彼らは親鳥が年をとるとこんどは自分たちでそれを養う。（一〇、63）

ハトでなくてツバメが戦勝の知らせを運んだというのは驚きである。

ウォルテラの騎士身分の男カエキナは競走用の四頭立馬車をもっていたが、いつもツバメを捕えてローマへ携えて行き、そのツバメが巣へ帰るとき、自分の勝利の報を友人たちに持って行くようにした。ツバメはからだに勝利の色を塗ってもらったのだ。またファビウス・ピクトルは彼の年代記にこういうことを記録している。ローマの守備隊がリグリア人に包囲されたときのこと、その雛鳥のところから捕えられてきた一羽のツバメが彼のもとに持ってこられたが、それは彼に、幾日したら援軍が到着し、自分たちが出撃しなければならないかを、足に結えつけた糸の結え目によって指示してもらうためのものであった。（一〇、71）

ほとんど同じくらい誇り高くまた自覚をもっているのがわがローマの夜警、自然が人間どもを起して仕事に就かせ、眠りを遮る目的で準備してくれた鳥の種類だ。彼らは練達した天文学者であり、日中はその歌で三時間ごとに仕切りをつけ、太陽とともに床に就き、そして第四野営見張時にわれわれを仕事と労働に呼び戻し、目の覚めていないわれわれのところへ陽が射し込むことを許さず、歌でもってその日の先触れをし、一方翼を両脇にばたばたと打ちつけて歌そのものの先触れをする。彼らは自分自身の家族を支配する。そしてどんな家庭に住んでいようとそこで王権を振う。この君主権は彼が相互の決闘によってかち得るのであって、彼らはこの目的のために自分たちの足に武器が生ずるのだと解しているもののごとくで、その闘いは往々にして共倒れになるまで続く。彼らは勝利を得ると、直ちに勝利の歌をうたって自分を優勝者と宣言する。一方敗れた方は音もなく身を隠し、辛いことだが忍んで臣従する。だが普通の連中でもそれに劣らず、首を挙げ、鶏冠を立てて誇らかに闊歩する。そして鳥の中でただひとり時々視線を空に投げ、また彎曲した尾を高く上げる。したがって野生動物のうちもっとも気高いライオンすらオンドリを怖れる。かつまた、あるオンドリはもっぱら絶え間ない闘争のために生れるので――それによって彼らはその生国ロドスやタナグラに名誉を与えさえした。メロスとカルキディケの闘鶏は第二位の名誉を与えられた――それでローマの高官はその最高の名誉を十分それに値する鳥に与える。ニワトリはもっとも吉兆を与える鳥だ。これらの鳥は毎日わが国の役人たちを制御し、彼らにその家を閉めたり開けたりさせる。ローマの職標を届けてやったり保留したり、開戦を命じたり禁じたりして、全世界で得られたわが国のすべての勝利の前兆であった。これらの鳥は世界帝国の上にある至高の帝国を保持する。というのは、彼らのからだの内部、臓腑にいたるまでが、もっとも高価な生贄と同じくらい神々のお気に召すものだからだ。(一〇、46―49)

最後は、イタリアとギリシアにおける家禽の飼育と料理についての実際である。それはサリー州の家禽〈一一〉を思い出させる。(3)

デロスの人々はメンドリを肥育することを実行し始めた。そのためそれ自身の肉汁で照り焼きにされた肥えた鳥肉を貪り食うという有害な習慣が始まった。このようなことが饗宴に関する古い禁制の中でいつ取上げられたかというと、第三ポエニ戦争の一一年前、執政官のガイウス・ファンニウスが、肥育されないメンドリだけの料理ならよいが、それ以外のどんな鳥料理も供してはならないとした法律にまで遡ることができる。その条項はその後更新され、わが国のすべての奢侈禁止立法を通じて生きつづけたのだ。そしてこの禁制を避ける道が発見された。それはオンドリにも牛乳にひたした餌を与える方法で、この方法によるとそれはずっと結構なものと思われるようになる。メンドリについては、それらの全部が肥育に選ばれるのでなく、首の皮が肥えていなければ選ばれない。次に、腰肉が外部に出るようにし、背中に沿って庖丁を入れ、片方の足から切り開いて皿いっぱいにする念の入った鳥の盛りつけ方法が入ってきた。パルティア人までが彼らのやり方をわが国の料理人たちに伝授した。こんなに骨折って引き立たせたところで、その料理が全部お気に召すわけでなく、腰肉か、ときには胸肉が尊重されるだけなのだ。（一〇、139—140）

自然が広々した空に住むよう定めた生きた動物を檻の中に閉じ込めるわが国の習慣が始まった。（一〇、141）

第七章　魚

人は、古代の自然誌を扱った書物のなかに、魚についての多くの、一般には信じられないような逸話の類をみつけることを期待するだろう。それは今日でも同じである。だからプリニウスの安易で散漫な手法のなかに、いくつかの明白な誇張の例を見つけても誰も全然失望などしない。なぜ魚の話は特別に間違いやすいのか、まったくわからない。だがそれを、昔の著者が故意に嘘をつこうとしたとするのは、あらぬ嫌疑をかけることになるだろう。グラバー博士〈一〉がヘロドトスについて言っていることはプリニウスにもあてはまる。「誰でも精通するまで徹底的にヘロドトスを読めば、ヘロドトスが他の誰よりも率直で誠実な人であることが理解できるだろう」。

事実はこうである。シェークスピアが「汝、怪物を生む尊大な海〈二〉」と言ったように、海はいつも途方もないものだと考えられていた。現代の調査法でさらに暗い深みにもぐっていくと、もっと警戒しなくてはならない、あるいは信じられないような生き物にぶつかる。プリニウスは「いまだ知られざる自然の多様性〈三〉」と言い、さらにとくに深い水について次のようにつけ加える。「上方の天から生殖の種子を受けとるが、それが子孫を生む原因である」。この信念によれば、自然において、海こそ生殖の場である。プリニウスはアナクシマンドロス〈四〉の教えを受け入れる。アナクシマンドロスは、水は偉大な基本元素であり、すべての被創造物の起源は、どろどろのぬかるみのなかの原始的な生殖にあると言う。この説とホールデン[五]の考えには若干の違いがある。ホールデンの考えでは、原始の海は薄く、暖かい混合液であった。彼の説によれば、それは創造の第一幕における無生命と生命物質の間のどっちつかずの状態、または始まりの状態だという。

動物のなかでゾウが飛びぬけた地位を与えられていたように、クジラ（誤って魚の仲間に入れられている）が海におけるもっとも印象的な住民だとの世評である。「フランス海〈ビスケー湾〉」で発見される一種はピュセテルもしくはブロウァー[六]である。これは船の帆よりも高く、柱のように立ち上がり、「船を沈めるほど大量の水を」吹き出す。

クジラとシャチの闘いについて、目のあたりに見るような描写がある。またシャチと、人間が作った防波堤との闘争も描かれている[七]。クジラはスペインの沖、ガデス、古代のカディズの近くで見ることができる。

　夏期中はある静穏でひろびろした入江にひそんでいて、そこで子育てにいそしむ。クジラ殺しのシャチはこのことを知っている。このシャチというのは他種の敵であり、その外観は狂暴な歯をもった巨大な筋肉の塊というよりほか言いようのないものだという。だからこの殺し屋はクジラの隠遁所に闖入し、彼らの子、または子を生んだばかりの、あるいはまた腹に子をもった雌クジラに咬みつき、切り裂き、そして攻撃して、軍艦がその衝角でやるように突き刺す。クジラは身を曲げるのものろく、報復するのもおそく、自分のからだと重荷をかかえており、それにこの季節には子を腹にもっているか、生みの苦しみで弱っているかしているので、深い海へと退避し、大洋によって身の安全を守るというただひとつの手段しか知らないのだ。シャチは力のかぎりクジラに立ち向い、前に立ちふさがり、そしてクジラが狭い海峡に閉じ込められたところでこれを殺し、あるいは浅瀬に追いあげ岩の上へ躍り上らせる。見物人たちにはこの闘争は、湾には風が吹いていないのに、潮を吹きあげ、からだをたたきつけるクジラによって起される波が、どんな旋風によって起される波よりも大きいので、海自身が暴れ狂っているように見える。実際オスティア港で一匹のシャチがクラウディウス帝と闘ったのが見られた。そのシャチは、帝がその港の構築完成の仕事に当っていたときに、ガリアから輸入された皮革の積荷の難破物に誘われてそこへやって来て、何日間かたらふく腹につめ込んでいるあいだに浅い底に窪みを掘った。そして波がまわりに非常に高く砂を積みあげたため、シャチはからだを回すことができなくなった。そしてシャチが波によって岸の方へ追われてゆく餌を追跡しているあいだ、シャチの背中が転覆した船のように、水の上高く突出た。カエサルは港の両方の入口に網の防壁を張らせておいて、みずから近衛兵たちと一緒にでかけてゆき、シャチが舟と平行して躍り上るとき、いかにも軍人らしく舟からそれに向って槍を投げて、ローマの公衆に一つの見せ物を披露した。そしてわれわれは舟の一隻が獣の息吹きで水がいっぱいになって沈むのを見た。（九、12―15）

古代人の注目を集めた重大な事実は、海が自然を模放する性質を持っていることで、陸上にあるものと外形がよく似た模倣――ブドウ、のこぎり、刀、野菜のようないろいろなものが見られることであった。マーヴェル〈八〉は同じような表現をしている。

　太洋にはそれぞれの種類の
それ自身の寸分違わぬ模造物がある

海の「カウクンバー」〈ウニのこと〉（ククンバー〈キュウリ〉は上品な社会で使われる表現なので）は端的な例である。ほかのよい例をあげると、ロブスターは「海のイナゴ」、そう呼ばれるのは、その外見がイナゴやバッタを大きくしたものに見えるからである。

同じ理屈で、海のイヌ（サメ）、海のゾウ、海のウマ、海のライオン、海のトラなどと発展する。また海のオオカミ（チョウザメ）、海のツグミ（多分、ブリーム）、海のクロウタドリ、海のイラクサ（針をもったクラゲ）、泳ぐ人にとってはきわめて危険な海の雄ヒツジ、海のツバメ（多分ツノガレイ）、その他さまざまがある。古い時代においては命名は格別に困難な問題であった。多様なものを区別する唯一のそしてはっきりした方法は、何か適当なニックネームを考え出すことであったが、それは驚くようなことではない。ニックネームは実際似たような名前になった。われわれもまた、ラビット・フィッシュ（〈マフグまたはギンザメ〉まあ我慢ができる表現）、エレファント・フィッシュ〈ギンザメ類の魚〉、キャット・フィッシュ〈ナマズ〉にウルフ・フィッシュ〈オオカミウオ〉と言うように、その他さまざまである。これらは昔からのものであるか、あるいは面白がってつけた名前である。

魚類は地中海人にとっては豊富でしかも簡単に観察できる分野だったので、アリストテレスとプリニウスは、全体として陸上の動物よりも大きな関心を持っていた。アリストテレスは黒海のとある港町に生まれ、生涯漁師と接触があった。だから彼は最初に、豊かな水に住む数えきれないほどの種々の魚について知識を持った。彼の観察したいくつかの真実（タコの生殖と習性は顕著な例である）は、最近まで不動のものであった。——それは彼の推論が的確であることの驚くべき証明である。チャールス・ダーウィンはアリストテレスの翻訳に感謝しながら、「引用を見て、私はアリストテレスの長所である高度の観念を持てた。しかしわたしにとって彼は、素晴らしいというような観念で表現できる人物ではない。リンナエウスとキュヴィエ[九]の二人は違った道を歩んでいるが、私にとって神様である。しかし、老アリストテレスにとっては、彼らは単に生徒にすぎなかったのだ」と述べている。まったくそのとおりである。プリニウスもまた、この偉大な教師に多大な尊敬をはらっていた。そして彼を「絶大な敬意なしに名を呼ぶことはできない。歴史やそれらの問題についての報告のほとんどについて、私は彼に従うだけである」と述べている。[1]

海の魅力のおもな理由は、当然、珍しいものがいる格別の場所であるという事実による。現代と同様に古代においても、まったく、珍奇で異常なものを——どんな素性のものであれ——そのような海原で発見したい、という願望は高まるばかりであった。

巨大な海の怪物の漂着するところ
その背は海の深みをつり上げる

クジラは、ときどき四エーカーの土地ほどもあると報告されている。クジラの一種であるプリステス[一〇]は、しばしば二百キュービットの長さがある。ガンジス川のウナギは三〇フィートもある。マグロがあまりにも多く群をなして進んでくるので、まるで敵の艦隊が向ってくるときと同じように、アレクサンドロス大王は自分の艦隊を密集隊形で立ち向かわせた。ポルトガルとアンダルシアのあいだにお化けのような魚（巨大なタコらしい）がいて、巨大な樹木に似た腕を枝のように広げるのでジブラルタルの海峡に入ることができないという。また、M・スカウルス[一一]がローマの造営官であったとき、「かつてアンドロメダが人身御供にさしだされた（と伝えられる）」その怪物の骨が人々の観覧に供された。その骨は長さ四〇フィート、肋骨の高さはインドゾウの高さを超え、背骨は一・五フィートの厚さがあった。

それ以外にも奇妙な自然の創造物がある。すでに述べたように、トリトンとネレイスは海に住んでいるが、人間にもっとも似通っている。フネダコは「自然」のボート、トビウオは「自然」の鳥、イルカは「自然」の音楽家であり人間の遊び友達である。

イルカについて愉快な話が描かれている。

イルカは人間に親しみ深い動物であるだけでなく、音楽の愛好者でもある。そして和声の歌にひきつけられるだけでなく、とくに水力大風琴の音にひきつけられる。それは人間を自分となにか違ったものとして恐れるようなことはなくて、海では船を迎えに来てそのまわりで遊んだり、跳ねまわったりして、事実船と競争を試み、船が満帆で走っているときでもそれを追い越す。故アウグストゥスの治世に、ルクリネ湖に連れて来られたイルカが、ある貧乏人の息子で、バイアエ地区からプテオリにある学校へ通学していたある少年に不思議なくらい恋着した。それというのも、その少年が真昼ころその辺をぶらついていたとき、かなりしばしばその動物を獅子鼻という名で招き寄せ、携えて来たパンをちょっぴり与えてあやしたからなのだ――このことはマエケナス、ファビアヌス、フラビウス・アルフィウスその他多くの人びとが書いているからいいようなものの、さもなかったらこんな話をするのはお恥かしいことであっただろう――そしてどんな時刻にでも少年が訪ねてゆくと、この動物は隠れ場にひそんでいても、深みから彼のところへとび上って来て、彼の手から食べ、そのひれの刺をいわば鞘に納めて彼を背中に乗せ、ずっと湾を横切ってプテオリの学校へ連れてゆき、同じようにしてまた連れ帰るのであった。このことは少年が病死するまで数年間も続いた。それからその動物は悲しげに、そして喪中の人のように、その来なれた場所へと来続けたが、それもまた死んでしまった。これは明らかに恋いこがれが原因であった。近年アフリカの海岸ヒッポ・ディアリトゥスで、いま一頭のイルカが人の手から餌をもらい、撫でてもらい、泳ぐ人びとと戯れ、彼らを背中に乗せた。アフリカの地方総督フラウィアヌスはその動物のからだ中に香料をぬりたくったところが、明らかにその嗅ぎ慣れない匂いのため眠りこんでしまった。そして数ヵ月間、そういう侮辱によって追いやられたかのように、人間との交りから遠ざかり、死んだようにして漂っていた。しかしその後帰って来て、前同様驚異の対象になっていた。公職にある人びとがそれを見に来て、その接待に経費がかかって困ったので、ヒッポの人びとはやむなくそれを殺した。(2)

こういう事件が起る前に、同じような話がイアスス市のある少年について語られている。その少年にあるイルカが恋着していることはずっと前から認められていた。そしてその少年がたち去ろうとしていたとき、その動物は岸の方へ向って懸命に彼に追いすがっているあいだに砂のうえにのし上がり息絶えてしまった。アレクサンドロス大王はそのイルカの愛情を神寵のしるしと解して、その少年をバビロンにおけるポセイドンの神官の長にした。ヘゲシデモスはこんな話を書いている。同じイアスス市のヘルミアスといういまひとりの少年は同じようにイルカに乗って海を横切っていた際、突然嵐の波の中で命を落したが、岸へ連れ帰られた。そしてその動物は少年の死因を自身に帰し、海へ帰ってゆかずに乾いた砂の上で死んだ、と。テオフラストスは、まったく同じことがナウパクトゥスでも起ったと記録している。まったくそうした事例は限りなくある。アンピロクスとタレントゥムの人びとは少年とイルカについて同様の話を語る。そしてこれらの話から、竪琴の達人アリオンの話もまんざら嘘でないことがわかる。すなわち船旅中船頭が、アリオンがもっている金を盗もうとして彼を殺す算段をしていたときのこと、アリオンはまず最初自分に竪琴を一曲かなでさせてくれるよううまく言いくるめた。そしてその音楽が一群のイルカをひきつけた。そこで彼は海の中へとび込んだが、イルカの一頭によって引き上げられ、マタパン岬の海岸へと連れてゆかれたというのだ。(九、24—28)

フネダコ〈一二〉は現代の潜水艦を予想させるが、同時に船遊びを楽しんでいる。

それは仰向けになって、管をとおしてすべての水を吐き出し、いわば自分のからだから淦を汲み出して航海を楽にするといった具合にして、漸次からだを浮きあがらせ海の表面に出てくる。そうしてから、いちばん前の二本の腕を後方へ曲げ、その間に驚くほど薄い膜を張る。これが風の中で帆の役目を果し、一方下方にある他の腕を全部櫂として使い、それらの間にある尾を梶にして走るのだ。そうやってあたかも快速船のように海上を進んでゆく。もし何かにおどかされて航海が遮られるようなことがあれば水を吸い込んで身を沈める。(九、88)

ムキアヌスはまたダルダネルス海峡で、航海中の船に似たいまひとつの動物を見たと述べた。それは小舟の龍骨、彎曲した船尾、船嘴のある船首をもった貝である。イカに似た動物のナウプリウスが、ただ一緒になってそうして遊ぶのを楽しみとして、この貝の中に身をひそめる(と彼は言う)。その遊びのやり方は二段階からなっている。静穏な天候には運び手である貝が櫂のようなその鰭状物を水につけてそれを叩く。しかも風が出てくると、その同じ鰭状物がぐっと延ばされて梶の役をする。そしてその貝の彎曲が広げられ風の方へ向けられる。前者は運ぶことを、後者は梶をとることを楽しむ(と彼は続ける)。そしてこの楽しみが、感覚をもたないこの二つの動物に広がってゆく。(九、94)

またプリニウスは、その生来の本領を離れて、飛行機と競争するある種の魚についても記述してる。トビウオだけではなく、「形はサソリに似て、大きさはクモくらい」の動物がマグロ、メカジキに付着して苦しめるので、彼らは水面を飛びはね、ときには船の上を跳び越す。シチリア戦争の最中、ある日、アウグストゥスが海岸を散歩していると、一匹の魚が海から彼の足もとにとび跳ねてきた。これは幸運の前兆だとされた。というのは、海路はカエサル〈アウグストゥスのこと〉のものになる兆であるとされ、事実そのようになった。

プリニウスの魚の区分はおおかまかで、外被によって無造作に分類している。あるものはアザラシや水のウマ〈一三〉のように毛のある皮でおおわれている。一方イルカのように滑らかな裸の皮膚を持つもの、カメのように貝のような甲を持ったもの、カキやイガイ、ザルガイ、ヨーロッパタマキビガイのようにきわめて硬い殻を持っているものがいる。また、いくつかのものは、ロクスト（ロブスター）のように「かたい皮」を持っている。そのほかウニのように鋭いとげを持っている。あるものは魚のようにうろこを持つ。シタガレイはざらざらの皮をしており、その皮は職人が木や象牙を磨くのに用いる。ヤツメウナギやウナギのように柔らかい皮膚のものや、コウイカのように皮がまったくないものもある。クジラ、ゴマフアザラシ、アザラシが胎生であることはよく知られていたことが記録でわかる。彼らはもともと哺乳動物であったが、食料の獲得が容易なので水に住むようになったのである、という自然誌においてもっとも驚嘆すべき事実の一つ——はまだ提唱されていない。

インドのウミガメはとても大きいので、その甲は小屋づくりの材料や、ボートやはしけとして使う。カメを捕える方法は、背中を出したまま眠っているのを見つけることである。三人で泳いでいき、二人がカメをひっくり返すと、もう一人が縄でぐるぐる巻にして、それを岸に引き寄せる。ローマでは、カメの甲は薄く削ってベッド、テーブル、食器棚、洋服だんすの装飾に用いられた。——カルウィリウス・ポリオによるこの発明を、いつもなにか新しい批判的警告をするプリニウスは、「放蕩で余分な出費」に導く贅沢であると考えた。〈一四〉

真珠の謎は決して解決しない。果物の一種であるとも説明されている真珠は、露が作り、その質によって真珠の色に影響を及ぼす。もし露が純粋できれいなものなら、真珠は白く立派で光沢があざやかである。もし汚いとか何か欠点がある場合は真珠は光沢のない、汚いものになる——「もし受胎のときに天候が荒れ模様であったなら青白い。というのは、水や海よりも空気や空に関係が深いから」。真珠採りにとって最大の危険はサメである。かれらは真珠の魚として内々に了解されており、深い海で、いつも傍にいて警護の役割をしていると信じられている。

クレオパトラの策略についての物語で彼女が身につけていたのは、前後の文章の様子から、細長い西洋ナシ形の真珠だったと推論できる。しかし、真珠は普通の酢では溶けないので、この話は残念に思える。〈一五〉

婦人はそういうのを指に吊したり、二つ三つ耳につけて一つの耳輪の代りに用いたりすることを自慢する。この贅沢に対し外国語を使うことが始まったが、そんな名は途方もない贅沢によって発明されたものだ。真珠がふれ合って音を立てたり、からから鳴ったりするだけでもうれしいのか、それを「クロタリア」〈クロタルム（カスタネット）から〉と呼ぶありさまなのだ。そして今日では貧乏人でも真珠を欲しがる。それは婦人が外出するときの従者のようなものだというのが一般の言い草だ。そして彼らは真珠を足にさえ用いる。そしてそれを靴の紐につけるだけでなく、上靴のいたるところにつけるしまつだ。まったく、今では彼らは真珠を身につけるだけでは満足せず、それを踏みつけなければ承知できない。事実この無二の宝石を踏んで歩いているのだ。（九、114）

わたしは、ガイウスの配偶者になったロリア・パウリナが、何も重要なあるいは儀式ばった式典などでなく、ありふれたある婚約披露宴で、エメラルドと真珠を交互に織り込んだ衣裳をまとい、頭や髪、耳、首、指にいたるまで光り輝くばかりにしているのを見たことがあるが、その総額は四千万セステルティウスにものぼるものであった。彼女自身は、ちょっとの間、人目を引いて、自分がそれらのものに権利があることを記録的に証明したかったのだ。またそれらのものは豪奢な皇帝からの贈り物というわけではなく、実際は各州の掠奪品でつくられた、父祖からひきついだ財産であったのだ。これが結局掠奪の行きつくところであり、マルクス・ロリウスが、全東方の王たちから贈り物を受けて自からを汚辱し、そしてアウグストゥスの息子ガイウス・カエサルによって友人名簿から削られて毒を仰いだのは、こんなことのためであったのだ。彼の孫娘が四千万セステルティウスを身にまとって、照明の下で見せ物になろうとは。（九、117－118）

しかしこれが奢侈の絶頂の事例だったというわけではない。全歴史においてもっとも大きかった二つの真珠があった。どちらもエジプトの最後の女王クレオパトラの持ち物であった。それは東方の王たちの手を経て彼女のものとなっていたのだ。アントニウスが日毎凝った宴会でたらふく飲み食いしていたとき、彼女は女王らしい気まぐれからではあったが、気高くもあり傲慢でもある誇りをもって、彼の仰仰しい華美に対して軽侮の言葉をあびせた。アントニウスがこの上どんなすばらしさを工夫することができるのかとたずねたとき、彼女は答えた。わたしはたった一回の宴会に一千万セステルティウスを費してお目にかけましょうと。アントニウスはどうしたらそんなことができるものか知りたいと熱望した。彼はそんなことは不可能だと思っていたのだが。そこで賭がなされた。そして勝負が決まるはずの翌日、彼女はアントニウスの前にほんとうにすばらしい宴席を設けた。といっても、日を無駄に過さないようにしたので、供されたものは毎日のそれと別に変ったものではなかった。アントニウスはその吝嗇を笑い諫言した。しかし彼女はそれはほんのつけたりの心付けであって、宴会は計算が合うこと、彼女自身の食事だけでも一千万セステルティウスかかると断言した。そして二皿目をもってくるように命じた。かねての命令に従って、召使は彼女の前にたった一つの酢の入った容器をおいた。その酢の強くて激しい性質は真珠を溶かすことができるものであった。彼女はそのとき自分の耳にあの珍しい、自然の無二の製作品をつけていた。アントニウスはいったい彼女は何をしようとしているのか見たいという好奇心にかられた。彼女はひとつの耳環を外して、その真珠を酢の中に落した。そして真珠が溶けてしまうと一気に飲み干した。この賭の審判をしていたルキウス・プランクスは、彼女がいまひとつの真珠を同じ方法でだめにしようとしたとき、それに手をあてて、この戦はアントニウスの負けだと宣告した。この不吉なことばがやがて現実となったのだ。これとともにこういう話がある。この大問題で勝ったかの女王が捕えられたとき、ローマのパンテオンのウェヌス神のおのおのの耳を飾るために、その一対の宝石のうちの残り一つが二つに割られたというのだ。(九、119―121)

ウミヘビはもちろん特別珍しい怪物だ。いくつかの変種がある。その一種は、水の表面に現われる魚で、舌を震わす。火のように炎を出して燃える。静かな夜には光って輝く。コールリッジ〈二六〉はこれに似たような話に示唆されて次のように書いた。

　船の影の向うに、
　ウミヘビが泳ぐ。
　白く輝くさざ波を残して。

向きを変えると、いたずら好きな光が
白いツノザメにふりそそいだ。

もう一つの種類は角を持ち、ほぼ一フィート半の長さがある。捕えられて地面に放り出されると、素早く鼻でくぼみを掘って逃げ込む。（その種のいくつかは、ネス湖で発見されている）。ある種の陸の魚はバビロンの近くの海から出てきて牧場で餌をあさる。足の代りにひれを使い、尾をへらへら振りながら歩くようにして出てくる。(3)

カニは風変りな動物である。危険を感じると、前へ進むのと同じような速さで後ろへ逃げることができる。雄ヒツジのようにお互いに角つきあわせて格闘する。カニの特別な印であるカニ坐を太陽が通過しているときカニが死ぬと、その死体は旱魃のときには素早くヘビに変るという。

ヘビと魚、とくにヘビとウナギのあいだには多くの関連があるように見える。ひとつの著しい例はガンジス川に出没する「虫」である（たぶん、大型のヘビかニシキヘビと混同している）。これは六〇キュービットの長さで、一対のえらを持ち、色は青く、たいへん力があって、水を飲みにきたゾウの鼻を歯の間につかんで引っ張ってゆくという。

プリニウスは、ヤツメウナギとウナギは水のなかで体を揺すりくねらせ、「ヘビが地面の上をくねくねと進むように前進する。かれらは乾いた地面を這うこともできる。したがって寿命が長い」と言う。シラスウナギは自分が生れた深い大洋（もちろんプリニウスは実際のことは知らなかった）に帰ってゆくが、そのときの川に入ってゆく様子が観察されている。「冬の夜、嵐が吹荒れるとき、大量のウナギが波のあいだに揺れているのを見る。おたがいにからみ合っているので、捕獲するために考案された網のなかに千匹ものウナギがひとかたまりになっているのを見る」。〈一七〉

ボラはたいへん美味である。過度の自信過剰から水の底の砂に頭を隠す（ダチョウのまね）、という奇妙な話を読むと、笑ってしまう。それ以上にベラ〈一八〉はご馳走である。ヤツメウナギや醜いウナギは、その姿かたちで選ばれるのではない。それらは特別あつらえの水槽で食卓用に養殖される。また、「海のイナゴ」と呼ばれるイセエビ〈一九〉があり、「フランスイセエビ」はそれに由来する。ヤツメウナギは「アルプスの近くのある湖で育つ」。次はヒメジについて。ローマ人の無神経さの一例をあげると、死ぬときに色が変化していくのを見ることができるので、ヒメジをガラスの鉢に入れて運ぶことである。(4)

マグロ漁は地中海人にとって、かなり利益のあがる産業であったし、今もそうだ。最初の商業的企業の水夫たちはチュロスとシドンからやってきて、自分たちの船で近隣地域の海岸で商売をした。

琥珀色のブドウとキオス島のブドウ酒

はちきれそうな緑色のイチジク、海水に浸されたマグロを積んで。

これらは、もっとも一般的な、そしてもっとも初歩的な物々交換取引の商品である。「金角湾」〈二〇〉の名はマグロに由来する。なぜなら、金の収入がこの堂々としたサバ〈二一〉から得られたものだから。その魚群が海の底にある白い岩を見て驚いて、対岸のビザンティウム岬の方にそれて突き進むのだ。マグロ漁が、芸術だとかスポーツだなどとは少しも思われていない。実際、大きな魚の陸揚げで行なわれるもっとも平凡で実務的な方法が採用されている。ときどき千ポンドの重さの魚が見つかる。これは鎖につけたかぎにひっかけて、一対の雄ウシに引かせて川から引きあげる――現代の基準からみれば、たいへん異ったやり方である。マグロは食用の魚のうちでもっとも大きい。いちばん美味なのは喉に接するところで、不味いのは尾の部分だ。サバは同じ科に属するが、おもにスペインの市場に供給される。(5)

海の怪物の最後は、ぎょっとするような動物であるタコ、または多くの足を持つ魚である。

またわれわれはタコについてルキウス・ルクルスがバエティカの地方総督であったときに確かめられ、彼の幕僚の一人トレビウス・ニゲルによって発表された事実を見逃してはならない。彼は言う。タコは貝に対しては非常に強欲で、そして貝はちょっと触っただけで殻を閉じてタコの触手をちぎりとり、かくして彼らの強奪者であったはずの者から食物を獲得することで仕返しをすると。貝は食物と危険を意識することのほか、視覚その他どんな感覚ももっていない。したがってタコは貝が開くのを待ち伏せしていて、小石を殻の間におく。それも貝の動悸によってそれが吐き出されないよう貝のからだの上にでなく。こうしてやすやすと仕事にかかる。そして貝の肉を引き出す。貝の方では殻を閉じようとするが、楔を打ち込まれているのだからそれは無駄だ。もっとものろまな動物でもこんなに賢いのだ。かつまたニゲルの主張によれば、水中で人の死をひき起すことでこの動物くらい残忍なものはない。というのは、人が難破したときとか、水をくぐっているとき、それがからだに巻きついて彼と格闘し、吸盤で吸いつき、何重もの吸引によって彼をずたずたに引き裂くというのだ。だがこれはひっくり返されるとその力が抜ける。というのはタコは逆さまになっているとへたばってしまうからだ。同じ権威者によって報告された他の事実も、おそらく奇跡に近いものと思われるであろう。カルティアの養魚池に一匹のタコが海から闖入してきて屋根のないタンクに入り塩漬魚を食い荒し、それが癖になっていた——そういう魚の匂いだけでもあらゆる海の動物を驚くほどひきつけるものだ。そのため魚罠にすらそれを塗りつける——そしてこれが養魚池の管理人の怒りを招いた。泥棒の執拗さにその怒りはあらゆる限界を越えた。その通路に棚がつくられたがそのタコは樹木を利用して棚によじ登った。それでそれを捕えるには猟犬の鋭い鼻を借りるよりほか方法がなかった。猟犬たちはタコが、夜帰ろうとしたときそれを包囲し、監視人を起した。監視人はそれがあまり奇妙なものであったのでど胆をぬかれてしまった。第一にその大きさは前代未聞のもので、その色もそうであった。そして海水だらけで恐ろしい臭気を放っていた。誰がそこにタコがいることを予想したであろうか。誰がそんな場合それがタコだと認めたであろうか。彼らは何か奇妙なものと対決しているように感じた。というのはそいつはそのもの凄い鼻息でイヌまで悩まし、その触手の端で叩くかと思えば、長い方の腕を棍棒にして殴るというふうであった。そしてやっとのことで、多くの三叉のやすを用いてそれを仕止めることができた。彼らはその頭をルクルスに見せた。それは一五アンフォラも入る樽ほどの大きさであった。そしてトレビウス自身のことばを用いると「そのひげは人間が両腕でかかえ切れないほど太く、棒のように節くれだち長さは三〇フィートもあり、吸盤は鉢のようであり、その大きさに相応する歯をもっていた」。（九、90－93）

第八章　昆虫

ミツバチ（それに古代で砂糖の役割をしたハチ蜜が加わる）、アリ、カイコ、クモ（厳密に言えば昆虫ではないが）、イナゴ、カブトムシ、ホタルがプリニウスが記述した小動物のおもなものである。彼は、これらの研究を軽蔑してはいけないと力説している。なぜなら、これらのちっぽけな動物は、自然の驚異の最たるものであるから。

何という歯を自然は木喰虫に与えたことだろう。それは錐のような音によってそれとわかる音をたてながら木を穿ち、そして木を自分の主要な栄養としているのである。われわれは櫓をのせて運ぶゾウの肩、雄ウシの首とその狂暴な突き上げ、トラの強欲、ライオンのたてがみなどに驚嘆する。ところが実際は自然はそのもっとも小さな創造物において自己の完全な姿を表現しているのだ。したがってわたしは読者諸君に、これら多くの生物に対する諸君の侮蔑が諸君を導いて、わたしが彼らについて述べることをまで呪い軽蔑させるようなことのないようにお願いする。自然の観照においてはどんなものでも余計なものだなどと考えてはならないからだ。（一一、3—4）

多くの疑問のうち、いまだ解決していない問題として、昆虫には血があるかどうかという問題がある。また昆虫は息をしているのか、骨はあるのかということ。古代人は立派な拡大鏡など持っていなかったので、そういう疑問から前進することができなかった。彫刻に用いられたガラス球は、他のことにも用いられたが、それも知られていなかった。

これら微小な動物においては、何という方法、何という力、何というこみ入った完全性が示されていることだろう。自然はカ〈蚊〉のどこにすべての感覚を与える場所を見出したか――もっと小さい他の動物をあげることもできる――だが、自然はカの表面のいずれの位置に視覚をおいたのであろう。どこに味覚をとりつけたのだろう。どこに嗅覚をはめ込んだのだろう。どこにあの激しくて割合大きな声を植えつけたのだろう。何という精巧さをもってはねをとりつけ、足のついた肢を延ばし、胃の役目をするがつがつした空所をおき、血、とくに人間の血に対する飽くなき渇きを煽ったことだろう。それから何という天才をもって自然は皮膚をつらぬく鋭い武器を与えたことだろう。そして実際は眼にも見えぬほど小さいものであるのに、大きなものに細工するかのように、掘り進むために尖っていると同時に、扱うために管になっていて、技術を交互に使えるようにつくったとは。（一一、2―3）

アリストテレスは、肺と気管のある動物、すなわち呼吸をする動物のみが声をもっており、したがって昆虫は音を立てるが声はもたず、息がからだの中へ入ってゆき、そこに閉じ込められたとき音を発し、そしてあるもの、ハチのごときはぶんぶんいう音をたてるし、他のもの、コオロギのごときは短いしゅっという音をたてるが、それは息が胸の下部にある二つの空洞の中へ受け入れられ、その中にある可動的な膜に出会い、それとこすれることによって音を発するのだ、と考えている。彼はまた、ハエ、ハチ、その他類似の動物は飛び始めると聞こえる音をたて始め、止まると音を止めるが、その音は摩擦と体内の空気によって音が起るのであって、呼吸によって起るのではなく、そしてイナゴははねをももにこすって音を発するのだ、と考えている。（一一、266）

プリニウスは昆虫が息をし眠るという二つのことをためらわずに主張する。彼は呼吸というものの範囲を訂正した。つまり、昆虫は空気を循環させる機能を持っている。それは、彼らの外被のなかにある細い管を通して、肺で呼吸をするのと同じような効果を可能にしているというのだ。骨を持っているか否かという疑問については、プリニウスは、持っていないとはっきり判断する――骨格のような内部構造はなくて、硬い外被しかないと。だが、それらの細部については、単に「疑問のある細かい区別立て」として、ほとんど討論の価値はないもののように忘れ去られてしまう。

アリストテレスはミツバチとその習性に関する優れた論述を残した。だが、何人かの批評家は、少なくともその一部分は、実際的な、そして利口な養蜂家の手によって書かれたという。そこでは、ミツバチの巣箱で支配しているのは王なのか女王なのかという疑問は解決されないまま残された。プリニウスははっきり、その宮殿に住んでいる王が独裁権をふるっていると判断した。彼は、雄バチはそのとおり雄であるが、働きバチは雌の変化したものであることを知らなかったので、性について混乱している。

彼は生き生きした表現で、どのようにしてミツバチがハチ蜜や蠟を集め製造するか書いている。その蠟は、花や樹木の樹脂から材料を吸いとり、ハチ蜜を奪おうとする「他の小さい害虫」から守るために苦い葉からとった液汁と混ぜて作る。ミツバチの社会についての叙述は面白い。

彼らは事業を組み立てたり、一種の政府、個別的企業、全体的指導者をもつ。そして、もっとも驚嘆をひき起すに違いないことだが、彼らは飼い馴らされた種類とも野生種ともつかないものであるのに、すべての他の動物にたち勝った習慣の一体系をもっていることだ。自然はきわめて偉大な力であるから、ほとんどちっぽけな動物のお化けに過ぎないものからでも、何か比較を絶するものをつくり出したのだ。どんな腱や筋肉を、ミツバチのもつ実効性と勤勉に比較することができようか。合理性という点でどんな人間をこれらの昆虫と並べることができるか、とわたしは言いたい。これら昆虫は、彼らが共通の利益のみを念頭におくという、この点において疑いもなく人類にたち勝っている。（一一、11―12）

ミツバチの仕事は、驚嘆すべきことに、次のような計画によって定められている。キャンプの仕方にしたがって見張り番が入口にたてられる。ミツバチは夜明けまで眠る。夜明けになると一匹のハチが一種のラッパの呼集のように、二、三回ぶんぶん音をたてて彼らをよび起す。すると、その日が晴天になろうとしていると、彼らはみんな一隊となって飛び去る——彼らは風雨を予知し、そういう場合には閉じ籠っている。したがって人々はハチが働かずにいるのは天気の予徴の一つだと考える。その一隊が仕事に出てしまうと、あるものは蜜を足にかかえて、他のものは水を口にふくんで、また落ちそうになるまで雫をからだ中にくっつけて帰ってくる。彼らのうちの若いものが仕事に出ていって、上に述べたようなものを集めている間に、老いたものはうちで働いている。前肢で蜜を集めているものたちはそれを自分の腿にくっつける。腿はこの目的に適うようにうろこで被われている。そして口で自分の前肢にくっつける。そして十分くっつけたところで、荷物でふくらんで帰る。おのおのが三匹あるいは四匹の他のものに迎えられ、それらが彼の荷を下してやる。（一一、20—22）

彼らは当面の仕事に対して驚くべき見張りをしている。彼らは誰かたるんでいるものがいるとその怠惰に眼をつけておいて、後で死をもってそれらを罰することすらする。彼らは驚くほど清潔だ。（一一、25）

夜が近づくと、巣の内部での唸り声はだんだん弱まり、遂に一匹のハチが、彼らを起したときと同じ高い唸り声で休養を命ずるかのように飛びまわる。これは軍隊の露営のやり方だ。それを聞くと彼らはみな突然静かになる。（一一、26）

どんな木の果実にも害を与えることはない。彼らは死んだ花にはとまらないし、死んだからだは放置する。彼らの働く範囲は六〇歩以内である。そしてその後、近くの花を使い果してしまうと偵察者をもっと遠くの牧場へ送る。もし彼らの遠征中に日没になってしまうと野宿する。はねを露から守るために仰向けに寝て。（一一、18—19）

彼らはまず一般のハチのための家をつくる。そして王バチ〈女王蜂〉たちの家はその後でつくる。とくに大量の蜜の生産が期待されるときは、雄バチのための宿所もつけ加えられる。それらは小室の中でいちばん小さい。しかし働きバチ自身のそれはもっと大きい。

雄バチは針をもたない、それは、言ってみれば、不完全なハチで最近つくられたもの、精力を使い果したものが生んだ不完全な存在で今では任務からはずされたもの、遅れて生れたもの、いわば真のハチの召使いだ。したがって真のハチは彼らを駆使し、まっ先に彼らを仕事に駆り立て、のろまな奴には容赦なく罰を加える。(一一、26—27)

ミツバチがその種を再生する仕方について、学者たちの間でおびただしい精密な探求がなされてきた。それらは彼らの間での交尾がいまだかつて観察されたことがないからだ。多くの権威者たちは、その口の中で、アシとオリーヴの花を混ぜ合わすことによって子がつくられるという見解を主張した。あるものは、各々の群の中で王と呼ばれるたった一匹の雄バチとの交尾によってつくられると考えている。そしてそれはたった一匹の雄であり、とび離れて大きく、疲れというものを知らない。(一一、46)

一つの間違いない事実は、彼らがメンドリがするようにその卵の上にのっているということだ。初めて孵った子はウジのように白く、蠟に十文字になって非常にしっかりとくっついているので、その一部分のように見える。王バチは最初から蜜の色で、全糧食の中から選び出された特別の花からつくられたかのようであり、ウジのようではなく最初からはねがある。(一一、48)

このことはローマで、ある元執政官の郊外の所有地で観測された。彼は透明な角灯の角でできたハチの巣をもっていたのだ。(一一、49)

彼らは孵化すると同時にその母親たちとともに、一種の教授を受けながら仕事にかかる。そして若い王バチは彼の同輩の従者たちに護衛されている。初めは何匹かの王バチが生まれる。王バチがいないというようなことのないように。しかしその後、これらから生れた子が成熟し始めると、満場の票決によって彼らはそのうちのもっとも劣ったものを殺して勢力が分散しないようにする。彼らには二種類あって、優秀な方は赤く、劣った方は黒いか斑点がある。彼らはすべてとび抜けて形がよく、大きさも他のものの二倍あるのがつねだ。彼らのはねは短く足はまっ直ぐで、その挙動はいっそう気高く、額には斑点があって、それが一種の飾りリボンのように白く輝く。彼らはまたそのすばらしい色によって一般の群とははなはだしく異なっている。（一一、50―51）

ここでは、われわれの別荘に関する一些事、いつも目についている事柄について、権威者たちの間に一致がないのだ。王バチだけが針をもたず、そのぎょうぎょうしい役目だけで武装しているのか、それとも自然はほんとうは彼にも針を与えたのだが、ただその使用を拒んだだけなのかという問題である。支配者は針を使用しないというのは全く証明された事実だ。平民バチは驚くべき従順さで彼を取り巻いている。彼が行進してゆくと、全群が彼に従い、彼を囲み守るためにまわりに集結する。そのため彼のからだは隠れてしまう。そのほかの時間、他のものどもが勤労に従事している間、彼自身は内部の仕事を巡視し彼らをせき立てるようなふうだが、その間彼のみは何の勤めももっていない。彼は一定の従者と警士に取り巻かれており、それらは彼の権威の不断の守護者なのだ。彼は群が移動しようとするときにだけ外に出る。この移動はずっと前にわかる。数日間巣の中で唸り声が続いていて、それが適当な日を選んでいる間準備をしているしるしであったのだ。誰かが王バチのはねの一枚を切り取っても、群は逃げてゆかない。彼らが出発したとなると、おのおののものが彼のすぐ後についてゆくことを望み、自分が務めているところを見られるのをよろこぶ。彼が疲れると、彼らは自分たちの肩で彼を支える。そして彼がすっかり疲れはててしまうと彼を完全に運ぶことになる。疲れて落伍したり、ふと本隊からはぐれたハチは匂いによって追ってゆく。王バチが降りたところが全群の野営場となる。（一一、52―54）

このミツバチについての興味ある描写の多くが、詩に用いられている。もし『失楽園』のなかの、サタンの従者たちの集会の記述と比較してみれば、プリニウスの説明と非常に似ていることに気づく。

春、金牛坐に太陽が入るころ
巣箱のまわりには無数の若いハチがあふれ出て群になり
朝露と花のあいだを

あちらこちらと飛びまわる
と思うと、ワラで作られた要塞の近くの平らな板のうえで
新しく香油をしみこませたその上で
立ち回り、国の大事を協議する
そのハチのように
おびただしく仲間たちが集い
群がり、ひしめきあう（一）

ミツバチについての迷信も、ほとんど鳥についてと同じようにたくさんある。もしミツバチが、人間の家か神殿にブドウのふさのようにぶら下がると、人々はただちに祈禱に頼り、天の力をなだめるため犠牲を捧げた。ミツバチの眼識力は、プラトンが子どものとき、その唇にとまったことによって示された。それは、あの比類のない雄弁の前兆を示したから。ドライデン（二）はよく知られた頌詩でこのイメージを用いた。

「そしてもし、ふさなりのミツバチの群がなければ
　その甘い唇に、かれらの金の露をしたたらせる……」

昆虫はどのようにして繁殖するか。答は「自然発生」である。ミツバチとスズメバチはある種の動物の死体から発生する。（サムソンはミツバチの群とハチ蜜を、自分が殺した若いライオンの死体から発見した）（三）。異った素材が異った昆虫を生み出す。だが、彼らの興味ある生殖の過程には、ある優先的秩序があるようにみえる。ライオンや雄ウシのような立派な先祖の死体からはミツバチが発生する。ウマからはスズメバチ、ジガバチが、そしてたぶんアブも発生する。ロバの腐肉からはいちばん下等で卑しいゴキブリが出てくる。アリストテレスはノミ、ガ、カゲロウは腐った物質から作られるとした。それと並んで、魚であるウナギは、アリストテレスの時代以来、浅い池のなかに十分浸されたウマの毛――どちらかというと種ウマの毛――から生れたものと想像されてきた。

チョウの起源はもっと上品である。春の初めにハッカダイコンの葉のうえにおりた露から生れる。この露は太陽の熱によって凝縮し、小さな地虫になり、最後に「硬い皮が覆う」。これはサナギと呼ばれる。すこし経過したのち、「殻

を破ってチョウであることを証明する」。

雨から生れる昆虫もあると信じられている。木材、われわれの体、死体、頭の毛、衣服、ワックス、ちり、それらはみな、昆虫が自然発生するものである。ありふれた小さい虫は、大地の裂け目のなかの湿った粉からさえ発生する。

クモが昆虫の仲間に入れられているのはやむを得ない。現在では、足や目の数という技術的視点で分類する。そして三つでなく二つに分かれた体はアラクネ〈四〉のものである。クモが巧みに織物をつくるありさまは、よく観察されている。

それは中央から織り始める。そして円形のよこ糸に編み、網目をからませて固い結び目をつくる。間隔をおいて網目をつねに規則正しく、だがだんだん広くなるように広げてゆく。何と巧みにその碁盤縞の網の中にひそむ罠を隠しておくことだろう。密集したたて糸、よこ糸の工夫をもち、一種の科学的平滑化作用によって自然に粘着性が与えられたその濃密な巣が、何とさりげなく見えることだろう。そこへやってきたものを放棄しまいと、風に向って何と胸をふくらますことだろう。諸君は前方の高いところに張られた糸を見て、それは疲れた織手によって放棄されたのだと思うかも知れない。しかしそれは目によく見えないのだ。そして猟網の紐のように、獲物がそれにぶつかると、それを網のふところに投げ込んでしまう。何という建築上の巧妙さをもって、その穴の丸天井が設計されていることだろう。そしてそれにも増して、寒気から守るために、いかにそれが毛深くできていることだろう。何とそれは中心から遠いことであろう。そして何とその意図が隠されていることだろう。ほんとうはその中に屋根があって、誰かが中にいるかどうか知り得ないのであるが。それからその強さ。それがいつ風によって破られたことがあるか。それがたまった埃の重味で墜落したというようなことがあったろうか。クモがその手腕を発揮したり織ることを学んでいるとき、巣の広さはしばしば木と木の間にわたり、糸の長さは木の梢から下へ届くほどである。そして地面から糸を伝って帰り昇ってゆく。そしてクモは昇るのと同時に、糸を持ち降るのだ。しかし、獲物が巣にかかると、いかに慎重に、迅速にそれに走り寄ることであろう。巣の端にとりついていても必ず中央へ走ってゆく。そういうふうにして、全体を揺さぶって獲物をからみつかせるのだ。巣が破れるとクモは直ちにそれを繕い、元通りの完全な状態にする。そしてクモは実際カエルやトカゲの子供を捕える。まず、彼らの口に巣をかぶせ、そしてしまいに上下の顎でそれらの両唇を締めつけるのだが、これが行なわれるときは、円形競技場で上演する価値がある。またクモから前兆が得られる。たとえば川が増水しようとするときは、彼らは巣を高いところに上げる。また晴天に巣を張り、曇天には重ねて巣を張る。したがって、クモの巣がたくさんあると、それは降雨の前兆だ。巣を織り出すのは雌グモで、狩りをするのは雄グモだ。そうやって番(つがい)のクモは平等な仕事の分担をしているのだ、と人々は考えている。(一一、81―84)

ミツバチの巣のうえにクモの巣が張られることは脅威であり、ハチの子が殺される結果になる。クモはまた若いカゲをも襲う。そしてどちらかが勝者になるまで戦うが、それは見ものであるとプリニウスは言う。

クモの獰猛な本能は、よく知られているように、同じ自分の仲間にも及ぶ。プリニウスは、かれらが母親に愛情を持っていることは認めるが、母親は子どもたちが大きくなるとすぐに子どもたちに食べられてしまうということをほのめかす。これは、たいへん用心深いミズグモを除くほとんどのクモの雌が、交尾後不幸な雄を食ってしまうということと混同しているようだ。さもなければ、結婚はしばしば悲劇的な失敗であることを立証することになる。

アリはハチと同じく社会生活を送っている。倦むことなく勤勉に働き、食料を蓄える。また、特定の市場の日があり、「相互に知り合い、あいさつする。そういうときにはなんとたくさん寄り集まることだろう。出会ったものと、なんと忙しげにおしゃべりし、質問責めにすることだろう。証券取引所での商人のように、どんなニュースを広げるのだろうか」。

コスのカイコが有名なのは当然である。これは、雨によって木からうち落とされた花から自然発生する。地面にころがった花が生気をはらみ、イモムシのように爪で木の葉の綿毛を集め、最後にはそれで自分を包み、小さな球になって木の枝にぶら下がるのだという。人々はそのマユを集めて焼き物の壺に入れる。最後に細い糸が紡がれ、それで美しい絹の布が作られる。兵士たちは夏に絹を好んで着る。鎧や胸当ての重さが我慢できないのだ。

甲虫には多くの種類がある。クワガタムシにはのこぎり状の歯のついた長い角がある。それを閉じて噛むことができる。甲虫は、エジプト人から、生れながらの神通力を持っているとして尊敬される。それは病気のお守りとして子供の首に吊される。いまひとつの種類は、足で大きな土の団子を後ろ向きにころがしていく。それは、自分たちの小さなウジを冬の寒さから守る巣を作るためである。〈五〉

ホタルは夜、火のように光る。だがそれは横腹や尾の部分が光るのであり、羽を閉じると光らなくなる。ホタルの反対がゴキブリで、これは暗闇を好む。

古代人たちはイナゴによる荒廃を実際に経験している。インドでは、アリが途方もなく大きく育つような気候なので、イナゴも異常に大きくなり、その足と腿は長さが三フィートほどにもなり、乾かすとのこぎりとして使えるようなイナゴがいるという。だが、普通の種類のイナゴは、昆虫のなかでもっとも利口で、行動力に富む、まったく普通の種類に位置づけられている。

その飢を癒すために餌を海外に求めることを知っているのだということに気がついていなかったのだ。この災難は神々の怒りのしるしだと解されている。というのは途方もない規模で見られ、またその飛んでいるときのはねの音がひどいので、鳥に違いないと思われるからだ。そしてそのために天日も暗くなり、国人たちはそれが全土に降ることを憂えて打ち仰いでいるという有様だからである。まったく彼らの力は弱ることを知らない。そして海を越えて来たことでは足りないかのように、広大な土地の上を横切り、それを作物にとって悲惨な雲でおおい、彼らが触れる多くのものをからからにし、あらゆるもの、家々の扉さえも噛り尽すのだ。

イタリアは主としてアフリカからくるイナゴの群に荒される。ローマ国民はしばしば飢饉の恐れから、シビュラの書によって定められた救済方法に頼らざるを得なかった。キュレネ地区には実際、年に三回イナゴと戦うべき法律がある。最初は卵をたたき潰す。それから幼虫を、最後に成虫をやっつけるというので、それに従わない者には逃亡者の罰が加えられる。レムノス島にも、一定量のイナゴを殺し、各人がそれを政務官のところへ持ってこなければならないと定めた規則がある。また人々はこの目的のためにカケスを飼っている。カケスは反対の方向に飛んで行ってイナゴに出会い、それを殺す。シリアでもイナゴを殺すために、軍の命令によって人々が徴発される。この災害は世界のそんなに多くの部分に広がっている。だが、パルティア人にとってはイナゴも結構な食品なのだ。

イナゴの声は頭の後部から発するようだ。その頭の後部、肩胛骨のつけ根のところに一種の歯があって、彼らはその歯を擦り合せることによって、きしるような音をたてる。主としてそれは春分秋分の頃であり、キリギリスが鳴くのは夏至のころだという。(一一、103—107)

イナゴ(1)は、すべての昆虫のなかでもっとも気味の悪い怪異な外見をしていると考えられている。それは奇妙にも、はるかに大きいいくつかの動物の性格を、ミニチュアで体現している。『アラビアン・ナイト』にはそのような「野獣」と言われるものについての記述がある。それは、アダムの息子〈人間のこと〉を激しく憎むので、ほかの七種類の強くて凶暴な野獣の構造を持っているという。雄ウシの頭、コンドルの翼、ラクダの足、ヘビの尾、サソリの腹、ガゼルの角である(六)。もしイナゴを拡大鏡で観察すると、昆虫は不吉だという考えについての、きわめて正確な描写や多くの部分的説明を見ることができるのである。

第九章　花と本草

プリニウスが用いた植物の書物のリストを見ると、ラテン著作家のなかではまずウァロ〈一〉の名が目につく。ギリシア人ではアリストテレスとその後継者テオフラストスである。

「植物学の父」という称号はテオフラストス〈二〉に捧げられたものだ。彼の科学的作品は、アリストテレスの研究分野のほとんどを網羅している。だが、彼がもっともよく知られているのは植物の「歴史」の部分によってである。ヤシの内部の構造がその他の植物と違うということや、その子葉や葉が種子の中に含まれており、幹に生えるのではないということは、顕著なそして注目すべき独創的発見であるとされている。彼はそのような発見によって近代植物学の基礎を築いた。

プリニウスは、植物をそれほど深く科学的に扱ったわけではない。彼は花の美しさ、花があたえる楽しみや喜びを説く。しかし「花やその匂いは自然がたった一日のために作り出したのだ。これは、最高に目を楽しませてくれる花がもっとも早く色褪せるものだとの、人間にたいする明白な警告である」と主張する。しかし実際的精神の持ち主のローマ人が対象なので、花の魅力やそのはかなさについての道徳的考察よりも、植物の役割のほうに重点をおいている。植物は健康の源であり、あらゆる医薬の基になるものとして、はかり知れない価値を持っている。すべての慢性病は、もしそれに適する薬草が見つかりさえすれば、間違いなく治るという信念が広がり、このような確信は、想像のなかに確固たる場所を占めるにいたった。「もし人が、薬草と花の匂いや色、その液汁の多様性、人間の慢性疾患を治したり、精神的な充足を与えるという有用性と特質を数えあげるならば、それはもう無限といっていい」。

プリニウスが言うには、薬草にたいする熱狂はすさまじい状態で、人々は山の頂までよじ登ったり、地面の割れ目や裂け目にまでもぐり込んで、あらゆる草の根の効力、木の葉の特性を発見することに熱中しているという。その大きな動機は、動物は自分の病気を治す薬がどこにあるか知っているし、自分自身が医者で、自分のための薬を発見することができる、という固定観念である。このような信念は今日にいたるまで各地に残っていた。プリニウスは、一人の猟師が病気にかかったキツネの腹を裂いて、その病気を治すためキツネがどんな植物を食べているのか調べようとして失敗したことを残念がっている、と書いている。人間の信念というものは頑固なもので、それを撲滅するのはきわめて困難なものである。

『博物誌』のうち八巻がいろいろの植物にあてられている。プリニウスの扱い方はたいへん自由である――事実、とても散漫で、彼の記述の内容を要領よくまとめることは困難である。彼は古い科学用語を使わないで、興味本意に書いた。そこで多くの事柄が推測に任せられることになった。同じような混乱は聖書のなかの草や木にもみられる。それは、草や木が、必ずしもいつもその名の示すとおりの木や草ではないということである。

プリニウスがローマの庭園を語るときには、一般的には花や薬草が植えられている場所を指している。戸棚と薬箱がいつもよく備っているように、その庭園に花と薬草を栽培するのは、家庭の主婦のもっとも重要な義務の一つであった。だが彼は神話と歴史のなかの有名な庭園に話題を移す。

これは二つのことでわれわれの注意を喚起する題目である。すなわちそれ自身の本来の性質によってでもあり、また古代人がヘスペリデスの園や、アドニス、アルキノウス両王の園やそしてまた、それらがセミラミスがつくったにせよ、アッシリアのシュルス王がつくったにせよ、懸垂庭園などを最高に賛美したという事実によってでもある。このシュルス王の事蹟については他の巻で語ろう。ローマの諸王はほんとうに手ずから自分の菜園を耕したもので、事実タルクイニウス高慢王すらその残忍で血に渇した伝言を自分の息子に送ったのは、自分の菜園からであった。わが国の一二表法には「農場」ということばは決して出て来ないで、「菜園」ということばが常にその意味に使用されている。一方「世襲地」というときは「菜園」のことであった。したがって菜園にはある意味での神聖ささえ結びついていた。そしてわれわれはこの菜園とフォルムにだけ、羨望者の魔除のお守りとして捧げられたサティロスの像を見る。もっともプラウトゥスは菜園について、それはウェヌスの守護の下にあると語ってはいるが。実際今日では人々は菜園という名称の下に都市そのものの中に本式の農場と別荘をもって楽しんでいる。（一九、49―51）

とにかくローマでは菜園それ自体貧乏人の農場であった。下層階級は市へ出す商品を菜園から得ていた。その頃の彼らの生活は今と比べて何と無欲なものであったことか。深い海に潜って、難船の危険を冒してあらゆる種類のカキを探し求め、そしてファシス河の向うから鳥、伝説的な恐怖すら守ることのできない鳥をもって来ることは、なんと大きな満足を与えることであろう。そのためにいっそうそういうものが重んじられさえするのだ。それからまたヌミディアやエティオピアの墓場などで別な鳥を捕えたり、あるいは野獣と闘い、そして誰か他の者に食べさせるために獲物を狩るか、自分の方が食われるかすることもだ。しかしわたしは断言する、菜園はいかに少ない経費ですむか、それはいかに享楽と富裕を得るに十分であるか、そして他のいずれもが受けるような非難に出会うことはなかったということを。風味がよいとか、大きいとか、不吉な形をしているとかいう理由で貧乏人には禁じられている優良な果物がつくられていることや、ブドウ酒を年数をかけて熟させるために貯蔵しておき、濾過器にかけてその強さをなくするとか、どんなに長生きをしても、自分よりも古いブドウ酒を飲めない人はないとかいうことは辛抱できる。また贅沢心がとっくの昔に麦芽を入れた粥を穀物からつくることを考案したとか、そして穀物の髄だけを食べて、またパン屋の店の念入りにつくったものや見本の飾り物のみで生きている――ある種のパンは貴族様のもの、他のものは一般庶民のもの、毎年の生産物も下層中の最下層にいたるまで大変な段階がつけられている――からといってもわれわれはたしかに辛抱ができたであろう。だが牧草にすら差別があったであろうか。あるいは富が、たった一枚の銅貨で、売っている食べ物にまで等級を定めたであろうか。一般の人々は野菜のようなものでさえある種類は自分たち自身のためにつくるのではない。チリメンキャベツさえ貧乏人の食卓には乗せきれない程にまで大きく肥らされるのだから、と断言する。自然はアスパラガスを自生させ、誰でも勝手に採れるようにした。ところがどうだ。今日では栽培種が現われ、ラウェンナではその頭の目方が三つで一ポンドもあるものをつくっている。何とまあ怪物のような大食[1]ではないか。もし家畜が、アザミを食べることを禁じられたりしたらわれわれは驚くであろう。ところがアザミは下層階級の者には禁じられているのだ。(一九、52―54)

ある一群の草が味つけに充てられているという事実は、人々が心安く貸し借りするのが習慣であったこと、当時はインドのコショウや、われわれが海外から輸入している贅沢品に対する需要がなかったことを示している。実際市の下層階級の人々は彼らの窓に菜園の模型をつくって、毎日眼に田園風景の眺めを与えていたものだが、後になって無数の残虐な強盗が現われるにいたって、鎧戸であらゆる眺めを遮断せざるを得なくなった。だから野菜にも名誉の報いを与え、事柄がありふれているからという理由によって尊敬の念を奪うことのないようにしよう。とくにわれわれが知っているように野菜は偉大な家族たちに名前をすら与え、ウァレリア家のごときは、ラクトゥカ〈レタス〉という姓をもっていることを恥としなかったのだから。さらにウェルギリウスがそんなつまらぬものに威厳ある名を与えることはいかにも困難だと告白しているのであるから、われわれの労作と探求には幾分の感謝が与えられて然るべきであろう。(一九、58―59)

プリニウス自身の好みは明らかに商業的農園と薬草の栽培の説明にある。花の成育は農家の菜園としてはまったく副次的なものである。花を、装飾用として家庭のなかで個人的に使うことを、人生にとって必要なものの最初に数えることは、ローマの謹厳な階級にとっては許されないことであった。そのような弱々しくなよなよしいことは、質素で勤勉なイタリア人よりも、享楽的なギリシア人に相応しいものである。実際、バラは大量に栽培されてはいるが、それは主として宗教用、料理用、そして薬用のためである。バラには三二種類の薬効があるとされている――そしてバラの花の各部分が、それぞれまったく別の効能を持っているのである。バラのなかでは、プラエステネとカプアのバラの二〇種類はもっとも有名である。

　ユリは四種、スイセンは三種、スミレは一七種、アイリスは四一種が栽培される。「ユリ」として書かれているものは、おおかた適当にあてはめたものである。聖書のなかの「谷間のユリ」は緋色のアネモネを指して言ったり、ときには、ただ美しい花を現すものでしかない。しかしプリニウスは、ニワシロユリを、すべての種類のなかでもっとも美しいものであると強調している。それを、か弱くやさしい頸と、下を向いてうなだれているまっ白い頭、というように描写している。今日の、園芸の楽しみに関するどんな記事でも、バラが終った後の花を楽しむためには、ユリをバラの間に植えることを教えてくれる。ナルキッソスは花に変ったが、ギリシア人にとってその花（「シャロンの野花〈三〉」と同じもの）は差し迫る死を連想させる。スイセンについて一つの見解が広がっている――それは今日のアスフォデル〈四〉と同じものだというのである。これは、プロセルピナ〈五〉が集めた最後の花であり、悲しみの象徴として詩のなかに絶えず歌われてきた。

　また告げよ、水仙に、涙もて花をみたせと〈六〉

スミレは墓場に咲くことが多いので、陰鬱さを連想する。ヒアシンスは、葉のうえにアポロンの悲嘆の刻印――その葉脈はギリシア文字の Aiai（ああ！）と一致する――がある悲しい想い出の花とは別のものである〈七〉。その花はアイアス〈八〉の血から生えた花であり、アネモネのように風（anemos）が吹くときにだけ咲く。そのアネモネには、アドニスが流した血の斑点がある〈九〉。

　白き斑（ふ）の入りたる赤き花こそ咲き出でけれ、
　彼れの蒼白き頬の色と其白き上に
　円（まろ）く斑（まだ）らに滴（したゝ）れる血汐とに似たる花こそ〈一〇〉。

アネモネは詩の材料としてよりも、護符として役に立つ。「その年に初めてこの植物を見つけたら、これを三日熱または四日熱の薬として摘むのだと唱えながら摘み取り、その後赤い布に包んで日陰に保存し、必要なときは首にぶら下げるか、腕とか他の場所に縛りつける」。

キンポウゲのいちばん大きいものであるシャクヤクはローマの農園で成長する。その小さい種類はウマノアシガタ、チシマキンポウゲである。「スミレ」は、ホランドが欄外で指摘しているように、匂のいいストックやニオイアラセイトウをも含めて、多くの植物を意味している。それにはキツネノテブクロも含まれている。マリーゴールドさえも(もっとも、匂はよくないと書いている)同じ仲間に入れられている。これは、科学的方法が確立する以前の、不正確で漠然とした植物分類方法の一例でしかない。プリニウスは、キバナノクリンザクラ、サクラソウ、センノウ、モウズイカ(〝**High-taper**〟)のような違った形のものを同じ種類に入れているが、それは彼の考えが、外見よりも薬剤としての価値に重点を置いていたのが理由だと思う。それらは同じ効力を持っているのだから、異った種類に分類することは不要な仕事であると、彼は何気なく述べている。つまり、この分類でいいと思っているわけではなく、未完成な素案であって、「薬効をみて修正すればいい」ものであった。これは、より危険な一服がより素早く治す、という原理の率直な告白である。プリニウスがときどき放つ皮肉っぽい調子は、彼が識別力に欠けてはいないことを暗示する。

国王や女王、それに彼らの医師たちはしばしば自分の名を植物につけた。白い液汁をだす特徴があるエウポルベア〈タカトウダイ〉は一つの例である。エウポルブスはユバ王[一一]の医者であった。王が病気になったとき、他の医者に呼ばれ、「二人の同業の医者が相談して、体を湯かストーブで暖めたのち、冷水をかけ、それによって皮膚の毛穴を引き締める、という処方を出した。それまでは、ホメロスが言うように温水浴だけしかなかった」。

その他に、リュシマキア〈エゾミソハギ〉、これはリュシマコス王[一二]が自分の名をつけたのであるが、彼はそれをきわめて高く評価している。二匹の役畜が仲が悪くて犂を曳こうとしないとき、その首木にこの草を置くと「機嫌がなおって言うことを聞く[一四]ようになる」。ゲンティアン〈リンドウ〉もまたイリュリアのゲンティウス王[一三]からきている。また女王アルテミシアはヨモギに自分の名をとって、可愛らしいアルテミシアという名をつけた。これは今も世界的に有名な粉末殺虫剤の材料である。

菜園は色彩が鮮やかでないので、叙述も地味である。だが実のところ、野菜は極めて重要な地位を占めている。菜園の仕事が長生きに役立つということは、何ら不思議ではない。プリニウスはアントニウス・カストル〈一五〉のことを一例としてあげている。「わたしは幸にも彼の農園を訪ねる機会があった。彼は百歳を過ぎていたが、数多くの植物を注意深く栽培していた。彼はその年になるまで病気もしたことがなく、記憶力も体力も衰えていない」と述べている。そのような素晴らしい成果は、野菜の薬効によるものであって、野外での労働の効果ではないと記されている。野菜の薬効の種類が多いことは驚くほどである。キャベツは八七種類、ニンニクは六一種、タマネギは二七種、レタスは四二種、アスパラガスは二四種、ハツカダイコンは四三種、オオグルマ（ついでに言うと、『ニューカム家』のなかの若いハニマン〈一六〉の好物だった）は一一種、野生キュウリは二六種、栽培キュウリは九種もの薬効がある。また調味料に用いられる植物がある。ヘンルーダ（よく知られた万能薬）は八四種、メグサハッカは二五種、ユダヤ人は祝のときに小羊を食べるが、そのときに使うハッカには四一種、アニスには六一種、マスタードには四四種ある。このように菜園の薬効は豊富であるにもかかわらず、家庭で作る薬品を無視する傾向がある。そして海を越えてやってくる新奇なものをあてにする。

ややこしい処方とまか不思議な調剤が口巧者に繰り返され、アラビアやインドが薬の宝庫だと考えられている。そしてちょっとした腫物にも紅海から来た薬の経費を負わされる。ところがほんとうの薬というものは、きわめて貧しい人々でさえも毎日の食事で摂っているものだ。（二四、5）

だが菜園でとれるこれらの「薬」のいくつかは、効力が不確かなものであった。たとえば、ヒョウタンには一七種の薬効があると書かれている。そのうちの一種――推薦するのは危険だが――は「列王紀・下」〈一七〉に出てくる、ギルガルでエリシャが運よく中和させることができた「食べると死ぬもの」と同じものに違いない。想像するに、このヒョウタンはきわめて激しい作用を持っていたに違いない。キュウリはそれに比べて安全で一般的であるが、これはティベリウスの好物であった。彼はそれを食卓に欠かしたことがなかった。彼はキュウリを、移動できる苗床、あるいは車の上に載せていつも陽のあたる場所に置ける苗床で栽培させていた。

　サラダ用のレタスは食欲を促進させるための有名な特効薬である。アウグストゥスはかつてある医者の忠告によってレタスを食べて命が救われたという。その前の別の医者は、この無害な食品を賞味することをきびしく禁じていたのである。野生のキャベツも食べられる。ユリウス帝の兵士たちは、デュラキウム[一八]包囲のときキャベツしか食べさせてもらえなかったので、それをあてつけた「キャベツの歌」を歌った。キャベツの栽培についていうと、イモムシによる虫害はヤネバンダイソウのしぼり汁のなかに種を漬けることによって避けられる。それがだめだったら、役畜の頭蓋、ただしそれは雌の頭蓋に限るが、それを菜園の杭にぶらさげておくとよいとされている[2]。

　また、カワガニは鳥を追い払うという。もしこれらが、侵入者を奇妙で不気味なものでおどして追い払おうという発想でないとしたら、これらの習慣は何か奇妙な迷信によるものに違いない。ともあれ、イモムシへの応用が、果たして効果があるかどうか証明することは困難である。

　風変わりな花の例も繰り返し述べられている。クサノオウとコウリンタンポポ——そんなに違いはない——には鳥が集ってくる。ひとつはツバメで、これは花が咲けばやってきて終れば去ってゆく。もう一つはタカである。両方の話に共通なのは、親鳥が雛の視力をよくするためにこの植物を用いるということである[一九]。ウマノアシガタは「焼灼性があり」皮膚病によい。増毛剤としても少なからず効果がある。

　皮膚を刺激する傾向のある植物も、人々が期待する治療薬の範囲であった。そのほとんどはイラクサであった。昏睡状態の患者の足か額にイラクサを触れると目を覚ます。これはもっともらしい調子を含んでいる。だが痛風にはその葉を潰してクマの脂をまぜ内服[二〇]するというのを読むと驚かされる。またサンショウウオに刺された場合は、イラクサを、カメを煮たスープにいれて用いると効くとアポロドロス[二一]が言っている。パーキンソン[二二]は言う——真実は分からないが——カエサルの兵士はブリタニアの気候がとても寒いので、暖まろうとしてイラクサで体を壊してしまうと。それ以外に、古くからの薬としてヒマシ油がある。プリニウスが言うには、これは同量の湯といっしょに用いるという。他の用途（今日でも人気がある）は、養毛剤である。

不眠症は、現代では家に閉じこもるような慢性病ではない。パナケア、カッコウソウ、ウマノスズクサは本草のなかでも匂で処方するものである。また頭に塗って眠りを誘う。黒い布（象徴的によく使われる）に包んだヤネバンダイソウとベンケイソウは、病人の枕の下に置くのが具合がいい。しかし重要なことは、患者に知られないように準備することである。オエノテラもしくはマツヨイグサは、不眠症にたいするもう一つの特効薬である。ブドウ酒と混ぜたものはたしかに気分を楽しくさせ、昏睡をさそうことができる。

海草のクリスマムは顔色をよくするのに効くといわれている。それは人を「いっそう愛らしく魅力的な色にする」という。普通サラダとして食べる。歴史的にも神話的にもそれはヘカテ〈二三〉によってテセウス〈二四〉の前に盛って出された。よい香りがするのでピクルスとして、ヨーロッパの各地で今日も広く用いられている。あまり多すぎない、というのが上手な利用法である。ダイオウと同じような性質を持っているのはレオントポディオン、または「ライオンの足」、または「我々の婦人のマント」と呼ばれるものである。またサフランは二日酔の薬である。「もし、酒好きが酒屋で盛大に飲もうと思うなら、最初にサフランを飲んでおけば、頭がくらくらしたりする心配なしに気持よく飲める」。

すべての植物や評価の高いものについて、いちいち取り上げることは不可能である。あと二三の例をあげるにとどめよう。フウロソウ〈二五〉、これは魅力的なニックネームである。というのは「枝の先にツルのくちばしのような突起物が現われる」からである。ハリモクシュク〈二六〉がそう呼ばれるのは、それがウマ〈二七〉が休憩するところに生えるからではなく、地面にへばりついた頑固で尖った枝が、耕作を妨げるからである。ケンタウリス（シマセンブリの一種）はケンタウロイ族の一人ケイロン〈二八〉の足の傷を治癒させた。ヘリオクリュソスまたはクリュサンテモンはペルシアの聖者たち〈二九〉によって幸運をもたらす植物であるとされた。デイジー（「ヒナギク」のこと、ミコーバー氏〈三〇〉は疑問を抱いているが）、カノコソウは今もなお神経の薬として使われている。タイセイは「ブリタニアの女性、娘だけでなく既婚の婦人たちが、その液汁を体じゅうに塗って色をつける。それはムーア人およびエティオピア人の着色剤に似ている」。それ以外ではユキノシタが珍しい性質を持つ。これは岩のあいだに育ち、石を砕くという素晴らしい特徴があると考えられており——そこから名づけられたのだが〈三一〉——とりわけそれは根がないということで知られている。

自然および人工の植物による装飾についての短い記述は、花束、花輪、小冠、花房あるいは花飾りの作り方を知るうえで、また、それを作ることが一般的な楽しみで、いかにその「装飾物」が名誉を物語る象徴として扱われていたかを知るうえで興味深いものがある。

というのは最初は神聖な競技における賞品として用いる花輪は木の枝でつくるのが習慣であったのだから。後になって、匂いと色の効果を順次高めるために、いろいろな色の花を混ぜて色彩に変化を与えるという習慣が生じた。それはシキオンで画家のパウシアスと、彼がひどく恋慕していた花輪つくりの婦人グリュケラの技倆によって始まった。彼が彼女の作品を絵に写していたとき、彼女は彼を励ますために多様なデザインをつくった。そしてそこに芸術と自然の決闘があった。あの有名な画家の描いたこの種類の絵は今日なお存在しており、とくにステパネプロコス〈花輪を編む人〉と呼ばれている絵に彼はほかならぬその婦人を描いた。これは第一〇〇オリュンピア紀〈前三八〇―三七六年〉より後に起ったことだ。花の花輪は現在流行しているが、エジプト花輪と呼ばれるものや、大地が花を拒んでいる季節に彩色した骨の薄片でつくった冬花輪が現われたのはさほど古いことでない。ローマでも漸次コロラエ〈小さい花輪〉という名前がしのび込んで来たが、これは最初はそれが美しいので花輪に与えられた名だ。そしてやがて賞品として与えられる花輪が金属の薄板、ブロンズ、金銀の鍍金でつくられ始めた後になって、コロラリア〈贈り物〉という名が用いられるようになった。

金満家のクラッススが、金銀で人工の葉をつくり、それでつくった花輪にリボンも添えて彼の競技会の賞品とした初めての人であった。このリボンをつけることが裸の花輪に栄光を添えた。この習慣はエトルスカ花輪に起因するものなのだが、これには本来金色のリボンだけが結びつけられていた。（二一、4―6）

そしてこういうことについてはきわめて厳しい規則が行なわれていた。第二ポエニ戦争中に、銀行家L・フルウィウスが日中自分のベランダからバラの花輪をつけて競技場の中を眺めていたので、元老院の命令で牢獄へ引致され、戦争が終るまで釈放されなかったという話だ。P・ムナティウスはマルシュアスの像から花輪を外して自分自身の頭にのせた。この科により三頭執政官の一人の命令により捕縛されたので、彼は護民官に訴えたが、護民官は介入することを拒絶した。アテナイでは習慣はおおいに違っていた。そこでは午前中から飲み騒ぐ若者どもが花輪をつけて、哲学者の学校へすらやって行ったものだ。わが国ではアウグストゥスの娘ユリアの場合を除いてはこういう突拍子もない振舞いの例は起らなかった。彼女はアウグストゥスが手紙の中で嘆いているように、夜のふざけに花輪をマルシュアスの像の上にのせたのだ。(二一、8―9)

花の利用と濫用とのあいだには、それを区別する明らかな一線がある。都市の若者にとってはその区別を守るのは、単なる方便にすぎない。これは花が宗教と連想されているからである。サー・ジェイムス・フレイザー〈三一〉は、花輪と花冠は装飾である前に魔除であるという説をとなえた――頭の周りを植物か金属で囲んでも、危害から守れるわけではないのだから――なにはともあれ、それは有害な影響を避けるというまったく魔術的なものである。この想像によれば、国王と聖職者は、神聖さを維持するために冠を戴くと信じられたのである。死体、家の戸、記念碑は同様の趣旨から飾られたのだろう。花輪をつけていると、なぜ悪魔の接近を防げると思えるのか、同じくよくわからない。

プリニウスは、花冠や花輪を護符というよりも装飾とみなしているように見える。もしその装飾がほんのつまらないものであり、そしてその当時のめめしい若者によってそんな具合に使われたとすれば、法律によって咎められ抑えつけられた筈だ。一方それは、勇気への褒賞として高い栄誉を顕すものであった。だがその場合は、単に木の葉と草によって作られたものであった。ここに「唯一の百人隊長」の例がある。彼は戦場での豪勇にたいして、特別に、いまだかつて誰にも与えられなかった草冠の栄誉が与えられた。

カトゥルス摩下の首席百人隊長として勤務していたとき、彼の軍勢が敵によって遮断された際、軍勢に向って雄弁をふるい、敵の陣営を突破することを躊躇した彼自身の護民官を殺して、その軍勢を脱出させたのだ。この栄誉に加えてこの同じ人物はコンスルのマリウスとカトゥルスを脇に従え、厳かなガウンを纏い、そして笛吹きの音楽につれて、そのために置かれてある火鉢の上に生贄を捧げたということが権威者たちの書物に見えている。(二二、11)

宴会で花冠をつけることは、気持を新鮮にし、食欲を刺激し、心地よく酒が飲め、楽しくすごすことを助長すると考えられていた。しかし花の香は、知らぬまに頭に忍び込むという危険があった。プリニウスはこの論旨をクレオパトラとアントニウスの逸話でもって展開している。

クレオパトラの腹黒い奸計がよい証人だ。というのは、あのアクティウムで最高潮に達した戦争の準備中に、アントニウスは女王その人の慇懃さすら恐れて、毒味をしていない食物は食べようとしなかった。彼女は彼の恐怖につけ込んで、彼の花輪の先端に毒を塗って彼の頭にのせたという。やがて饗宴がたけなわになるや、彼女は挑戦的に、それぞれ自分の花輪を飲もうともちかけた。こんな場合誰が裏切りの疑いをかけるようなことをしようか。そこで花輪の欠片を自分の盃に集めて飲み始めようとした。そのとき彼女は手ではげしく制止してこう言った、「ねえ、マルクス・アントニウス、あなたは気違いのように次から次へと毒味役を求めて、念入りに私のことを用心していらっしゃいますわね。わたしは、たとえあなたなしに生きていられるにしても、好い機会も手段ももたない女ですのに」と。それから一人の囚人が連れて来られ、それを飲むように彼女に命じられた。すると彼は立ちどころに死んだ。(二一、12—13)

果物のうちでもっとも重要なものの一つはイチジクであり、あらゆる階級にとって価値ある食料であった。もっとも良質で珍しい種類は箱や容器に包装される。しかし豊富に採れる地域ではオルカと呼ばれる大きな甕や、樽か大樽に入れられ、「乾燥すると、パンやその他の食料の役割を果たす」。カトーはイチジクの生産に特別の関心を持っていた。彼は、イチジクが熟している期間中、自分の労働者に最大限働くよう命令した。そこで、チーズの代わりに、新鮮なイチジクを塩と一緒にして食べものに振りかけるという習慣が生じた。カトーはまた、元老院で、カルタゴがローマにいかに近くて危険であるかということの直接的根拠としてイチジクを使い、そして将来の完全な安全を願うなら、カルタゴを滅亡させる必要があると主張した。

しかしカトーが彼の時代においてさえアフリカイチジクと名づけた品種は、彼がその果実を珍しい論証に用いたことを思い出させる。彼はカルタゴに対する徹底的な憎悪に燃え、彼の子孫の安全を憂えて、元老院の集会ごとに「カルタゴを倒せ」と叫んでいたものだ。それである機会にかの属州産の熟した早生イチジクを元老院に持参し、元老たちにそれを見せて言った。「わたしはこれを諸君にお目にかける。諸君はこの果実がいつ木から摘み取られたとお考えになるか」と。すべての人々はそれが全く新鮮であるということに同意した。それで彼は言った。「そのとおり、それは一昨日カルタゴで摘み取られたものだ。敵はわれわれの城からそれほど近いところにいるのだ」と。そして彼らは急速に第三カルタゴ戦争に乗り出し、その戦争でカルタゴは滅亡した。もっともカトーは上に述べた出来事の翌年死んだのであるが。この事件においてわれわれがもっとも驚嘆するのはどの点であるか。巧妙さかそれとも機会の一致か。輸送の迅速性、あるいは性格の男性的な強さか。わたし自身比類を絶して驚嘆すべきものと考えることは、一二〇年にわたって世界の覇権を争ったあの偉大な都市が、ただひとつの果実の論証によって顚覆させられたということである。（一五、74—76）

カトーはただひとつの果実によって、カルタゴをそのようにわれわれに近いものにしたのである。（一五、76）

第十章　発明の数々

誰が最初に物ごとを考え出したり作ったのかということは、常に興味をひく。発明の相当部分は、神話上の人物によるものとされている。それらを発明したとされる神話上の人物のかなりのものは、過去において、実際に存在した超人が、人類のために貢献した報酬として神とか女神に仕立てあげられたものと考えていいだろう。聖アウグスティヌス[一]は、エジプトの神官がアレクサンドロス大王に、ゼウスやヘラはこの世に人間として生存していた人物であると語ったと記している。いずれにしても、プリニウスは「バッカスは売買を始め、また国権の表象と装飾としての王冠を発明した」と述べている。ここには通常大酒飲みのばか騒ぎから連想されるものとは違った、予想外の性格が示されている。ケレスは最初に穀物を栽培したが、それまでは人間はドングリを食べていた。彼女は粉をひき、それをこねてパンを作ることをギリシアとローマで教えた。そこで彼女は女神だと言われた。メルクリウスは文字の発明者だと信じられていた。しかし、他の人たちは、イタリアヘアルファベットをもたらしたのはペラスギ人であると主張している。

いわゆる、天文学の発見というもう少しはっきりした話題がある。プリニウスは、星の観測は彼の一七二〇年前[二]からバビロニアの煉瓦とタイルに記されてきたと述べている。ここから建築用のバビロニアの煉瓦とタイルに話が移り、人間はツバメの巣を手本にして最初の家を作ったが、それまでは地下の穴や洞窟に住んでいたという。最初に都市を作ったのはケクロプスで、アテナイの城に自分の名前をつけた。しかしそれに異議を唱えて、アルゴスの方が最初であるという異論があるし、またエジプト人は彼らのディオスポリスが一番最初だと断言する。〈三〉〈四〉〈五〉

われわれがワット、スチーブンソン、エジソン、マルコーニなどの名に親しんでいるように、プリニウスの時代には、何人かの名前が親しまれていたに違いない。大工仕事には木と象牙の木摺が含まれていた。ブロンズの蝶番、釘、三角定規、のみ、鋸、金槌の使用は一般的だった。浴場には金属製のパイプや調度品が備わっていた。石鹸やブラシの代りに垢おとし器もしくは金属製の肌掻き器を使い、そのあとの肌荒れを妨ぐためさらっとした油を塗った。ドアの把手、ランプと燭台、ブローチ、バックル、安全ピン、かみそり、爪やすり、鏡、軟膏を入れる雪花石膏製の小箱、象牙製の櫛、首飾り、お守り入れはすべて上流階級の証明であった。初期のローマ人は髪を刈らなかった。散髪は比較的後期の慣習であった。事実小アフリカヌス〈小スキピオ〉がはじめて毎日髭を剃ることを始めたという。博物館に展示している剃刀の使用法とか、剃り傷がつかなかったかどうか、などということはわからない。アウグストゥス帝の容姿にたいする無頓着ぶりは有名だったらしい。〈六〉

織布の技術はエジプト人、羊毛の染色はリュディア人の貢献によるものである。アラクネは最初に亜麻糸を紡いだ女性で、クモに彼女の名前がつけられたことは間違いない。〈七〉ボエティウスは製靴技術を発明し、最初の洋服仕立屋と靴屋になった。〈八〉

明らかに、ヒツジはその毛の有用性のために存在すると考えられており、羊毛、布、つづれ織り、カーペットの方に話題が進む。しばしば羊毛は「衣服用に紡いだり編んだりしないで、フェルトにする」。そして洗濯人の桶にたまった廃物はマットレスの材料になる。兵営の兵士たちは毛髪のような粗毛の敷物を用いる。厚い裏地をつけたマントはプリニウスの父の時代に始まった。彼は、「ローマの元老院議員や地位の高い人たちが着るトゥニカは、敷物を真似てフリーズをつけて作るようになった」という。

ローマの女性が結婚するときは、糸巻きを持ち、梳いた羊毛で髪を結って行進した。「紡ぎ棒とそれに巻いた織り糸は、家事の象徴である」。「波紋のある絹」を思わせる「波うつラクダ織り」は最高のものであり、基本的な衣服として愛されていたが、これは古くからのものである。刺繡はまた通常「ケシに似た花の作品」である。これはフリュギア人の発明によるという。アッタロス王（九）は金の布を考案した。またアレクサンドリアでは異った色の糸を使った薄織物が作られた。フランス〈ガリア〉では市松模様のダマスク織が始まった。ハリネズミの皮は、羊毛製の衣服の手入れに、オニナベナは起毛具に、アザミは梳くのに用いられる。生きているヒツジの毛を深紅や紫に染める習慣について、プリニウスは節度を越えた不必要なものの例として憤慨している。「ヒツジの毛を変な色に染め、自然の働きを悪用する」と。

ヘシオドスによれば、鉄と鍛鉄法はクレタ島のイダ山にいたダクテュロス族（一〇）によって発見され、金の採掘はパンガエウス山の近くでフェニキア人のカドモス（一一）によってなされたという。キュクロプス族（一二）は最初の鍛冶屋である。ダイダロス（一三）は最初の大工で、のこぎり、斧、なた、鉛直線、錐、にかわ、にべ、砥石を発明した。ろくろ、定規、かね尺、てこ、鍵はサモスのテオドロス（一四）によって考案された。一方、火打ち石から火をつける方法はプロメテウス自身によって発見されたのではないらしい。彼は最初にオオウイキョウの茎に火を蓄える方法を始めたが、それは「火を保存する最良のマッチを作った」。フリュギア人は四輪車を発明した。

戦争技術の歴史については幾分詳しく述べられている。最初の戦争はアフリカ人とエジプト人がバトンや棍棒で戦ったのが最初であるとされる。弓矢はスキタイ人とペルシア人（一五）によって発明されたという。投げやすいように真ん中に皮の紐のついた投げ槍は、それに似たものを今でもオーストラリア中央部の原住民が使っている。「亀」は車輪を使って動く戦車である。燃えるのを妨ぐために生の獣皮で屋根をつけている。これは都市を包囲するときに用いられる。「破城槌」と「トロイアの馬」はより行動的なものであるが、比較するとすれば、何世紀も隔たってはいるが、現代の戦車と遠い親戚関係にあると言えよう。

> 楯はプロイトスとアクリシオスがたがいに戦ったときに、あるいはアタマスの息子カルコスが発見した。（1）胸甲はメッセネのミディアスによって、兜・剣はスパルタ人によって、脛当・兜の羽飾はカリア人によって発明された。弓矢はユピテルの息子スキュテスによって発明されたとある人びとは言う。ほ

かの人びとは矢はペルセウスの息子ペルセスによって、槍はアエトリア人によって、革紐で吊す槍はマルスの息子アイトロスによって、小ぜり合い用の槍はテュルヘヌスによって、投槍も同人によって、戦斧はアマゾンのペンテシレアによって、狩猟用槍と、飛道具のうち投石器はピサエオスによって、カタパルトはクレタ人によって、弩砲と石投げ機はシロポエニキア人によって、ブロンズのラッパはテュルヘヌスの息子ピュサエオスによって、カメの甲状集合盾はクラゾメナエのアルテモによって、攻城機のうち木馬（現在では破壁車と呼ばれる）はトロイアでエピオスによって、乗馬はベレロフォンによって、手綱と鞍はペレトロニオスによって、騎馬戦は、ペリオン山に沿って住んでいた、ケンタウルスと呼ばれたテッサリア人によって発明された。フリュギア民族が初めて二頭立馬車を、エリクトニオスが四頭立馬車を用いた。軍の隊形、合言葉の使用、符牒、哨兵などはトロイ戦争においてパラメデスによって、望楼からの合図は同じ戦争においてシノンによって、休戦はリュカオンによって、条約はテセウスによって発明された。（七、200―202）

鉄は人を殺すことに関係があり、深い疑惑の目で見られている金属である。「飛ぶ鉄」（昼間に飛ぶ矢のあご）は文明化された国民にとっては無価値で野蛮な発明だと遠慮会釈なく非難されている。文明は鉄から発達したのに！　しかしホランドは欄外の註で次のように書いている。「プリニウスよ、もしお前が今日のピストル、マスケット銃、カルヴァン砲、大砲を見たり聞いたりしたら何と言うつもりか」。この発言は一六〇一年の事であることに注意していただきたい。今日だったら彼は何と言うだろう。

次には鉄鉱山および鉄鉱石について説明しなければならない。鉄は人間の用いる器具のうち、最善のものと最悪のものに用いられる。それを用いてわれわれは土地を耕し、木を植え、ブドウ蔓を支える木の刈込みをし、毎年ブドウ蔓の老化した部分を切り落してそれを若返らせる。それを用いて家屋をつくり岩石を切り出す。そして他のすべての有用な目的にそれを使用する。が、同時にわれわれはそれを戦争に、殺戮に、そして山賊行為に用いる。そして一対一の闘争においてのみでなく、羽をつけた飛道具として、カタパルトから発射するかと思えば腕で投げる。かと思うと今度は実際に羽毛のついた羽を取りつける。こういうものは、人知が生み出したもっとも罪深い工夫だとわたしは思う。というのは、死がいっそう迅速に人間を襲うことができるように、われわれは鉄に空を飛ぶことを教え、それに羽を与えたのだから。だからわれわれは、悪いのは自然ではなく人間なのだと考えよう。鉄を無害なものにしようという多くの試みがなされてきた。農業の目的にのみ鉄を使用すべしというのが、諸王放逐後、ポルセナがローマ国民に対して認めた協定に含まれた、はっきりしたひとつの規定であったことをわれわれは知っている。そしてわが国のもっとも古い著述家たちは、その頃は骨筆を用いて書く習わしであったと書いている。クロディウスの死を伴った例の動乱時代に、三回目の執政官であった大ポンペイウスが出した、市内ではどんな武器をもっていてはならない、という布告が現存している。（三四、138―139）

またこれは、決闘の場で人を刺す危険な武器として利用される可能性があるので、筆記用具である鉄筆の使用を禁ずる、という具合にもたとえられる。ルネサンスの頃、「刺繡の穴あけ具」（文字どおりの意味）が殺人に使われた事実を見れば、あながち的はずれでもないだろう。

鉄は錆びて駄目になる。石膏のペンキ、鉛白と混ぜたタールは錆止めに使う。また「神聖」な鉄にする宗教的儀式は、錆にたいして効き目があると信じられている。少なくともその成功した一例が記録されている。アレクサンドロス大王はエウフラテス河畔のゼウクマで、釣り橋としては最初の例として知られている橋を架けたが、それには鉄の鎖を用いた。[一六]

楽器の改良はアンフィオン[一七]にはじまった。パン[一八]は、フルートと笛もしくはリコーダーを発明した。アンフィオンはリュディア式音階を教え、シターンもしくはリュートの最初の演奏者の地位をオルフェウス[一九]と争った。最初は一本であった弦が、だんだん増えていって最後には九本になったことがわかる。

ギリシアは競技会[2]が盛んな土地である。リュカオン[二〇]はアルカディアにおいて、強さと活動力の優越性と偉業を証明するため、はじめて公の競技会を準備した。ヘラクレスはレスラーとボクサーを訓練した。そして最初のチャピオンはオリュンピア[3]で栄冠に輝いた。ピュロスはテニス――なんと長い歴史のある競技だろう――の選手であった。[二一]そしてアテナイの博物館にはホッケーに似た競技をしている人たちのレリーフが展示されている。

プリニウスはわれわれを古代の航海に誘ってくれる。

ダナオスが初めて船でエジプトからギリシアへやって来た。それまでは、紅海の島々のあいだに用いるために、エリュトラス王によって発明された筏が航海に用いられていた。船はそれよりも前に、ヘレスポントス海峡岸で、ミュシア人とトロイ人によって、彼らがトラキアとの戦に海を渡ったときに発明されたのだという人びともある。今日でもブリタニアの海では、コリヤナギでつくり、そのまわりに皮を縫いつけた籠船がつくられているし、ナイル河ではパピルス、トウシンソウ、アシなどでもカヌーがつくられている。長い船での航海のはじまりはフィロステファノスはイアソンと、ヘゲシアスはパルハロスと、クテシアスはサミラミスと、アルケマコスはアイガイオンとしている。また、

二櫂列船はダマステスによるとエリュトラ人によって
三櫂列船はトゥキュディデスによるとコリントスのアミノクレスによって
四櫂列船はアリストテレスによるとカルタゴ人によって
五櫂列船はムネシギトンによるとサラミス人によって
六櫂列船はクセナゴラスによるとシラクサ人によって
十櫂列船まではムネシギトンによるとアレクサンドロス大王によって
十二まではフィロステファノスによるとプトレマイオス・ソテルによって
十五まではフィロステファノスによるとアンティゴヌスの息子デメトリオスによって
三十まではフィロステファノスによるとプトレマイオス・フィラデルフォスによって

四十まではフィロステファノスによるとプトレマイオス・フィロパトルまたの名トリュフォンによって作られたといわれる。

貨物船はテュロスのヒップスによって、川舟はキュレニア人によって、軽舟はフェニキア人によって、ヨットはロドス人によって、小帆船はキプロス人によって発明された。フェニキア人は航海中星の観測を、コパエの町は櫂を、プラタエア市は櫂の匙形を、イカロスは帆を、ダイダロスはマストと帆げたを、サモス人かアテネのペリクレスは騎兵の輸送を発明し、タシア人は長船に甲板を張った――以前は海兵は船首と船尾でのみ戦ったのである。テュレノスの息子ピサエオスは衝角を、エウパラモスは錨を、アナカルシスは二重爪錨を、アテネのペリクレスは引っ掛け錨と鉤を、ティフュスは舵柄をつけ加えた。ミノスは初めて艦隊を用いて戦った。（七、206―209）

地中海における海上覇権をめぐって闘争が続けられているあいだ、ローマは、イタリアの木材と森林の豊かさで敵国に勝っていた。ちょうど後世のイギリスが優勢であったように。一例は巨大な船のマストに用いられたモミで、その船でカリグラはエジプトからオベリスクを運んだのである。「いまだかつて、海を渡る船でこれ以上の素晴らしいものは知らない」。このマストは周囲が四尋もあった。エジプトとシリアの〈二二〉国王はセイヨウスギを艦隊を作るのに用いた。キプロスに生えていたとび抜けて巨大なセイヨウスギはデメトリオス王のガレー船を作るために伐採された。そのガレー船は各サイドにそれぞれ十一段に漕ぎ手が座った。そのマストは一三〇フィートもあり、その周りは三尋もあった。

真鍮製の衝角は激突するために工夫されたものだが、打ち負かした船の衝角は戦勝記念として保存された。それはロストラ〈二三〉と名づけられ、演説者はそこで聴衆に熱弁をふるった。だがローマ公設のロストラは、正午を決めるというもう一つの役割を持っていた。太陽がマエニア円柱から監獄の方へ傾くと、その日の終りが告げられた。日時計の導入は後になってからである。[4] 最初の日時計は円柱状で、第一ポエニ戦争のとき、ロストラのそばに立てられた。

舗道の上に線が引かれ、影の位置を示した。後に、精密度を高めるために指時針の上に球を置くという改良がなされた。というのは、針の影は周辺部が不鮮明になりがちだから。曇った日は時刻を告げるのが困難なので、スキピオ・ナシカ〈二四〉は水時計を発明した。

自然の賜物の利用は次のような具合になされた。木は大工に材木を与え、アシは矢と楽器に用いられ、パピルスは紙に、穀物はパンを作るため、ブドウの木はブドウの醱酵したジュースをもたらした。その他多くの例は、必要性についての、いくらか漫談的なしかし面白いカタログを作りあげるのに役立つ。

衣類は真っ先にあげられるものの一つである。皮、羊毛、絹は動物や昆虫が作ったものである。リンネルと木綿は植物からとれるものでもっとも重要なものである。オランダの布とキャンブリック〈二五〉はたいそう人気があった。多くのローマ婦人は、富を誇示するのに、良質のリンネルほどふさわしいものはないと考えた。紡績と織布のほとんどは洞窟と地下室で行なわれた。なぜならそこでは空気が湿気を帯びているから。スペインで最良のローン〈二六〉が作られた。その特別の艶は、タラコ市を流れる小川の水の質によるものである。プリニウスのスペインの産業に関する知識は、彼がその属領の行政官であったときに直接得たものである。ゾエラ〈スペインの〉のアマは狩猟用の網を作るのに高い評価を得ている。それはきわめて丈夫なので暴れるイノシシにも耐えるし、短剣の刃さえも曲げてしまう。プリニウスは、とても上等の網を、紐もろとも指輪に通すのを見たといっている。また、森全体を覆うくらいの網を一人で運んだが、その網を作る一本一本の糸が一五〇本の繊維をよって作ったものであった(5)。

ワタはエジプトの上部でとれる。この植物は小さくて、ハシバミに似た実をつけ、その実の殻を破って外にワタが出る。紡ぐのは簡単である。世界にこれくらい白い繊維は他にない。「エジプトの僧侶はこの綿糸で作った僧服を着るが、すこぶる人気がある」。ある種の繊維は信じられないくらい素晴らしいものである。アスベストの布が記述されているのには驚く。この素材はアマとまったく同じように成長するものと考えられている。ただゆっくりと。

また今日では燃えにくいリンネルが発明されている。それは「生きた」リンネルと呼ばれており、わたしは饗宴の折それでつくられたナプキンが炉の上で赤々と輝いており、焼かれると水の中で洗ったよりもすばらしくきれいになるのを見たことがある。このリンネルは皇族用の屍衣をつくるのに用いられる。それは屍体の遺骨が火葬壇の他のものと混らないようにするのだ。この植物はインドの雨の降らない砂漠や焼地で、恐ろしいヘビが出没するところに生育しており、焼けつく暑熱の中に生きることに慣れているのだ。それはめったに見つからないし、短いので布を織ることは困難だ。その色は普通赤いが、火の作用で白くなる。それが少しでも見つかれば、飛び切りりっぱな真珠にも劣らない値を呼ぶ。そのギリシア名はアスベスティノン〈不滅のもの〉というが、それはその特別の性質から来ている。(一九、19—20)

高価な染料が羊毛にと同様にリンネルとテーブル用リンネルに用いられる。アレクサンドロス大王は帆や艦隊の旗に「色を塗った」ので、それが風にたなびいているのを見て、インダス川の岸にいた人々はびっくりした。アントニウスがクレオパトラとともにアクティウムにやってきたときの船の帆は紫色で、マストの先には深紅の旗がひらめいていた。

ローマの円形劇場はネロによって、空色に染められ星飾りをつけた日除が綱で張られた。一方足元のグランドは赤色であった。そしてなお、「そのように彩色され贅沢に染められたが、それでも、白いリンネルは愛用されあらゆる色のなかでも高い地位を占めている」。

木工は驚嘆すべき熟練に達していた。線板のうえを滑らかにカンナが滑ると、きれいなカンナ屑がブドウの巻ひげのようにくるまるのを見て、指物師が嬉しそうにしている様子が描かれている。良質の膠は化粧板と象嵌技術にとって必要なものである。それで接着した製品はどんなに曲げても大丈夫だ。大工は木工用の膠について専門的判断を下す。糸を引くように流れる涙のように、木の上をしたたる粘り気のある膠を好む。アトラス山の近くでとれるシトロン材で作ったマニア向けのテーブルがある。収集家たちは、選りすぐった作品にとてつもない金額を払った。高価な真珠で飾りすぎるといって文句を言われていたご婦人たちは、夫たちがシトロン材のテーブルに、飲酒に注ぎこむ以上の驚くべき金額を支払うと言って非難する。

いまでもマルクス・キケロの持ち物であったテーブルがあるが、それを彼は乏しい財源で、そしてもっと驚くべきことには、あの時代五〇万セステルティウスを払って買い取ったのである。そしていまひとつはガルス・アシニウスのものであったが、一〇〇万セステルティウスの値段であったと記されている。また二つの吊りテーブルがユバ王によって競売に付されたが、そのうちのひとつは一二〇万セステルティウスで、いまひとつはそれより少し安く売れた。最近火事で焼失したテーブルはケテギ族からきたもので、一三〇万セステルティウスで持ち主を替えた。それは大きな地所の値段である。もし誰かがそんな大金を土地の購入に当てることを選んだとしたらだが。今までにあった最大のテーブルの大きさは、一つはマウレタニア王プトレマイオスがつくったもので、二枚の半円形の木板でできていて、直径四ペス半〈約一三三センチ〉、厚さ四分の一ペス〈約七・四センチ〉あった。（一三、92―93）

シトロン材製の机の著しい長所は鉱脈のような、あるいは螺旋の形をした波形があることだ。前者の波形は長目の模様をつくり出しているので虎木と呼ばれる。ところが後者は捩れた模様を出しているので、そういう種類の板は豹テーブルと呼ばれている。またあるものは波のようにうねった斑点をもっていて、それがクジャクの尾の紋に似ているといっそう貴ばれる。すでに述べた種類のほかに、これらに次いでではあるが、穀物のように見えるものがぎっしりかたまったような木目のものが大いに貴ばれる。これらの板はパセリの葉に似ていることからパセリ木と呼ばれる。しかしいちばん価値があるのは材の色で、ハチ蜜酒色がいちばん評判がよい。それはブドウ酒によって艶がでるのだ。次に重要な点は大きさである。今日では一本の幹でつくられたテーブルが賞賛される。あるいは何本かの幹をほぞでついで一つのテーブルがつくられる。

テーブルにおける難点は木材らしいということである。それはその材における何の変てつもなく模様もない一様性に、あるいはスズカケの葉のように並んだ一様性に、そしてまたトキワガシの木目や色合に似た木目、そしてひび、あるいはひびに似た毛髪のような線――こういう傷は高熱や風がとくに木材に与えるものなのだが――そういう木材について言われることである。次にくるのは、ある色がその材の中をヤツメウナギのような黒い流れになって走っているもの、またカラスがケシを引掻いて残したような不規則で、たいていやや黒味がかった模様のあるもの、いろいろな色のしみがあるものなどだ。土地の住民はその材木をまだ青いうちに蠟を塗って土中に埋める。しかし大工たちはそれを穀物の堆積の中に、一週間突込んでおき、一週間の間を置いてまた一週間入れておくというようにする。こういう方法によってそれの目方が減ることは驚くばかりである。また近頃船からの難破物が、この材は海の波の作用によって乾燥され、堅さが加えられ腐敗しなくなるということを示した。どんな方法をもってしても、これ以上強力な結果を生み出すことはできない。シトロン材のテーブルを守り磨く最良の方法は乾いた手でこすること、とくに湯上りの直後そうすることである。そしてそれは酒をこぼしても損ずることはない。それは酒卓の目的でつくられたものなのだから。(一三、96—99)

ツゲ材はその「縮れたダマスク模様」の木目、その固さと薄い金色のゆえに大きな需要がある。〈二七〉ブナ材は「波がしらのような反対に走る二条の」木目を持つ。それは椀の材料に使われる。マニウス・クリウスは、莫大な戦利品のうち、神に生贄を捧げるための「ブナでつくった瓶または小さいジョッキ」以外には手をつけなかった。カエデで作った脚つき大杯は後になるほど大きくなった。

カバの枝は籠やざるの材料になる。歴史的によく知られているのは、懲罰用として「これらの細い枝が犯罪者を震え上らせた」ことである。判事はカバの枝鞭で裁判を執行する。そのような習慣は学校の教師のあいだに持ちこまれた。

香のよい木は東方からもたらされ、多くが宗教的礼拝と結びつけられた。乳香と没薬はアラビア・フェリックス、つまり、「幸せな祝福されたアラビア」の主要な生産物である。(6) 厳密な儀式は香木の刈り込みと採集のときに見られる。乳香を商品に仕上げる作業場の警備は、キンバリーとダイヤモンド〈二八〉をしのばせる用心深さである。作業員のエプロンにシールが貼られ、マスクをつけ、仕事場を離れることが許されたときは全裸にならなければならない。それほど貴重な商品であった。アレクサンドロスは少年の頃、祭壇に乳香を気前よく積み上げるという贅沢をして、アリストテレス〈二九〉に叱られたことがある。家庭教師は、アレクサンドロスが乳香を生産する国を征服後に、そのように惜しみなくやればいいと言った。アレクサンドロスはこの訓戒を覚えていて、アラビアを征服したとき、旧師に船一いっぱいに積んだ乳香を送ったが、今は惜しみなく礼拝に使えるという音信を添えた。

ヘロドトスによると、シナモンとカシアは鳥の巣、とりわけフェニックスの巣のなかに発見されるという。その巣は絶対に近づけない所に作られる。この話は、高い値段をふっかけるのを正当化するために創作された。香木からとれる軟膏の自由な使用は、最初にペルシア人によって始められた。彼らは異った種類の匂のなかに体を浸す。ダリウス〈三〇〉王の所有であった香料入れの小箱が、アレクサンドロスの手に入ったが、それ以来、香料を楽しむことがイタリアに急速に広まった。ネロは自分の足の裏に振りかけ、カリグラは浴槽に入れさせた。L・プロティウス〈三一〉が追跡から逃げようと隠れているとき、身につけた軟膏の匂がかぎつけられ、居場所がばれてしまった、という話もある。それ以外にも多くの香料が使われる。アイリス、バラ、サフラン、マヨラナ、マルメロの萼、スイセン、ギンバイカ、バルサム、シナモンなどから作られる。軟膏は雪花石膏か鉛の入れ物に保存される。

人類は紙にどんな恩恵をこうむっているだろうか。この質問はプリニウスが出している。彼は言う、「われわれはパピルスを忘れてはならない。われわれのこの文明の生活、記録、人の死後の不滅も、格別にそれから作る紙に依存している」。パピルスは文献用以外にも多くの用途がある。ファラオの娘が発見したモーゼの入っていた箱舟は、樹脂を塗ったこの「パピルス」で作られていた。またパピルスは帆、マット、衣類、ロープを作るのに用いられる。ムーア人はそれで小屋の屋根をふく。そのほか、噛んでその汁だけを飲む。覚えておかなければならない点は、エジプトでは国土が乾燥してからはパピルスの成長が止ったということである。「紙草は泥のない所に成長することができようか。葦は水のない所におい茂ることができようか〈三二〉」というヨブの質問は否定された。

紙は芯を割いて薄くし、できるだけ幅広く広げて作る。中心の部分から作られたものは「神聖な紙」と呼ばれ、宗教に関する書物にあてられた。全部で九種類の紙が作られ、もっとも劣っているのはエンポリティカ（包装紙の意）と呼ばれ包装に用いられる。物を書くためのものでは「アウグストゥス紙」、「クラウディウス紙」（最上質）があり、一般的には「リウィア紙」が用いられた。

筆記用具についての短い歴史が述べられている。

マルクス・ウァロにしたがえば、紙の発明もアレクサンドロス大王の勝利のお陰で、それは彼がエジプトにアレクサンドリアを建設したときのことであって、それ以前には紙は使用されていなかったという。最初に、人々はヤシの葉に書いたものだが、次いである木の樹皮に書いた。その後公の記録には折りたためる鉛板が使われ始め、それから私用の文書にはリンネルの切れや蠟板が使われ始めた。というのはわれわれはホメロスの中で、トロイア戦争時代以前にも筆写板が用いられていたということを発見するからだが、彼が書いていた時分には今日エジプトと考えられている国そのものまでが現在の状態では存在していなかった。(一三、69)

その後、これもウァロの言うところだが、プトレマイオス王とエウメネス王が図書館のことで敵対関係にあったとき、プトレマイオスがパピルスの輸出を抑えたときペルガモンで羊皮紙が発明された。そしてその後人類の不滅がそれにかかっている物質の使用が無分別にも普及していった。(一三、70)

アシは矢や楽器に用いられる。最初に弓を使ったのは東方の国民である。彼らは身体から容易に抜き取れないように、矢の先に釣針のようなあごをつけた。彼らが矢つぎ早に射ると、陽の光りも暗くなったように見える。アシの平和的利用法はフルートと笛である。適切な時期に伐ることが大切である。そしてよく乾燥させる。楽器の種類によって使用する個所が違う。根のすぐ上のところは「低音の笛」に適し、左手を用いる。高音には頂上のすぐ下からとったものが最良で、右手を使う。トスカナ族が宗教儀式で用いるオーボエはツゲ材で作られる。その他には、「劇場の演奏用のものはロートスとロバの脛骨と銀で作られる」。

飲酒と喫煙は発明のように見える。ブドウ酒は祝福されたものであると同時に危険なものでもあると考えられていた。人体にとって特別心地よい二つの液体があって、内にあってはブドウ酒、外にあっては油であり、普通、ブドウ酒は身体を強健にし、血色や顔色をよくするものとされた。適度の飲酒は筋肉によいが、一方では有害である。体重を減らしたい人は食事中には飲まないようにすすめられる。ヘシオドス〈三三〉は、生のブドウ酒をシリウス星が昇る前の二〇日間と、昇った後の二〇日間に飲むことを強く推奨した。不思議な事実は、強いブドウ酒はサルやその他の四肢動物の成長を妨げることが観測される。これは騎手がジンを飲むことの効果を証明する。ブドウ酒が女性より男性に、若者よりも年配者に、子どもより青年に、飲酒の習慣がない人より飲み鍛えられている人の方に適しているという考えには異論がない。冬は夏よりも飲酒に適している。

ローマでは婦人がブドウ酒を飲むことは許されていなかった。多くの事例があるが、そのひとつとして、エグナティウス・マエテンヌスの妻が大桶からブドウ酒を飲んだというので夫に殴り殺されたこと、そしてロムルスがその夫を殺人の嫌疑から放免したということが見えている。ファビウス・ピクトルは彼の年代記で、ある婦人が酒蔵の鍵の入った箱をこじ開けたというので、その親類によって餓死させられたということを書いた。そしてカトーの言うところでは、婦人たちが彼女の男たちに接吻されるのは、彼女らがテメトゥムした〈一杯きこしめした〉匂いがするかどうか知るためであったと。それは当時ブドウ酒をさすことばであり、またテムレンティア〈酩酊〉ということばはそれからくるのだ。裁判官のグナエウス・ドミティウスはかつて、ある婦人が夫の知らぬまに、健康に必要であるよりも多くのブドウ酒を飲んだらしいという判決を与え、彼女の持参金の額だけの罰金を課した。（一四、89—90）

カトーは大変なブドウ酒の倹約家で、節制のいい例がある。ヒスパニアからの勝利の帰還の折、彼は荘重に「私は、水夫の飲むブドウ酒以外のものは決して飲まない」と宣言した。それに比較して、「客人にさえ自分が飲むのと違うブドウ酒を出したり、食事がすすむにつれて悪い酒にすり替えたりする昨今の紳士諸君」の卑しさにうんざりしながらプリニウスは「何と違うことだろう」と叫ぶのだ。そしてつけ加える。

それから心の秘密をおおっぴらにしてしまうことである。ある連中は自分の遺言書の条項を一々挙げるし、あるものは生命にもかかわる重要事を洩らす。そして自分の喉の裂け目から自分にかえってくるようなことばをついとりはずしてしまう。なんと多くの人々がそんなふうにして生命を落したことか。そして諺にもあるように、真実が酒に帰せられるにいたったのである。一方、もっともうまくいった場合でも、飲んだくれは日の出を見ることが決してなく、したがって自分の生を縮めているのだ。飲酒によって顔は青ざめ、頬はだらりと垂れ下り、眼はただれ、手は震えてなみなみとついだ器の中味をこぼす。そして当然の罰は物に憑かれた眠り、不安な夜であり、最上の報いは奇怪な放縦であり、悪事の喜びである。翌日になっても息は酒樽の匂いがし、何もかも忘れている。記憶が失せてしまっているのだ。これが彼らの言い草「人生はそれが来るときに掴む」というものだが、他の人々は日々昨日を失ってゆくのに、この連中は明日をも失うのだ。(一四、141―142)

ほぼ百種のブドウ酒があり、五〇種は「うまい」とされている。ファレルニア酒はもっとも有名であるが、アウグストゥスはセティヌム酒を愛用した。飲んでも不消化におちいったり腹が張ったりしないのがその理由であった。いくつかのブドウ酒は鍛冶屋の工場の煙でもって奇妙な味付けをする。ティベリウスがそれを偏愛した。外国のブドウ酒のある種のものは塩水で味付をした。多分過度の甘みのせいだろう。ギリシアではとくにそうだが、ブドウは天日で乾かすために木になっているまま放置する。それは干ブドウ酒の性質をもつようになる。色は白、褐色、赤、黒と変化に富む。ペルシアのブドウ酒は普通没薬で調合される。

ブドウ酒が海を渡って運ばれたのははっきりした事実であり、二つの時代に見られたもので、その一つは、世界中に運ばれるマデイラ〈三四〉の先例となった。アフリカでも彼らは石膏、石灰で酸味を中和した。正体を見破ったときサー・ジョン・フォルスタッフは「酒〈三五〉のなかに石灰」が入っていると宣言した。〈三六〉ギリシアでは大理石の粉、塩、樹脂で「活気を与える」。

ブドウ酒は輪をはめた樽に入れて地下に保存する。冬季、霜がおりて樽が破裂しそうなときには、火をたいて温度を一定に保つ。もっと温和なところではドリウム〈三七〉もしくは長円の樽を大桶として用いるが、それらは土中に埋める。

このような習慣は有名な詩にうたわれている。

　おお、この日の樽抜きのために葡萄酒は
　深い穴のなかで長く冷やされてきた、
　花の女神と野のみどりを賞でながら踊り、
　プロヴァンスの歌を唱い、日焼けして笑いさざめく。
　ありのままの姿で、はにかむヒッポクレネー[三八]。

熟したキビ、ヤシの樹液、イチヂク、西洋ナシやリンゴ、ザクロ、セイヨウカリン、松果などを材料として家庭で作る酒もあった。ニガヨモギから作った飲み物はベルモットの味つけを思い出させる。蜂蜜酒もあった[7]。最後に、ハッカダイコン、アスパラガス、パセリの種、イヌハッカ、ニガハッカなどからつくった一連の酒がつけ加わってリストが完成する。これらは必要があれば小量の海水を加える。バラ酒というのがある。これは、「芳香」酒とは別で、たぶんアルコールは含まれておらず、いろいろな薬味を混ぜあわせて作ったもので、菓子類に用いられる。それらのなかで、ハッカ飲料は今日のジンジャーエールに近い。

　ローマ人は飲酒と同様に喫煙の風習があっただろうか。喫煙を楽しんだというのは疑わしい。ぜんそくの苦痛を和らげるために煙を吸引したことは確かである。フキタンポポ（ラテン語で Tussilago farfara. tussis つまり咳からきている）の根をイトスギの木片の上で焼きその煙を「パイプ」を通して吸った。その薬効は「慢性の咳に効く」ということである。サンダラックもしくは鶏冠石を混ぜて燻蒸したものは快いものではないが医薬として推奨される。賢明な助言として「どんなパイプで吸うときにも、少しばかり甘いブドウ酒を吸うとよい」とされた。保健上の理由というよりタバコの先行型を連想させる。

　前にみたように、ケレス神は穀物の栽培とパンの製法を発明したといわれる。始めの頃は、すべてのローマ市民の家庭で婦人たちがパンを焼いた。ペルシア戦争後、ローマでは専門のパン屋がパン工場を作った。アルトラガヌス（パンケーキ、フリッターまたは良質の菓子パン）、スペンスティクス（「即席」パン、早くできる）など、多種類のパンやケーキが供給された。パンはさまざまな食物とともに食べた。（たとえば、カキ〈蠣〉パン、これはたぶん褐色だったろう)、ライトペストリー、パン種にミルク・卵・バターを混ぜた朝食用のロールパン、干しブドウの入ったパルティア・ケーキ、その他である。大きな屋敷では「フルーツケーキ風」なものも見られた。それは特別の小麦粉で作られた。

刈り入れ機の発明に出くわして人々は驚くだろう。それはウマの頭の前に荷車を取りつけた初期のものである。

実際に収穫物を取り入れるにはいろいろな方法がある。ガリアの諸属州にある広大な地所では、縁に歯をとりつけ、二つの車輪で運ばれるひじょうに大きなかまちを、一首木のウシによって穀物畑を押してゆく。すると穂がちぎられてかまちの中へ落ちる。他のところでは鎌で茎を切り取り、穂は二本のふたまた熊手の間でこき落す。あるところでは茎を根元で刈り取る。またあるところでは根こぎにする。そしてこの後の方法を用いる人々は、そうする間に土地が鋤かれるのだと説明する。実際は土地から大事なものを奪っているのだが。またこんないろいろなことがある。藁で屋根を葺くところでは、それをできるだけ長く保存する。(一八、296—297)

刈り取った穂は、あるところでは打穀場でウシで動かす打穀そりで打ち落す。あるところでは雄ウマに踏ませて打穀する。またあるところでは穀竿で打つ。(一八、298)

最良のコムギは上部エジプトで栽培される。そこでは種をナイル川の残した泥の上に播いてから耕す。収穫は五月に完了する。バビロニアの土地の肥沃度はもっと大きい。チグリス川とエウフラテス川の氾濫は、水門と堰によって管理されている。イタリアの土壌はきびしい人間の労働が要求される。大多数の兵士たちにとって、平和時に自分たちの畑を耕すのは不名誉なことではない。

それではこのような多産性の原因は何であったのか。その時代は耕地は将軍たち自身の手によって耕作された。そしてわれわれはそう信じてもよいと思うのだが、土地はゲッケイジュで飾られた犂の刃と凱旋祝賀を行なった農夫をよろこんだ。それはそれらの農夫が、彼らが戦争で指揮をとるのと同じ心配りで種子を扱い、彼らが陣営の配置を行なったのと同じ勤勉さをもって自分の耕地の使用計画を立てたことによるのかもしれないし、あるいは名誉ある手で行なわれた方が、仕事がより周到になされるので、万事うまくゆくからかも知れない。種子を播いているところを発見されたことによってセラヌスは名誉を与えられた。それが彼の姓の起源であった。キンキナトゥスが、ウァチカヌスにあった現在クインティア草原と呼ばれている彼の持地を犂いていたとき、一人の使者が、彼の独裁官としての任命書をもってやって来た。彼は仕事のために衣服を脱いでいた。そして彼がぐずぐずしていたので使者は「わたしが元老院とローマ市民の任命書をお渡しすることができるように、衣服を着用して下さい」と言ったということである。その当時でも使者というものはまあそういうようなものであった。そして彼らの名前ウィアトルそのものが元老や指導者たちを駆り出して即刻出頭させる呼び出しとして彼らに与えられたのである。しかし今日ではそれらの農作業は足首に枷をつけた奴隷と、顔に焼印を刻された罪人によって行なわれているのだ。もっともわれわれの母として呼びかけられ、それを耕耘することは崇拝することだと言われている大地は決して愚鈍ではないのだから、われわれがそれらの人々から農場労働を取り上げたとしても、彼女の意志に反しているわけでもなく、その忿懣を買うわけでもない、と信じてもよかろう。（一八、19―21）

ブドウ圧搾機もまた彼らの進歩を示している。ある人たちはブドウを絞るのに横げた一本だけ使う。プリニウスは自分の意見として、できるだけ長い二本の横げたを用いるのがよいと言っている。以前は縄と皮紐、てこを使って横げたを引き下した。しかし過去百年以内にギリシア型の圧搾機が発明され、それによって中心となる横げたは星型をした巻き揚げ機で作動する螺旋によって引き下ろされるようになった。

干し草を上手に刈るのは困難であった。もしすぐ近くに小川がある場合は、農夫たちは刈る前日に牧草地に灌漑した。そうでなければ濃い霧がでるのを待った。主要な困難の一つは、鎌の切れ味をよく保つことであった。クレタの砥石は刃を鋭くするのに——「理髪屋がかみそりに、彫刻師が彫刻刀やかんなの刃にするように」——油が必要であった。そこで草刈り農夫は脚に油の入った角をしっかりと結えていなければならなかった。ある砥石もしくは「丸砥石」がのちにイタリアで発見された。それは水を使うことができて能率的であることがわかり、一般に使われるようになった。

古代の金属職人の技能は発明の分野でもう一つの実りあるものであった。とくに金の加工では多くの珍しい問題を提出した。古代エトルリアの宝石類、その実例は現存しているが、それは金の微小な粒が何らかの方法で金の紙に、時には金の針金で型どった複雑な型のなかにハンダづけされている。この微小な粒の一つ一つをあまりにも見事にハンダづけしているので、それらは直線あるいはカーブの線として配列されているように見える。正確なことは驚くほどであるが、見た目には易しく見える。女性は、その美しい微粒子を表面にちりばめた金の玉をあしらったヘアピンをつける。プリニウスは、その製作方法の手掛かりを与えていない。彼の金めっきの記述は要領を得ない。なぜなら彼は **Chrysocolla** という語を使っていて、それはホウ砂か緑青（銅の錆）を意味するからである。この問題は、ここで論ずるにはあまりにも技術的問題に入りすぎる。だが、いわゆる「緑のホウ砂」は他の理由で興味がある。これは、鮮やかな炭酸塩か銅の炭化水素の一種で、色が「ムギの葉の深緑」を再現している。ネロはローマで、自分が戦車競技に出演しようとしたとき、円形劇場の床全部にそれを撒かせた。そして「その時彼は、それと同じ鮮やかな色の上着を着用して馬を走らせるのを楽しんだ」。この緑のグランドと、マルコ・ポーロが一三世紀に書いたフビライ汗の「緑の丘」[三九]には奇妙な類似がある。丘の全体が緑色におおわれていたように、大地も木も緑の宮殿の屋根も一つの色で計画的に統一されていた。古代においてはどこでも、この輝く青緑色が特別に美しいものとされていたことは明らかである。

指輪について興味深い記述がある。伝説によればプロメテウスが初めて指輪を発明した。というのは、彼は、コーカサスの岩に縛りつけられていたときの鎖の一部分で、自分の指にはめる鉄の指輪を作ったから。プリニウスはこの話を作り話として退ける。同じように、ミダス王[四〇]が魔法の指輪を持っていて、その指輪をつけている人がそれを回すとその人の姿が消えてしまう、という話はそれ以上に架空のものだとしている。

ローマの兵士は戦闘での手柄のしるしとして鉄の指輪をつけて誇示した。タルクイニウス〈四一〉は、自分の息子がまだ一六歳の折戦場において敵をひとり殺したというので、はじめて黄金のメダルを与えたという。その後、金とリボンが騎士身分の象徴となり、その着用が他の人たちの息子と区別されるようになった。

古い習慣によると、家庭では鉄の指輪をつけることになっていた。これが、プリニウスの時代でも、婚約した婦人には鉄の指輪が、それもどんな宝石も入っていない指輪が贈られる理由であった。

元来指輪は一本の指にだけ、すなわちくすり指に嵌めるのが習慣であった。それはわれわれがヌマやセルウィウス・トゥリウスの像に見るところである。その後人々はそれを人指し指に嵌めた。神々の像の場合にもそうであった。そして次に人々は小指にも指輪を嵌めることを好んだ。ガリア諸属州やブリタニア諸島では中指を用いたということだ。今日では中指は指輪を嵌めない唯一の指であり、他のすべての指はこの荷物を背負っている。そして各々の指の節にはそれなりのより小さい指輪が嵌められている。指輪のありたけを小指にだけ嵌めている者もあり、また小指にも指輪をひとつだけ嵌めて自分の印章指輪を封印するために用いている者もある。その印章指輪はやたらに用いては無礼になる。珍貴なものとして仕舞い込んでおいて、まるで至聖所からみたいに、箱から取り出すのだ。そうやって、小指にたったひとつの指輪を嵌めていることすら、もっと高価な器具をもっていて仕舞い込んである、ということを吹聴することになるのであろう。さらにある人々は、彼らの指輪の目方を見せびらかす。あるものはひとつ以上を嵌めていることは難儀なことだと考える。そしてまたある人々は、その輪になった金の端片にもっと軽い物質をはめこんでおくことが、それを落した場合に、自分の宝石を紛失するおそれに対するより安全な用心になると考えている。さらにある人々は彼らの指輪の石に毒を入れておく。ギリシア最大の雄弁家デモステネスがしたように。そして彼らは自分の指輪を自分自身の命を絶つための手段として嵌めている。（三三、24—25）

錫はガリア、ヒスパニア、ブリタニアからもたらされる重要で、とても役に立つ金属である。古代のブリタニアではそれを「鳥の羽で覆った小さな弱々しい小船」で運びだす——セヴァーン川〈四二〉やイングランドの西南海岸沖では網代船が使われている。読者は、現代の錫めっきと同じような方法に接して驚く。こう書いてある。

「壺、鍋、その他の青銅（もしくは銅）の器物を、白鉛や錫釉を使って芸術的にめっきする方法（ガリアで発見された）があって、銀の器とほとんど見分けがつかない。そのような方法でめっきされた器物は通常『インコクティリア』と呼ばれる——それは、煮ていないとか、溶融した錫のなかに漬けて皮膜したという意味である」。

紙の上に溶解した錫を注ぐ実験についてさえも書かれている。その際、紙はその「高熱」によってではなく、その重さによって破れるという事実を指摘している。これは完全に正しい。事実は、紙が十分に強く金属を包んでいる限り、錫もしくは鉛は紙に溶けこむことができるからである。

注目すべきは銀製の鏡である。金属そのものの純粋な形で使用される。古代人は磨いた銀の鏡の不思議さに強い印象を受けている。われわれ現代人の目から見れば不鮮明なものであったが、当時にしてみれば人間や物体の姿をとてもはっきり写しだしていたから。反映は像の反射もしくは投げ返しであると考えられていた。像自身は投げかけられた表面の単なる明るさと明瞭さであるとされた。像の体現については巧妙な説明がなされている。凹面と凸面の鏡で遊びが行なわれた有様も述べられている。どこからでも反射するようにした多面的なコップがある。スミュルナ〈小アジアの一都市〉の神殿にある鏡は、明らかに対象物をゆがめて写し出し、奇妙な像を反射する。たぶん、遊園地にあるような娯楽用のものではなく、畏怖の気持を起させるためのものだったろう。もっと世俗的なものでは、杯の胴をふくらませたものがあったりしたが、それは仲間同士で、自分たちの像がカリカチュア化されるのを見て楽しんだのだろう。

陶器の皿としてあげられているものは、リュディア〈小アジアの〉の一都市トラレスからもたらされる。とても優秀な製品なのできわめて大量に輸入される。

エリュトラエの神殿に、今でも二個のブドウ酒瓶が飾ってあるが、その素材が良質であるので奉納されたのだ。これはある師匠の陶工とその弟子が、どちらがより薄い陶器をつくるかという腕比べをしたことに基くのである。（三五、161）

そしてフェネステラの話によると、陶器に一定の貫禄をつけるかのような、三組になっている皿の名前が、この上なく豪奢な饗宴のしるしであったという。一つはヤツメウナギ用の皿、第二はカワカマス用の皿、第三は魚の盛り合わせ用の皿といったふうだ。たしかに風習はすでに退廃に向っていた。もっともそれでもギリシアの哲学者たちのそれに比べてもまだ増しだとすることができる。アリストテレスの嗣子たちが行なった競売では、七〇枚の皿が売られたという記録があるくらいだから。われわれはすでに鳥を題材にしたとき、悲劇俳優のアエソポスが出した一皿の料理が、一〇万セステルティウスかかったことを述べた〈一〇巻141〉。そしてたしかに読者は忿懣の情をもったであろう。だが、まあなんと、ウィテリウスが皇帝であったとき、彼は一個一〇〇万セステルティウスの皿をつくらせたのだ。それをつくるために郊外に特別な炉がつくられた。奢侈もここまで来ると、焼物でさえ蛍石の器よりももっとかねがかかるのだ。ムキアヌスが二回目に執政官であったときに述べた異議申し立てで、沼のように広い皿をつくったといってウィテリウスの追憶を非難したのはこの皿のためであった。（三五、162―164）

第十一章　魔術と宗教

プリニウスは無神論者ではない。彼は当然のことながら悪の力も信じた。そしてアリストテレスに倣って、自然を、世界を支配する神の精神力として描いた。それだから、彼が企てた歴史においては、人知にもとづく最高の業績が表現され、評価されている。ストア主義者としての信念のために、プリニウスは、創世の状態やその結果については、ほとんど説明していない。また、ストア主義にもとづく強固な倫理観が見られ、そのため神を「原理」として語っている。そこから彼は、神を人間の弱さの告白であるとし、それだからこそ神の姿を描いたり表象を作ったりしているのだと考えている。彼は自分の信条を次のように要約する。「神が誰であろうと、そしてその神の所在がどこにあるにせよ、彼は完全に知覚・視覚・聴覚から、完全に生命から、完全に霊から、完全に自我からなっているのだ」。

だから、古代の大量の迷信は彼に何の興味も与えず、しばしば軽蔑の念を呼び起すだけだった。[1] かよわく気違いじみた人間は、常に自分が現在もっとも必要としている神だけを数多くの神から選びだして礼拝した。人は自分の科学的思想に適合したものだけ受け入れようとした。その他は退けられる。神々やその多くの家族についての浅薄な思想、人間の情熱によって扇動され、婚約し、子どもをつくり、永久に老人であったり青年であったり、肌が黒かったり（予期しないこの連想は、ヨーロッパにやってきたアフリカ人からのものであろう）、翼があったり、跛足であったり、卵から生れたり――「こんな信念は愚しいことであり、小児の空想の域を脱しない。真実は、人間にとって人間を助けることが神であり、これが永遠の栄光への道なのである」とプリニウスは言う。

ローマ人は本質的には思想に寛大である。見解の一致をみないものは表面的に処理し、ほんとうの論証術にふけることはまれで、極端な見解は平衡を失った熱狂としてできるかぎり避けた。プリニウスの記述の背後に避けがたく存在したのは、この世界を、根本的な原因を深く調査することもなく、過誤や失敗をも、信じられないような驚異などとともに受け入れるように教えられた哲学であった。彼の進んだ道は、生涯を通じて国家と学習に献身するという義務の単純な遂行であった。だがしかし彼が、神が人間の状態に注意を払っているということを知る事はいいことであり、便宜や利益のあることだと考え、「悪事にたいする処罰は時に遅れることはあっても（どちらかというと、神は世界の枠組づくりにたいへん忙しいのであるから）、決してうやむやになってしまうことはない」というとき、われわれはより高度の知性の一端を垣間見ることができるのである。〈これに反し〉聖パウロが「神」というとき、その「神」は決してあざけられたりはしていない。

間違った天文学的理論の多くは、古代世界の魔術に責任がある。メキシコ人のあいだでの大規模な人身御供は、単に太陽にエネルギーを供給し、その義務を十分に続けさせることを意図したものであった。あたかも機関車が石炭をくべるように、太陽には血をくべる必要があるとでもいうように。戦争の主要な目的は十分な生贄を獲得することにあった。

ギリシア・ローマ世界では、血への欲望はそれほど極端ではなかった。事実ギリシア人は比較的無害で、魔術を詩的形式として扱う人種として特徴づけられる。だから彼らの宗教は基本的には人間主義のうえに作られた。プリニウスは、ホメロスが魔術についてほとんど語っていないことに驚くと述べている。だが彼は、ホメロスがウリッセーズとその冒険旅行を語るとき、この作品のほとんど――プロテウスの挿話、人魚の歌、有名な魔女たちの話など――が魔術で占められていると思われていると言う。「かのキルケ〈二〉の挿話についてだけみても、彼女の手柄がただ魔術によったり、幽鬼の呼びだしによるものであり、それらは魔法の技以外のなにものでもないのだ」。

人身御供に関係した食人風習は魔術最大の悪弊である。これについてプリニウスは典拠をあげて述べている。ローマ建国後の六五七年、そのような生贄は法律によって禁止された。ガリアにおいてもティベリウス帝によって禁止された。彼は「ドルイド教とともにすべてのドルイド祭司、予言者、祈禱師を抑圧した」[二]と述べている。ブリタニアについても記述があり（フィルモン・ホランドが注釈をつけている）、ローマ文化が有益な結果をもたらしたと指摘している。

現在でもブリタニア人どもはおそれつつしんで魔術を行なっているが、その儀式の規模たるや、ブリタニア人がペルシア人にそれを教えたのかと思われるくらい盛大なものだ。魔術の儀式は全世界を通じてこのように普遍的に行なわれている。もっともそれら国民の行なう儀式は区々であり、またお互いに知り合ってもいないのだが。人間を殺すことが最高の宗教的義務であり、さらにそれを食べることが健康によいとされたような奇怪な儀式を一掃したローマ人に負うている恩義が、いかに大きいものか、測り知りうるものでない。（三〇、13）

これが食人風習が始まった動機である。打ち負かされた敵、あるいは不運な犠牲である他人の強さや活力は、制度化された行動によって吸収されるという信念である。

しかし食人風習が撲滅されても、血をするという忌まわしい習慣は残った。ペトウカー嬢の有名な朗読は少なくとも歴史的証拠にもとづいているし、オーディン[三]の楽園では野蛮な武人たちが敵の血をその頭蓋に入れて飲みほしている。プリニウスは同じような習慣が流行している例をあげている。ミトリダテス[四]は信頼できる解毒剤として、ポントスのアヒルの血を飲むことを推奨している。アイギナ[五]では女司祭が未来を予言するために洞窟のなかに降りるとき、雄ウシの血を一飲みするのが常であった[2]。別の話としては、護民官であったドルスス[六]は、自分の敵Q・カイピオ[七]が毒を盛ったといって責めようと企み、ヤギの血を飲んで顔色を蒼白にしたという。なかでも、最悪かつもっとも嫌悪感を覚える例は、競技場で死んだ剣闘士の血を飲むことである[八]。

魔術は東方からきた。ネロはかつて経験豊かでしかも国王である教師のもとで道楽半分に魔術に手を出したことがある。だがはっきりした収穫はなかった。その経験から彼はローマで信奉されている宗教に戻った。このことから、そのような信念が消滅するや否や魔術の力は完全に撲滅されたことは争う余地がない。

オスタネスが言ったように、魔術にはいくつかの型がある。彼は水、球、空気、星、灯火、鉢、斧などから、そしてその他たくさんの方法で将来を占うことができ、その他、霊や下界にいる人々と語り合うことができると公言する。われわれの世代になって、ネロ帝が、これらはすべて欺瞞でありいかさまであることを発見した。事実彼の七弦琴や悲劇詩に対する情熱といえども、魔術に対する情熱ほど大きくはなかったのだ。人間の幸運の絶頂に登ったことが、彼の邪悪な心の底に欲望を掻き立てた。彼の最大の欲求は神々に命令を下すことであった。彼はこれ以上高貴な野望を懐くことはできなかった。どんな他の術でも、これくらい熱狂的な後援者をもったものはなかった。彼の欲望を満足させるための手段はすべて彼の手中にあった――富、権力、学問の能力――そして世界が許さないものでほかに何があったろう。魔術がいかさまであるということについては、ネロがそれを捨てたということより以上の、あらがいを許さぬ証拠はない。だがいろいろな疑惑についての調査を、とりもち男どもや淫売婦どもなどに委せるようなことをしないで、地獄の神々であろうと、その他どんな神々であろうと構わないが、その知恵を借りるべきであったろうに。たしかに、どんな外国の野蛮な儀式でも、ネロの心のうちに比べては穏やかでなかった儀式はなかったろう。誰よりも残忍な振舞いによって、ネロはわがローマを幽霊で満たしたのだ。

マギ僧どもはある逃げ道をもっている。たとえば、神々は、そばかすのある人々の言うことはきかないし、そういう人々には見えない、というごときである。これはけだしネロに対する異議であったろうか。しかしネロのからだには欠点がなかった。彼は自由に一定の日を選ぶことができ、たやすく完全に黒いヒツジを入手することもできたのだし、人間の生贄にいたっては、彼が無上の悦びをそれに感じたものなのだ。マギ僧を尊敬していたティリダテスは、彼のためのアルメニアの凱旋式に出席するためにネロのところへやって来た。これによってその諸属州が重い荷を負わされることになったのだが。彼は航海を嫌った。というのはマギ僧たちは海に唾を吐いたり、人間の他の欠くことのできない機能によって海を恥ずかしめるのは罪だと考えているのだから。彼はマギ僧どもをともなって来て、その饗宴にネロを入会させた。しかし彼に王国をひとつ与えたこの男ネロは、彼から魔術を習得することができなかった。そんなわけだからこれによって魔術は厭わしい、空虚な、無駄なものだと確信しよう。そしてそれは真理の影と呼んでもよいものを持っているとはいえ、その力はマギ僧たちの術でなく、毒殺者のそれに由来するものだ。わたしが若いころ文法学者のアピオンに会った際のことを話すと、昔のマギ僧たちの欺瞞がどんなものであったのかと問う人があっても無理はないであろう。彼はわたしにこんなことを教えたのだ。エジプトでオシリティスといっているキノケパリア〈キンギョソウか〉という草は予言の道具であり、またあらゆる種類の魔術から護ってくれるものであるが、その草をまるまる根こぎにするものがあれば、掘り取ったものはたちどころに死ぬ、またホメロスから彼の出生地および両親の名を聞くために、その魂を下界から呼び出したが、彼はもう答えたと言って答を繰り返そうとはしなかった、と。(三〇、14―18)

ふつう、迷信的な祈禱はローマ人の生活にとって大きな場所を占めており、また現代の観念からみればとても奇妙に思える発想が流行していた。一つの面白い例として、戦争が始まると神官たちはその包囲された都市の守護神たちに、今までよりもずっと熱心に崇拝することを約束して、その神たちを獲得しようとするのであった。だから「ローマの守護神が秘密にされてきた理由は、敵が同じようなやり方をするのを防止するにあったことは間違いない」。

都市の建設にあたっては、格別厳粛な迷信的行事が行なわれた――神の指図を受けずに向こうみずに着手することはもっとも遺憾な不祥事であった。ある種の墓はしばしば都市の守護神または摩除けとみなされた――たぶん人身御供の時代からの名残だろう。ローマ人たちがタルペイアの丘の上にユピテルの神殿を建てようとして基礎を掘っていたとき人間の頭が発見された。元老院はこの異常な前兆の意味を知りたくてエトルリアの賢者のもとへその意味を問い合わせた。老練な賢者は、この小事件が彼ら自身の有利になるように、抜け目なくトリックを用いた。

その解釈のために、エトルリアにおけるもっとも著名な卜者カレスのオレヌスのところへ、使者団が送られた。このしるしが栄光と成功の前兆であることを見てとって、オレヌスは質問によってその恩恵を自分自身の国民の方へ振り向けようと試みた。彼はまず、眼の前の地面の上に杖で神殿の輪廓を描いた。それが済むとこう尋ねた。「じゃ、ローマの諸君、君たちはこう言うのかね、『ここに全知全能の神ユピテルの神殿を建てよう、ここでわれわれは人頭を発見したのだ』と。」年代記は断乎として主張している。もしローマの使節団がその卜者の息子にあらかじめ警告されていて「いや絶対ここではありません。人頭がみつかったのはローマです」と答えなかったとしたら、ローマの運命はエトルリアに移っていたことであろうと。（二八、15）

この大地に杖で線をひくという手段は、一人のローマの元老院議員が、エジプトの領地から侵入した王に警告するために派遣されたときにも用いられた。国王がいい返事をするのをためらっていたとき、このローマ人は自分の周りに輪を描き、そっけない言葉で、イエスかノーか返事をするまでここを動かないと言った。脅しは効果を発揮した。

一般的な呪文はその効果がきわめて多様である。かまどの壺や鍋はすべて、ある種の言葉を発することによって壊されてしまう。古来の形式として、火事の予防には壁に「火除け」と書く。ホメロスによれば、オデュッセウスは傷の出血を止めるために呪文を唱えた。マルクス・ウァロは痛風を治すのに利き目のある言葉を伝えている。カエサルはあるとき馬車に事故が起ってからは、腰をかけるとすぐに、安全を保証するきまり文句を唱えるのが常であった。

プリニウスは、多くのそのような奇妙な習慣に絶望しながら問う。どうして人々はお互いに新年を祝うのか。どうして浄め式ではめでたい名前を持つ人を選んで生贄を曳いてもらうのか（ディズレーリ〔九〕は同じ理屈から不幸な人を避けることにしていた）。また「死については、善きことにあらざれば何も言うなかれ」という処世訓は、善良な風習の例でもなかったし、誰にでも訪れる別れに際しての挨拶でもなかった。それはむしろ、死者の魂からの報復行為を恐れる、一番安全な方策だとみなされていた。

故人のことを口にするとき、何故われわれは彼らの安息を乱さないなどと言明するのか。熱病にかかった場合、奇数日が危いといって注意することでもわかるように、すべての事柄において奇数の方が強いとわれわれが信ずるのはどういうわけか。初なりの果物を収穫する際われわれは、これは古い、と言って新しいのがそれに代るように祈願するが、これはどういうわけなのか。くしゃみをする人に向って、お元気で、というのは何故か。報告によると、おそらくこの上なく陰鬱な人物であったティベリウス・カエサルすら、この習慣を馬車の中ででも強要したという。そしてもっともきちょうめんな人々は、この挨拶に、そのくしゃみをした人の名前をつけ加えなければいけないという。(二八、22―24)

耳鳴りがするときには他人が噂をしているというのは、ローマの迷信の一つであった。「ガチョウにたいしてブーと言う」〈一〇〉ようなことは書いていない。しかしヘビに向って「二匹」と言うと大人しくなって、その毒牙で噛みつくことはないとある。

これらの習慣は昔の人々によってつくられたものだが、彼らは神々はあらゆる場合、あらゆるときに現存しているものと信じ、したがってそういう習慣をわれわれに残して、われわれが過誤を犯しても神神と和解できるようにしてくれたのだ。そのうえ突然の沈黙が宴会を襲うのは出席している人の数が偶数であるときにのみ起ることで、それは出席者の各々の人の名声が危険にさらされている兆であると述べられた。(二八、27)

特定の日に爪を切ることはとくに警戒された。髪は月の一七か二九の日に刈らねばならなかった。農家の婦人が糸紡ぎを回しながら道を歩くと、小麦の収穫に悪影響を与える恐れがある。雹、火災、火傷その他もろもろの事柄にたいする呪文があまりにも多くあるので、プリニウスは当惑しそれらを列挙するのをためらっている。おそらくもっとも興味ある一節はローマの儀式への言及だろう。厳密な儀式が要求されると強調している。

実際生贄を捧げる場合でも、それに祈禱を伴わなければ効果がないと考えられている。また、それなしに神々に伺いを立てるのは正しくないと考えられている。そのうえ、吉兆を獲得することばの形式があり、凶兆を外らす形式があり、そしてまた賞賛する形式がある。またわが国の主だった大官たちが、自分たちの祈禱の一定のひな型を採用したこと、ことばが抜けたり外れたりすることがないように、一人の読み手が前以て書き物から祈禱を口授すること、いまひとりの従者が警護に当るよう命ぜられ、さらにいまひとりが厳重に静粛を保つ任務が与えられること、吹笛者が祈禱のほかは何も聞えないように吹奏するのが見られる。干犯の二つの種類の著しい例が記録にのっている。ひとつは実際の凶兆が祈禱をだめにしてしまった例で、いまひとつは祈禱そのものの中で誤りがなされた場合である。そのときに生贄が立っている間に、突然内臓から肝臓か心臓の上部が消え失せたり、それらが二つになったりしたのだ。儀式の珍しい例として、デキウス父子が儀式を行なって自分たち自身を生贄にしたということが伝えられており、また建都六〇九年〈前一四五年〉に、神女トゥッキアが不貞のかどで訴えられたとき、彼女が述べた無実の抗弁が今に存しているが、彼女は水をふるいに入れて運んだのである。事実われわれ自身の時代にもギリシア人の男と女、そして当時わが国が戦っていた他国民から選んだ何人かの生贄がウシ市場に生き埋めにされるのを見さえした。こういう儀式で用いられる祈禱は、十五人委員会の長によって口授されることが例になっている。そしてそれを読んでみれば、いろいろな儀式的なきまり文句には力があることを認めずにはいられない。八三〇年間の事実によって、それらすべてについてこのことが証明されている。わが国の神女たちは今日でも、逃亡奴隷がまだ市境を離れていなければ、彼らを呪文によって立ち止まらせると信じている。そしてさらに神々は、一定の祈禱には耳をかされるか、何らかの形式のことばによって動かされるのだという見解を認めるならば、問題にはすべて肯定的な答を与えなければならない。事実われわれの先祖たちは、そうした不思議について繰り返し報告し、わたしが適当な場所で述べたように、もっとも不可能なこと、呪文によって天空の電光をもち来すことができるのだということを報告した。

ルキウス・ピソは、彼の年代記の第一巻においてこういうことを告げている。トゥルス・ホスティリウス王は、ヌマの書の中に彼が発見したヌマと同じ生贄の儀式を行なって、ユピテルを天空から招き下そうと試みた。そして彼がその儀式においてある誤りを犯したため、雷電に打たれたと。実際多くの人人が、ことばによって運命や重大事件の前兆を変えることができると保証している。(二八、10—14)

凶兆(3)に関していえば、自分には関心がないし、結果も恐れないと確信的に宣言する人々には、そのような前兆(とくに飛んだり歌ったり餌を食べたりしている鳥に関係する)も関与できないというのが卜占官の専門上、学識上の原則であるという趣旨が、注目すべき点として述べられている。プリニウスは、これは「神が自分たちの秘密をわれわれの権力のもとに従属させるという、神の恩恵の証拠であり好意のあらわれである」と言う。言いかえれば、前兆や徴候の効果は、現実にいかに多くの人々が関係したかにかかっていると言明する——それは人間の運命に関しての、たいへん心安まる原則である、とプリニウスはつけ加える。

ローマ宗教の他の面は、野外の生活、つまり季節と収穫の循環との関連に見ることができる。大きな祭は年間行事として行なわれた。田園の霊魂は家族神になったし、ユピテルはギリシア宗教の神と合一して大気の神になった。宣誓は屋根の下でなされることはなかった。まして神殿の屋根の下では。宗教は、ローマ人の心の奥深くで、自然の諸現象に密接に関連する霊界から吹き込まれた恐れの感情として受けとられた。「木々は最初の神の宮居であった。」ブナはユピテルに、ゲッケイジュはアポロンに、オリーヴはミネルウァに、ギンバイカはウェヌスに、ポプラはヘラクレスに捧げられた。ファウヌスとニンフは森の保護者であった。偶像崇拝 **paganism** は、自然崇拝という古い形を培養してきた小百姓たち **pagani** の単純な宗教であった。信仰の単純な形態はこのようにして人々の慣習となり、父なる天空の神、母なる大地の神、農業の神、家の守護神ラレス——それらはすぐさまロマンチックにかつ親密さをもって神々の体系のなかに組み込まれた――の普遍的な恩恵によって家族の結合を可能にした。

このいくらか複雑なテーマのいくつかの面を取り上げてみると、大地から生ずる事物には精巧な象徴性が与えられていることに気づく。たとえば、ゲッケイジュは木のなかでももっとも気品が高く神聖なものとされていたが、多くの珍しいものと関連づけられ、宗教・医術・軍隊・文化はこの木に関係あるものとされた。

ゲッケイジュそのものは平和の使徒である。敵対する両軍の間にあってもその枝を差し出すことは敵対の休止のしるしであるから。とくにローマ人にあっては急使に伴って歓喜と勝利の先ぶれとして、兵士たちの槍や投槍の飾りとして、将軍たちの役杖として用いられた。新しい勝利が歓喜をもたらしたときは常に、この木から切り取った一枝が至善至大の神ユピテルの膝におかれる。それはゲッケイジュが常緑であるからでも、また平和の象徴であるからでもなく（この二つの点ではオリーヴの方がより好まれるのだから）、それがパルナッスス山でもっとも見事に繁茂しており、それでこれがもっともアポロン神に愛されているものと考えられているからだ。この神の神殿はブルトゥスの場合によって証明されるように、昔の王たちすら捧げ物をして、その代りに託宣を求めるのが習わしであった。またいまひとつの理由はたぶん一つのしるしを得るためであった。というのは、ブルトゥスは託宣のことばの指示にしたがって、ゲッケイジュを生じたあの有名な地面に接吻することによって、人民のために自由を勝ちとったからである。そしていまひとつ考えられる理由は人間によって植えられ、われわれの家に受け入れられるすべての木々のうち、ゲッケイジュのみが雷撃を受けないことだ。わたしが個人として信じたいと思うところでは、凱旋式において名誉ある地位がこの木に与えられるのは以上のような理由によるものであって、マスリウスが記しているように、それを焚いて敵の血を清める目的であったわけではない。そしてゲッケイジュとオリーヴを俗事に用いてそれを穢すことは厳に禁ぜられているので、神々を宥めるために祭壇や神殿で火をともすためにすらこれらの木を用いてはならないのだ。実際ゲッケイジュは火をつけるとパチパチ音をたて、その材の腸や腱がひび割れゆがむことによって、おごそかに抗議し異議を表明する。ティベリウス帝は雷雨が起ると、雷光の危険から身を守るために、頭にこの木でつくった花輪をのせたといわれている。

またゲッケイジュに関することで、故アウグストゥス陛下について思い起す価値のある出来事があった。後に結婚してアウグスタという名を受けたリウィア・ドルシラがカエサルと婚約してからのことだが、彼女が座っていたとき、空から一羽のワシがその膝の上に舞いおりた。それは珍しく白い雌鳥で彼女の膝を痛めることもなかった。彼女はびっくりして見つめたが、恐れはしなかった。そしていまひとつの奇跡がおきた。その鳥は嘴に実のついたゲッケイジュの枝をくわえていた。そこで卜者たちは、その鳥とそれが生む雛は保護しなければならない、その枝は地面に植えて、宗教的な配慮をもって世話しなければならないと命じた。これは市から約九マイルほどのところ、フラミニア街道に沿ったティベルス河畔に立っていたカエサルの別荘での出来事であった。それでその家は「飼い鳥」と呼ばれており、そのように始まったゲッケイジュの森は驚くほど繁茂した。その後皇帝は凱旋行進を行なった際は、その原木からとった枝を持ち、その葉でつくった花輪を頭にいただいた。そしてその後支配したカサエルたちも同じことを行なった。そして彼らが携えた枝を植える習慣が定着した。そして彼らの名前によって区別されるゲッケイジュの森が今も残っている。そして凱旋式でゲッケイジュを身につけるという改変が行なわれたのはたぶんこのことの結果であった。

ゲッケイジュ〈ラウルス〉はその名がラテン語で人名に用いられる唯一の木であり、葉に特別な名があてがわれている唯一の木である――われわれはそれをラウレアと呼ぶ。この木の名はまたローマの地名に生きている。アウェンティヌスの丘に、ラウレトゥムと呼ばれるところがあるが、そこにはかつてゲッケイジュの森があったのだ。そのうえゲッケイジュは清めの儀式に用いられる。そして付帯的に言っておかねばならぬことだが、この木は接穂からでも育てることができる。このことはデモクリトスやテオフラストスによって疑問とされていたのだが。（一五、133―138）

ある種の木は「大昔からあり、永遠に生きる」という伝説がある。そのような不死の木はごくわずかの有名なオリーヴ樹とギンバイカの木である。それらは地下の洞窟か穴に住む竜の助けを借りながらスキピオ・アフリカヌスの霊が守っている。ときどき凱旋将軍はギンバイカの花輪を冠る。また一つの特別な変種は結婚生活と関連づけてコンユグラ〈結合〉と呼ばれる。ギンバイカは用途の広い植物もしくは木である。それで庭の木陰を作り、その果実から酒を作る。その油は医薬として価値あるものだと伝えられている。だがその最大の利用価値は、杖そのものとしての使用である。「長旅をする旅人がギンバイカの枝もしくは杖を携えていくと、疲れたり飽き飽きしたりしない」。それが本当ならとても結構な話だ。

ゲッケイジュが南ヨーロッパで崇拝の対象の装飾に使われたように、北方ではヤドリギが神秘主義の植物となり、神性を帯びたものとして崇拝された。その場所はブリタニアではなくガリアで、ドルイドの儀式について言及されている。ユリウス・カエサルはマッシリアの住民を懲罰するのに、自分の権力の誇示にもっともふさわしい方法として、ドルイドのカシの森を伐採するよう兵士に命じた。彼らはこの木を恐れていたので、斧がそれて、兵士たちに傷を負わせることを期待した。

ドルイド――これは彼らが彼らの魔術師を呼ぶ名である――はヤドリギとそれが宿っている木よりも神聖なものはないと考えている。ただそれはカシに限るのだが。カシの森はそれ自体として選ばれる。そして魔術師はそういう森を用いずに儀式を行なうことはない。それで彼らが「カシ」を意味するギリシア語からきたドルイドという名前を得るのは、この習慣からであると想像されるであろう。さらに、カシの木に宿っているものはすべて天から送られたものであり、その特定の木は神自身によって選ばれたしるしであると、彼らは考えている。しかしヤドリギがカタガシに生えているのはめったに見られない。そしてそれが見つかると、それは盛大な儀式をもって採取される。そしてとくに月の第六日（それはこれら諸種族にとって月および年の始めをなすのである）に、そして新世代が三〇年経つごとにである。というのはその時でもそれは強さが増しつつあり、生長しきった大きさの半分もないからである。

「あらゆるものを治癒する」という意味の土地の言葉で月を歓呼しながら、彼らはある木の下での生贄の式と饗宴の準備をし、二頭の牡牛を連れて来る。その角はこのめでたい折に初めてくくられる。白い法衣を着飾った一人の僧侶がその木に攀じ登り、金色の鎌でそのヤドリギを切り落とす。するとそれは白い外套の中に受け止められる。それから最後に、それを賜わった人々は情深い賜物を授けられるよう神に祈りながら生贄を殺す。彼らは飲み物に入れて与えられたヤドリギはどんな不妊の動物にも生殖力を与え、そしてそれはすべての毒に対する解毒剤だと信じている。しばしば多くの民族の間に威を振っている、つまらぬものについての迷信はかくも力強いものである。(一六、249—251)

このような信念は、樹木は魂あるいは霊を持っており、感情と知性を備えているというギリシアの哲学者たちの見解によく一致する。このような考え方から、モミは喪を表す木になった。その枝は死者のある家のドアに掲げられ、教会の庭の木となり、遺体を埋めた場所に植えられた。

トネリコはもっとも魔術的な木である。それは呪術と結びつけられている。だがそれが魔女が乗り回すほうきであるかどうかはわからない。「ジネズミのトネリコ」〈二〉の起源はこの迷信にあるのだろう。生きたまま木の幹に入れたジネズミはリウマチの治療によく効くといわれる。プリニウスはその葉はウマやラバには有毒だが反芻動物には無害であると言っている。トネリコの葉の輪のなかにヘビと火を置くと、ヘビはトネリコの葉ではなくて火のなかに逃げこむという。これらの話には何かわからないが、隠された意味があるのだろう。

木は予言の勢力範囲を鳥と争っている。古い年代記のなかに書かれているのは、風も嵐もないのに、単に警告のために木が倒れたという記録である。ヌケニア(南部カンパニアの町)にあったユノーの森の一本の古いニレの木が、キンブリア戦争中〈前一一三—一〇一年〉に倒れた。ユノーの祭壇のすぐ近くまで倒れたのだが、自力で回復しすぐ花を咲かせた。その時からローマの軍隊に幸運がよみがえった。あるとき、スズカケの木が倒れその幹が大工によって四角に削られたが、それにもかかわらず蘇生して以前の姿をとりもどし、緑におおわれた。

もし木の性質がいいほうから悪いほうに変わったら——たとえば栽培しているオリーヴが野生の形に退化すると

か、白ブドウや白いイチジクの実が黒くなったら――それは凶兆だとされた。いくつかの他の例がある。

全く際限のない題目に深入りすることは避けるとして、アリスタンドロスの書物にはギリシアにおけるこういう性質の凶兆がたくさん載っているし、わが国においてもガイウス・エピディウスの手記にはたくさん書いてあり、その中には木が話をしたことなども含まれている。大ポンペイウスの内戦の少し前にひとつの警告的な凶兆が起った。それはクマエの領地にあった一本の木が、突き出ている二、三の枝を残して地中に埋没してしまった。そしてシビュラ書にはこれは人類殺戮の凶兆で、その凶兆が起った市に近いところほど殺戮はひどいだろうと記してあった。

いまひとつの種類の凶兆は、木が間違った場所、たとえば像の頭の上とか祭壇の上などに生えているとき、そして違った種類の木が木そのものの上に生えている場合などだ。キュジコスではミトリダテスの包囲〈前七五年〉の前に、ゲッケイジュのうえにイチジクの木が生えた。そして同じようにトラレスではカエサルの内戦の頃、この独裁官の像の台座のうえにヤシが生え出た。そのうえローマではペルセウスとの戦争中〈前一七一―一六八年〉、カピトル神殿にあるユピテルの祭壇のうえにヤシの木が生え出たが、これは勝利と凱旋行進の兆であった。そしてその後この木は嵐によって打ち落されたが、その同じ場所にイチジクの木が生えた。これはマルクス・メッサラとガイウス・カッシウスが監察官だったとき〈前一五四年〉の出来事であって、ピソのように重要な権威者によれば、廉恥心の放棄がこの時に始まった時期であった。かつて聞き及んだことのあるすべてのものの影を薄くしてしまうような一凶兆がわれわれ自身の時代、ネロ帝の没落に当ってマルキニ族の領地で起った。すなわち騎士身分の第一人者で名をウェティウス・マルケルスという人の持ち物であったオリーヴ林が、自分で街道を横切った。そして反対側に生育していた作物が反対側に移ってオリーヴのあった場所を占めたのだ。（一七、243―245）

イチジクはローマの歴史では卓越した役割を果たした。ローマでは次の四つの木が有名である。聖なるイチジクの木がフォルムにあるが、これはかつて枯れたとき、神官たちによって蘇った。もっと有名なのはルミナリスと呼ばれている木で、その木の下でロムルスとレムスがオオカミの乳を飲んだといわれている。三つめのものはサトゥルヌスの神殿の前に生えているもので、これはウェスタの神女たちが守っている。四番目のものはフォルムに神秘的に現われたもので、大きな地震によってできた大地の割れ目に生じたことがはっきりしている。これらは長く語り継がれ、「隠れたものの楽しみ」を好む民衆によって潤色されてきたのである。(4)

宗教的儀式では穀物に最高の栄誉を払っている。神聖な食物と繊維によって人は生存している。ロムルスは「耕地の聖職者もしくは管理者」の仲間を任命した。彼自身はそれらの十二番めの兄弟であった。(二)そして白いリボンで穀物の穂を束ねて作った花輪をつけた。これは新しい聖職の神聖な象徴であった。ヌマ王は、炒ったりあぶったりした穀物を神に捧げた。そこでは誰でも「神官が最初の果実を捧げるまでは新穀やブドウ酒を味わうことをしなかった」。ここに十分の一税の例を見ることができる。

このようにしてローマの宗教は、成功と豊かさを保障しようとする組織的方法と結びついた。それは科学の範囲を越えた、〈神を〉なだめる力によるものであり、また事物を統制しているある種の悪の要因による危険性をそらすことによって可能なのであった。自分たちが理解できないことを恐れるのは一般的なことであった。そして、農業に依存する生活感情が、それにふさわしい儀式を要求した。自然界のすべての異常なあるいは予期しない事件は、すぐさま人間社会での何らかの異常の前触れであると受けとられた。

プリニウスの宗教にたいする態度はもっと哲学的であると思われるが、人生での最高の支配的要素に「宿命」・「運命」・「自然」の三つをあげている。絶対的な宿命論の教義を受け入れるにはあまりにも独立心が強く、自信を持っていたので、人生の結末は盲目的な機会やまったくの偶然によって決まると信じていた。ローマの一般大衆の「運命の女神」崇拝は、彼にとっては迷信と同列であり、人格の基礎を掘り崩すものでしかなかった。鳥占いは、個人としての主導権や責任を持てない優柔不断な人間の代理でしかない。エピキュロス派の「自然」に関する教義によれば、あらゆるものを決定する無情な力が存在するが、それは神ではない、という宇宙の大原則があるという。事実、神としてのユピテルに限界があることは明確である[5]。彼は生に縛られており、死ぬことができない。だから、「自然」によって、眠ったり死んだりすることができるという絶大な恩恵を与えられた人間よりも不幸である、とされる。プリニウスの考えは、まことに単純だが、まことに理にかなったものである。彼は、ユピテルも数学の原則によって支配されており、一〇の二倍は二〇であるという宇宙の大原則を破棄できないことを証拠にあげて、自己満足している。ユピテルに言及しながらプリニウスはいう、「神は万能ではないし、何でもできるということはない」と。その一方「自然」は最高の支配力を持ち、常に存在し、活動力を発揮する。そしてローマのもっとも大衆的な「運命の女神」は、盲目的な偶然を象徴するような欺瞞的で無力な神であり、「自然」の優れた力を犯したり無効にしたりする資格は決して持ち合せてはいないと主張する。

第十二章　金と銀

ローマにおける莫大な富の集積は、地中海の支配権をめぐる闘争でカルタゴに勝利した直後から急速に始まった。これは、東方への道ならしとなり、数えきれない富のオリエントからローマへの流入をもたらした。それは金、銀、絵画、彫刻、コリント青銅その他のあらゆる芸術作品に及んだ。プリニウスはこれらのすべてについて適切で包括的な見解を示している。ローマの集会所、公園、個人住宅には彫像が満ちあふれるようになった。美の女神ミューズのとりでである神殿は最初の美術館になり、ギリシア芸術家の最高の作品が展示された。市民が、さらに奴隷さえもが急速に富を蓄積し、自分たちが億万長者になったことの興奮から、奢侈にふけることを誇示することによって悪評を買った、そのような時代であった。富に関する彼の記述は空想的に見えるが、その事実と総額はおそらく間違いのないことだろう。大衆を楽しませるために建てられたスカウルス(一)の劇場の例をとってみよう。その舞台は三層で、まん中の階はガラスでできていたが、これは「前代未聞、後世にも例のない浪費」であった。最上階はすべて金を被せていた。舞台は三六〇の大理石の円柱で支えられており、高さは三八フィート、円柱の間には三千の青銅の像が置かれた。劇場は八万人が「座って楽にみれる」ように造られた。それに加えて金糸で作った布やこのうえなく美しい絵画が見られた。また俳優の衣裳や小道具などはあり余るほどだったので、「余分のもの」はトゥスクルムにあるスカウルスの別荘に運ばれた。彼の召使や奴隷が同じようなものばかり沢山あるのに憤慨して別荘を燃やしてしまった。その損害額は一億セステルティウスにのぼった。

ローマ人にとっては現実の富の価値は金属とくに金で評価された。だから金についての話題は『博物誌』のなかで相当の部分を占めている。それは指輪についてや、勇敢な人にたいして与えられる金のメダルや記章、財産の蓄積、すべてが黄金で被われたネロの宮殿[1]の贅沢な装飾などにも及んでいる。ローマ政権のもとでの巨大な財政的成功が国庫を充満させたことも事実である。マケドニアのペルセウス王の敗北ののち三千ポンドの重さの金が戦利品としてローマにもたらされた。それ以来国民は税金を払わなくていいことになった。

金属それ自身については、金は塩や酢に触れても「錆びたり腐食したりしない」ことが指摘されている。また柔軟なので羊毛や絹のように糸に紡いで織ることができる。タルクイニウス王[一]は金で作ったローブを着て凱旋式を行なったという。プリニウス自身、模擬海戦が開催されたとき、皇后アグリッピナが金だけで織ったマントを着てクラウディウス帝の側に座っているのを見たと報告している。あるアシアの国王は、金を他の素材と混紡した布で作ったローブを日常的に使っていた。

そのような金はどのように供給されたのかと疑問に思うだろう。プリニウスは三つの供給源をあげている。主要なものは砂金で、それはタグス川〈ヒスパニアの〉、パドゥス川〈イタリアのポー川〉、トラキアのヘブルス川、アシアのパクトルス川、インドのガンジス川などのものである[2]。これは水流で磨かれ洗われているので、金のなかでももっとも優れている。地下の鉱石も採掘される。岩が露出している山腹が探査される。坑道はしばしば陥没し坑夫を埋める。穴の外に金を引き上げようとするアリ[三]のことも、スキタイで金を採集しているグリフィンのことも忘れ去られている[3]。

次は金・銀の富の最大の所有者の話である。そのうちのある名前はよく知られている。

ミダスやクロイソスはすでに無限の富をもっていたし、キュロスはアシアを征服した際、すでに玉座・スズカケの木・ブドウ蔓などを含む金製の器や品物のほかに、二万四、〇〇〇ポンドの目方の金からなる戦利品を発見したのだ。そしてこの勝利により彼は五〇万タレントの銀と、その目方が一五タレントもあるセミラミスのブドウ酒鉢を持ち去った。マルクス・ウァロによればエジプトタレントは金八〇ポンドに当るという。アイエテスの後裔サウラケスはすでにコルキスで王であったが、彼はスアニ族の国やその他に広大な処女地を発見し、そこから大量の金銀を発見したという。そのうえ、彼の領土は金の羊毛で有名だ。また彼の黄金の丸天井や、エジプトのセソストリス王の銀の梁、円柱、張出柱などが語り伝えられている。この王はサウスケスに征服されたのだが、きわめて高慢な君主であって、毎年自分の臣下から籤によって選んだ王たち個々に馬具をつけて彼の戦車を曳かせ、そうやって凱旋行進を行なうのを習わしとしたということである。(三三、51―52)

東方の国王の法外な富と比較するつもりで、ローマの億万長者の資産を一瞥してみよう。

昔は一〇万以上を現わす数がなかった。したがって今日でもわれわれはこの数の倍数によって計算し、倍ということばを用いて「一〇万の一〇倍」とか、もっと大きい倍数などという表現を用いる。そのよって来たるところは、高利貸業と鋳造貨幣の導入による。そしてまた同じ方式で、われわれは今日でも借りた金のことを「誰それの銅貨」などと言う。その後「ディウェス」〈金持ち〉ということばが耳馴れた綽名になった。もっともこの名をもらった最初の人物は、貸し主の金を蕩尽して破産してしまったことを述べなければならないのだが。後に富裕家族の一員であったマルクス・クラッススは、よく自分の年収で一個軍団を養える者でなくては金持ちでないと言ったものである。彼はスラ以後もっとも裕福なローマ市民で、二億セステルティウスの値打ちのある土地をもっていた。また彼はパルティア人の金を全部わがものにしなければ満足しなかった。(三三、133―134)

その後それよりもっと裕福な多数の解放奴隷があったこと、そしてわれわれ自身の時代をさかのぼること遠くないクラウディウス帝の治世にも同時に三人、すなわちカリストゥス、パラス、ナルキッススがいたことを知った。そしてこれらの連中については、彼らが今でも絶大な権力を振ってでもいるかのように省略するとして、〈四〉ここにガイウス・カイキリウス・イシドルスがいる。これはガイウス・カイキリウスの解放奴隷だが、このカイキリウスはガイウス・アシニウス・ガルスとガイウス・マルキウス・ケンソリヌスが執政官であったとき、一月二七日付の遺書を作成した。その中で彼は、内乱で大損害を被ったにもかかわらず、自分は四、一一六人の奴隷、三、六〇〇偶のウシ、二五万七、〇〇〇頭の他の家畜、そして現金六千万セステルティウスを残すと断言し、自分の葬儀に一〇〇万セステルティウスを費すよう指示を与えた。だが、これらの連中が量り知れぬ富を蓄積するのもよかろう。それにしても彼らもプトレマイオスの富に比べたらそれの何というちゃちな切れ端に過ぎないことであろう。このプトレマイオスは、ウァロの記すところでは、ポンペイウスがユダヤに隣接する諸地域に出征していたころ、八、〇〇〇頭の馬を自費で養っていた。そして一、〇〇〇人の賓客のために饗宴を設け、ひとごちそうごとに一、〇〇〇個の金の脚付き盃を替えたという。そしてまた、このプトレマイオスの富といえども（わたしは国王たちについて述べているわけではないから挙げるのだが）、これをビテュニアのピュテスの富に比べたら、これまた何というちゃちな切れ端に過ぎないことであろう。このピュテスはダリウス王にかの有名な黄金のスズカケとブドウの木を贈り、クセルクセスの軍隊すなわち七八万八、〇〇〇人を饗応し、五カ月分の俸給と穀物の提供を約したが、その条件というのは彼の五人の子供たちが軍務に引き出されるようなら、彼の老後を慰めるためにせめて一人は残してもらいたいということであった。また誰か、このピュテスその人をすらクロイソス王と比べて見るのもよかろう。何たる狂気の沙汰ぞ。われわれの生涯において、奴隷の地位にさえ落とすこともあれば、国王たちすら欲望の限界を定められなかったようなものを貪り求めるとは。（三三、134―137）

金箔は自由に用いられた。一オンスを七五〇かもしくはもっと多くの「四ディジット角」〈五〉の金箔に伸ばすことができた。カピトルの神殿の梁はこの金箔で覆われていたし、金持の住宅の天井はみんな金を貼った。壁も食器台のうえの銀の皿のように鍍金した。もっとも厚手の金箔はプラエネステ箔と呼ばれる。なぜならプラエネステの『運命の女神』像が他のものよりも厚く鍍金してあるからである。金属の鍍金には最初に水銀をこすりこみ、そののち金を加える。プリニウスは水銀は「死の銀」と呼ぶべきだと述べている。というのは、水銀はあらゆるものにとって毒であるが、金だけには愛されるから。

犠牲祭において神々に捧げる栄光のしるしとしては、殺される犠牲獣の、とにかく生育しきった獣の角に金をきせること以外のどんな方法も考案されなかった。しかし軍隊においてもこういう形の贅沢がはなはだしくなったので、マルクス・ブルトゥスがフィリッポイ平野から送った手紙で、護民官たちが身につけている金製のブローチに対する忿懣を現わしているものが残っている。ほんとうのところわたしは抗議しなければならない。何と、ブルトゥスよ、君だって、婦人が足につけている金に言及しなかったではないか。そして最初に金指輪を用いることによって金に威厳を与えた人物の罪をわたしたちは糾弾する。今日では男たちまでが金の指輪をつけているがそれもよかろう――そういう習慣はダルダニ族から来たものだから「ダルダニア」と呼ばれている――それのケルト名は「ウィリオラエ」であり、ケルティベリア名は「ウィリアエ」である。ご婦人たちが金の腕輪をもち、金で指を被い、首にも耳にも髪の毛の房にも金をつけるのもよかろう。金鎖をめったやたらに腰に巻きつけるのもよかろう。そして小さな真珠袋を目につかぬように金鎖でその持主の婦人の首からぶら下げておくのもよかろう。そうすれば彼女たちは眠っている間も宝石の所有者だという意識を失わないでいられるであろうから。だが、彼女らの足までが金を履いていなければならないというものだろうか。（三三、39―40）

金が使えない場合は、銀がそれに代った。食器棚は銀の板で作られた。裕福な家の台所用品はそのような高価な金属で作られた。またベッド、テーブル、臥台などの家具には惜しみなく使われた。ローマの銀の生産者たちは活発な取引を行ない、今日のように店同士の競争も現われた。

銀食器の流行は、人間の嗜好の気まぐれのため、驚くほどの変化を受ける。どんな種類の職人の腕前も人気が長続きしない。あるときはフルニア食器が要求され、次にはクロディア食器が、また次にはグラティア食器というふうである――これらの製作場さえわれわれの食卓では気安く感じるからその名を挙げるのだが――またあるときは浮き彫りにした表面がざらざらした食器が求められる。そこではその金属が描かれたデザインの線に沿って切り除かれたものだ。一方今日では、われわれはご馳走を運ぶために、食器棚の上に可動式の棚をとりつけるようなこともする。そしてまた他の食器を針金細工で飾ったりする。そのためにヤスリは、できるだけ余計に銀が無駄づかいされるようになっているのだ。雄弁家カルウスは料理用の壺が銀でつくられると言いながら叫んでいる。だが、彫り物をした銀をつけた飾り馬車を発明したのはわれわれであった。そしてネロ帝の妻ポッパエアが自分のお気に入りのラバに金のくつをはかせようというようなことまで思いついたのは、われわれの時代に起ったことなのだ。

小アフリカヌス〈スキピオ・アエミリアヌス〉は彼の嗣子に三二ポンドの銀を残した。そしてこの同じ人物は、自分のカルタゴ征服後の凱旋行進で、四、三七〇ポンドの銀を誇示した。これは世界帝国たらんとして、ローマと張り合った全カルタゴがもっていた銀の額であった。しかも彼は後に、いかに多くの食卓上の食器の見せびらかしにおいて負けたことだろう。実際ヌマンティアを完全に破壊した後、この同じアフリカヌスは凱旋に当って、彼の軍隊に一人当り七デナリウスの祝儀を与えた。それはそんな額で満足したこういう将軍に相応しい戦士たちであったのだ。彼の兄弟アロブロギクスは、一、〇〇〇ポンドの銀をもったことのある最初の人であった。ところがリウィウス・ドルススが人民の護民官であったとき彼は一万ポンドをもっていた。これに対して、凱旋行進の栄誉を与えられた一人の老戦士が一〇〇ポンドの銀を所有していたというので監察官の注意を受けた。こんなことは今日では伝説めいた話だ。そして同じことがカトゥス・アエリウスの次の逸話についても言える。彼が執政官であったとき、焼物の器で昼食をとっているのを見たアエトリアからの使節団が、彼に銀の食器を贈ろうとしたが彼は受取らなかった。そしてまた彼は、終世、ペルセウス王を征服した際の彼の武勇を認めて、彼の妻の父ルキウス・パウルスが彼に贈った二つの銀の鉢以外には、銀というものは一切所有していなかった。わたしは、カルタゴの大使たちが、どんな人間の民族も、ローマ人くらい互いに仲よくつき合う民族はないと断言したということを読んだが、それはどこの家ででも、一回の宴会中同じ揃いの食器が用いられるのを見たからのことである。だが、なんと、アルレスのローマ騎士の息子で、皮を着て歩き回っていた種族が父方の祖先であるポンペイウス・パウリヌスは、われわれが知っているところでは、もっとも狂暴な種族に立ち向わせられた軍隊を率いて出征していた時にすら、一万二、〇〇〇ポンドの目方のある食器類を携えていた。一方婦人用寝台は今日ではとっくの昔からまるまる銀メッキしてあるし、宴会用の臥台もずっと前からそうであることを知っている。

この臥台に銀を被せた最初の人は、ローマの騎士カルウィリウス・ポリオであったと記録されている。もっともそれを全部メッキするとか、デロス型につくるというのではなく、カルタゴ風につくるということであったのだが。このカルタゴ風としては、彼はまた金の臥台をつくらせた。そして間もなくデロスのそれを模倣して銀の臥台がつくられた。しかしこうした法外なこともすべてスラの内乱で年貢の納め時が来たのだ。

実際、この時期のちょっと前には、目方が一〇〇ポンドある銀の皿がつくられていたし、その時にはローマにそういうものが一五〇個以上あったということ、そしてそのため、そういうものを欲しがっていた連中の密告によって多くの人々が追放の宣告を受けたことはよく知られている。（三三、139―145）

金持のあいだでは家具にも流行があった。一時、カメの甲を象眼した食器棚が大流行した。頑丈に作られた家具には、カエデとシトロン材を張った。ブックカバーを取り替えるのと同じような方法で、すぐさま銀の薄い延板が棚の角や縁を保護し飾るようになった。とんでもない金額がいくつもの彫刻をほどこした皿に支払われた。ある皿の名は「イルカ」といい、一ポンドにつき五千セステルティウスの値がついた。雄弁家のクラッスス〈六〉は、対になった皿の飾り棚に、一ポンドあたり六千セステルティウスを支払ったが、ひどく恥じて、それを使ったり人に見せたりしなかったと彼は告白した。

このような奢侈にプリニウスは同情していない。アシアの征服はイタリアに過度な浪費をもたらした。そして「風俗の清廉さはおおきな打撃を受けた。このときから人々は恥を忘れ、節度を失った。あらゆる人々が、ローマで見つけることのできる世界の最良の物や愉悦を欲しがった」。軍隊さえもが道徳を失っていた。すべてのものがより高い権力のご機嫌をとりながらすすめられた。銀の彫像でさえも。

銀の使用が彫像にまで広げられたのは、その時代がおもねってつくった故アウグストゥス陛下の像の場合であったと考えられているが、これは誤っている。われわれはそれよりも前に、ポントス王パルナケス一世の銀像が、ミトリダテス・エウパトルのそれとともに、大ポンペイウスの凱旋行進の際持ち運ばれたし、また金と銀の馬車も用いられたことを知っている。また、銀が金にとって代った時代もあった。平民の間の婦人の奢侈がその靴のびじょうを銀でつくらせたが、それは金のそれをつけるのはより平凡な流行だというので嫌ったのであろう。われわれ自身も、アレリウス・フスクスがおかしな冤罪で騎士身分から追放されたとき、彼は学生たちが彼の名声に引きつけられたというだけの理由で、銀の指輪をつけているのを見た。だがこんな例をいくつも集める必要がどこにあろう。わが国の兵士たちの剣の柄（つか）は、象牙でもあまりよくないというので、彫り物をした銀でつくられ、そしてその鞘は、細い銀の鎖で、ベルトは銀製の垂れでちゃらちゃら鳴る。おまけに当節では、わが国のやっと青年になろうという騎士見習所の生徒たちが護身用といって銀のバッジをつけており、婦人たちは銀の中で身を洗い、銀製でない浴槽など笑い草にする。そして同じ物質が食物やもっと卑しい必要品に仕えるという有様でないか。ファブリキウスに見せたかった。これらの奢侈の見せびらかしを。床が銀でできていて足の踏み場もない婦人の浴室、そして婦人は男性といっしょに入浴しているのだ。武勇の将軍たちに銀製の皿と塩入れをそれぞれひとつ以上もつことを禁じたファブリキウスに見せたかった。この節では武勇に対する賞与は贅沢な器具でつくられるか、さもなければ、それをつくるために毀されるのを。何というわが国の現在の風潮だろう。ファブリキウスはわれわれを赤面させる。（三三、151―153）

第十三章　宝石

宝石は、プリニウスによれば、この世の美が凝縮されて表現されたものである。そこには水晶や玉髄など、今日では美しいけれども宝石とは認められない石も含まれている。プリニウスが示したものを正しく判断することは困難である。なぜなら、現代の分類では化学的テストを加えることができるが、プリニウスは表面上の外観だけで無理に用語をあてはめたからである。

たとえば、プリニウスがダイヤモンドを見たり手にしたことがあったかどうかは疑わしいが、それでも「アダマス」は確かにダイヤモンドであることを示唆する。一方、彼はカットした白いサファイアとカットしたダイヤモンドに違いがあるのを見落としている。「アダマス」という語は「火に負けない」という意味で、この名前でプリニウスは六種類の石をあげているが、それには多分石英の一種が含まれている。鉄床のうえでハンマーで叩いたり燃やしたりしてみるテストをすれば間違いなくダイヤモンドとしては通らなかっただろう。[1]

プリニウスの宝石のカタログはアロンの裁きの胸当て[一]を思い出させ、便宜のためだろうが、同じような並べかたがとられている。胸当ての最初の列は記憶によると紅玉髄、トパーズ、ざくろ石である。サモスのポリュクラテス王[二]が海に投げ入れたところ、とれた魚の腹から戻ってきたのは紅縞瑪瑙の指輪であったとプリニウスは伝えている。その話は以下のとおりである。

島々や海岸の大君主であったサモスのポリュクラテスは、自分自身でさえ過分な幸福の享受者であると認めるほどの繁栄の代償として、たったひとつの宝石を奉納するだけで十分だと思うほどになった。彼はそれによって運命の女神のむら気と精算勘定ができるものと思った。彼は、もし不断の幸福に退屈している自分が、女神に意地悪されるというような不幸な目に一度でも会うことがあれば、たっぷり代償してもらえるものと考えたのである。それで彼は、小舟で沖へ出て行って、指輪を深い水の中に投げ込んだ。しかしその指輪を、国王にふさわしい巨大な魚が餌として呑みこんだ。その魚は、運命の女神の裏切りによって、その宝石をその持主の厨房で持主に返還したが、これは凶兆であった。その宝石は、一致した意見によれば、紅縞瑪瑙であった。そしてこれは（それがもとの石であると信ずることができるものとすれば）コンコルドの神殿に黄金色の角に篏めて飾ってある。それは皇后が奉納したもので、それよりもっと貴重だとされているたくさんの宝石が含まれている収集の中では、ほとんど最後の地位しか与えられていない。（三七、3―4）

プリニウスは紅玉髄を含む三ないし五種類の紅縞瑪瑙について書いている。彼は宝石を色で分類した。主要な区別は、青、赤、緑、黄、白である。トパーズは緑の石として書かれている。どちらかといえば柔らかく、紅海にある島から運ばれてくるという。これは明らかにペリドットもしくは緑の橄欖石である。

この石で四キュービット〈約二メートル〉の高さの像が皇后ベレニケ〈三〉によって作られたと伝えられる。トパーズの金色をしたものは「リーキの汁」に似ているという。――春のネギと比較するのは一風変わっている。

カーブンクル〈紅玉〉はルビー、スピネル、ガーネットのような硬くて赤い石すべてを含め広く使われている。「ルビー」という名は火を意味する。そのうち雄石は雌石に比べて「より火に近」く、より明るく輝くものがあったり、あるいは黒ずんでいたりする。女性の石の方はもっと柔らかく繊細な光を出す。ガラスで作られた偽もののルビーがしばしば市場に出回る。しかし詐欺を発見する方法は砥石にかけることである。偽物の宝石は良質で純粋の石にくらべ柔らかくもろい。

アロンの胸当ての二番目の列には、エメラルド〈四〉、サファイア、ダイヤモンドが含まれる。二〇種類のエメラルドがあげられているが、そのなかには本当のエメラルドもあり、それはよく印章の彫刻に用いられる。多分長石の一種がこのリストに含まれていた。古代のサファイアはラピスラズリであり、金色の斑点のある不透明な青色の石である。

エメラルドはもっとも素晴らしい色をしているとして高く評価された。それはわれわれに木の葉や若草の緑を見るのと同じような喜びを与えてくれる。気分を爽快にし、決して飽きさせない。

他のものを見て視力を乱用した後でも、スマラグドゥスを見ることによって、視力を正常な状態に戻すことができる。そして宝石彫刻師たちは、これが彼らの目を元気づけるいちばんよい方法だということを知った。この石の甘美な緑色は、それほど彼らの疲労感を和らげてくれるのである。こういう性質を別にしても、スマラグドゥスは、離れて見ると実際より大きく見える。その色を周りの空気に写すからである。それは日向でも日陰でもランプの光の中ででも少しも変らず、いつもおだやかな光を放っている。そして光を通しやすいので、そのいちばん向うの端まで透視することができる。水も同じようにわれわれを喜ばす性質をもっているが。スマラグドゥスはたいてい中凹の形をしている。そのため物の姿を集中する。こういう性質があるので、スマラグドゥスは自然の状態で保存しなければならないものと決っており、彫刻などするものでないとされていた。とにかくスキタイやエジプト産のものは、ひじょうに硬くて叩いても割れない。平たい形のスマラグドゥスを平らにしておくと、ちょうど鏡のように物の姿を写す。ネロ帝は剣闘士の闘いをスマラグドゥスに写して観覧したものである。（三七、63―64）

この最後の文節はいろいろ論議されてきた。ある人たちは筆写の誤りだと推測した。ネロは確かに近視であった。しかし彼がエメラルドを眼鏡として用いたのか鏡として使ったのか、あるいは他の理由であったのか、それはわからない。

アロンの胸当ての三番目の列は黄水晶、瑪瑙、紫水晶である。黄水晶は黄ジルコンあるいは黄水晶または黄石英を指す。瑪瑙はあらゆる石のなかで最大の薬品である。これは神聖な性質を持っていて、有毒なクモやサソリに刺されたときの治療薬だという評判である。不思議な話は次のように続く――

その石には川、森、荷引き動物などの形が現われている。そしてまたこの石で皿、小像、馬飾り、薬剤師が用いる乳鉢などをつくるのだが、そういうものを見るだけで眼に効能がある。さらにそれを口に含むと渇きが鎮まる。フリュギア瑪瑙には緑が含まれていない。一方エジプトのテーベで発見されたものには赤と白の筋がない。しかしこれもまたサソリの毒に有効だ。キプロス瑪瑙も貴ばれる。この最後の石のガラス状の部分をおおいによしとする人々もある。瑪瑙はまたオエタ山の近くのトラキスで、パルナッスス山で、レスボスで、メッセニアで（ここではそれは畑道で花のように見える）、そしてロドスで発見される。瑪瑙についての他のいろいろな違いはマギ僧たちが書いたものにのっている。ライオンの皮に似た石があって、それはサソリの毒に有効だと彼らは主張する。しかし彼らによると、ペルシアでは、この石を焼いたときに出る煙は、台風や龍巻を逸らし、川の流れを止める。そしてこの石が純粋であることの目安は、水が沸騰している大鍋にそれを入れると、水が冷めるということであると。しかし彼らは言い張る。その石が効力があるためには、それはライオンのたてがみから抜いた毛に結びつけられねばならない、と。ついでながら、ハイエナのたてがみから抜いた毛に結びつけたものは、家庭内のいざこざを逸らす。マギ僧によると一種の単色の瑪瑙があって、これは競技者たちを不敗にするということだ。こういう石を試験する方法は、油といろいろな絵具のはいった壺の中にそれを投入することだ。ほんものであればその壺を熱して二時間と経たぬうちに、それがすべての絵具を朱色一色にしてしまう筈だ。（三七、140―142）

アロンの胸当ての最後の列は、緑柱石、縞瑪瑙、碧玉である。緑柱石は多分プリニウスのいう八種類のスマグラドゥスのうちの一つの藍玉だろう。縞瑪瑙は彫刻を施す印章としてよく用いられる。その縞模様の具合が問題にされる。ローマの鑑定家たちは、変った模様や色彩の並びかたをしたものを愛好する。碧玉は海緑色から空色にわたる一連の石を指す。

幾つかの石は類似、空想その他によってつけられたギリシア名を持っている。ブドウの房の石、タマネギ、カメ、金の光、金の顔、庭、ゲッケイジュ、心臓型、宗教の石、ミルク、ゴルゴン、イダの指、ユピテルの石、草原の緑、白い目、最高の愛、太陽の石、オオカミの目、クジャク、カシの木、キヅタ、ラッパズイセン、火の輝き――その他のさまざまな通称による石は、正確に同定しようとしてもしようがない。

インドはオパールの産地である。これはルビーの火の色、紫水晶の紫、エメラルドの緑が渾然と一体になって、信じられないほどの光輝を放つ唯一の石である。しかし、オパールは、たとえば「ヘリオトロープという植物」の花に似ていたり、あるいは部分的に雹のようであったり、塩の粒のようであるとか、ざらざらの肌ざわりをしていたりする場合はきず物とされる。インド人はガラスで巧みにまがいものを作る。偽物を見分ける方法は太陽の光にかざしてみることである。

貪欲をもたらす危険性についても描かれている。

わが国でも、歴史上有名になった。というのは、アントニウスが元老院議員のノニウスを追放する原因になったこの種類の宝石が現存しているからである。このノニウスは、高級政務官の席にかけていて、それを見た詩人のカトゥルスをいたく立腹させたノニウス・ストゥルマの息子であり、わたしの時代に執務官であったセルウィリウス・ノニアヌスの祖父であった。このノニウスは、追放されたとき、すべての彼の持物のうちこの指輪だけを持って逃げた。その時分この指輪は、たしかに二〇〇万セステルティウスの価値があった。だがたったひとつの宝石のために一人の人間を追放するとは、アントニウスの蛮行と途方もない気まぐれは何とも驚き入ったことながら、それに劣らず異常なのは、そんなものに嚙りついていたノニウスの頑固さであった。野獣ですら自分の安全を買うためには、自分の生命を危くすると知っているからだの一部分を噛み落して、追跡者に残しておいてやる、と信ぜられているのに。（三七、81―82）

ゾウは追跡から逃れるために牙を捨てて、それと引換に命を守るといわれていることが述べられている。

トルコ玉も東方インドからやってくる。インドではほとんど近づきがたい氷に覆われた崖の上で発見される。そこにこぶや目のように突きでている。地元の住民は登るのを嫌って石を投げてうち落す。この石で作った首飾りは裕福のしるしであり、金の台にはめたトルコ玉ほど高価な石はないと述べられているが、一般的には西方の好みは東方社会の好みと違う。

紫水晶の名はブドウ酒の色に似ているところからきている。彫刻に適しているし、とくに選りすぐったものは、その優雅さと甘美さによって「ウェヌスの宝石」と呼ばれている。いま一方人気があるのはお守りとしてである。紫水晶は銘酊を防ぐ。ヒヒかツバメの毛とともに首にかけておくと魔術と毒から守られる。また国王への嘆願をかなえさせてくれ、妥当な呪文が唱えられれば好天をもたらしイナゴを追い払う。いずれにしても役に立つ石である。しかしプリニウスは、そのようなたわごとによって人類は何と馬鹿にされていることだろうと述べて、その可能性への期待をある程度打ち砕いている。

あと古代人が尊重した三つの物質、水晶、ガラス、琥珀が残されている。ギリシア語が示すように[五]水晶は極度の寒さから生じものであり、水が凍るように液体が凝固してできたものであると信じられていた[2]。雨や美しい雪が水晶になるということや、とくにアルプスの高い場所に水晶があって、人々はロープを伝ってそれをとりにいくなどということはたしかに素晴らしいユーモアだ。その生誕の由来から、杯を作るための素晴らしい素材であると考えられた。プリニウスは「そう古くない話だが、ある一人の裕福なローマの婦人が水晶の盃を買い、一五〇〇セステルティウスを支払った[六]」。ネロは欲望にかられて二つの水晶の杯を手に入れて、自分のおうような気質を宣伝するために、それを粉々に砕いた。それは「この杯で誰も飲めないようにしてやろうと思った彼の復讐であった[3]」。

水晶が冷たさの産物であるとすれば、ガラスは熱の産物である。ガラスはカルメル山〈七〉のほとりを流れる川の河口で偶然発見されたという。そこの砂は半マイル以上も連なり、まじり気なく極めてきれいなものだという。

こういう話がある。天然ソーダを商う何人かの商人たちの船がその浜にはいって来た。そして食事の用意をするために彼らは岸に散らばった。しかし彼らの大鍋を支えるのに適当な石がすぐには見つからなかったので、彼らは積荷の中から取り出したソーダの塊の上にそれをのせた。このソーダの塊が熱せられその浜の砂と十分に混ったとき、ある見たこともない半透明な液が何本もの筋をなして流れ出た。そしてこれがガラスの起源だという。（三六、191）

そんな話は実際には信じられない。それでは材料を融解するに足る高温に達することはできない。それに硝石は原料としては正しくない〈八〉。地面に落しても割れない柔らかいガラスが発明されたという話もある。この発明はガラス産業にとって有害であるとして、即座にティベリウス帝によって抑圧されたという。実際にこの発明家はその命とともに発明の才能をも失った。一六一〇年に、ペルシアの国王がスペインの国王に六個のしなやかなガラスを贈ったというわさがたった。それ以後、その地方でその製作に成功したといううわさがしょっちゅう広まった。

ガラスの材料の一つとして磁石（多分マンガンのことだろう）があげられている。それは「鉄を吸引するように溶けたガラスを引きつける」と思われていた。これは、古代ではガラスの秘密であるとみなされていた。というのは、プリニウスが考えていたように、磁力もしくは磁石はあらゆる物質のなかでもっとも不思議なものとされていたからである。自然が硬い石を飼いならすために「感情や手まで」与え、手におえない頑固な鉄を服従させ捕えることができるようにしたということは信じられないことであったのだ。最初の発見者は一人の牛飼だという。彼はイダ山で家畜を放牧していたが、靴の底の鉄釘が石を蹴っとばしたところ、杖の先の鉄にひっついたのに気がついた。（この話は「シンドバッドの冒険」〈九〉で違った形ではあるが繰り返されている）。

プリニウスはソタクスを引用して磁石には性の違いがあるという。それだから当時は、石が他の石を生む力を持つと一般に信じられていた。「ボエオティア産は黒いというより赤味がかっている。トロアスで発見されるものは黒くて雌種である。だから引きつける力は弱く、ほかのものより効能が少ない。」と書かれている。ここにはまことに奇妙な先入観がある。テオフラストスは、ある種の石は他の石を生む、その証拠に、大地のなかに金属の象牙が発見されるから、と確信していた――多分化石だろうが。月長石はアラビアの木にぶら下がっていて、繁殖をすると信じられている。石が増殖するという考えは今日まだ失われておらず、そのような考えの残っている地方の農夫は、ジャガイモが畑で増えるように増えると信じている。

さていよいよギリシア人がいくたの不思議な話を残している琥珀について述べよう。プリニウスは、これらの話の起源は疑わしく異論があるとして、たいへん憤慨しながら語っている。

パエトンが雷電に打たれたとき、彼の姉妹たちが悲しみの余りポプラの木になったという話、そして毎年エリダヌス河、これをわれわれはパドゥス河〈ポー川〉と呼んでいるのだが、その岸辺で彼女たちが琥珀の涙を流すという話、ギリシア人は、太陽をエレクトル〈輝くもの〉と呼ぶので、彼らには琥珀がエレクトルムとして知られていること。この物語は多数の詩人たちによって語られて来た。その最初の人々は、わたしの信ずるところでは、アイスキュロス、フィロクセノス、エウリピデス、ニカンドロス、そしてサテュロスである。イタリアはこの話は嘘だという証拠を提供する。もっと良心的なギリシア人の著作者たちは、アドリア海にエレクトリデス諸島という名の島々があって、そこへ琥珀がパドゥス河によって運んでゆかれるのだと言っている。だが、そういう名の島々が存在したことはかつてないし、実際何かがパドゥス河の流れに運ばれて行って届くような範囲内に位置する島は、ひとつもないことは全く確かである。ついでながら、アイスキュロスはエリダヌス河はヒベリア、すなわちヒスパニアにあって、ロダヌス河〈ローヌ河〉とも呼ばれると言っている。一方エウリピデスとアポロニオスはまた彼らで、ロダヌス河とパドゥス河はアドリア海の海岸で合体すると断定している。こんな話をするほど、彼らは地理については無知なので、彼らが琥珀について無知であったこともゆるすことができるのである。もっと慎重だが同様に誤った著作家たちは、アドリア海の上端にある寄りつけない岩の上に多くの木があって、それがシリウスが昇る頃この樹脂をこぼすのだと記述した。テオフラストスは、琥珀はリグリアで採掘されると述べている。一方カレスは、パエトンはエティオピアの、ギリシア名でアンモン島という島で死んだ、そしてそこに彼の神殿と神託所があって、そこが琥珀の出るところだと言っている。フィレモンは、それはスキタイの二つの地域で採掘される一種の鉱物で、そのひとつの地域では、それは白い蠟色でエレクトルムと呼ばれ、いまひとつの地域ではそれは黄褐色でスアリテルニクムとして知られていると断言している。デモストラトゥスは琥珀をリュンクリウム〈リュンクスの小便〉と呼びそれはリュンクス〈オオヤマネコ〉として知られている野獣の小便からできたもので、雄は黄褐色で燃えるような色のものを、雌はもっと薄くて明るい色のものをつくるのだ、と主張している。彼にしたがうと、琥珀をラングリウムと呼び、イタリアに住んでいる獣はラングリであると言っている人もあるという。ゼノテミスはその同じ動物をランゲスと呼び、それはパドゥス河の岸にいるという。一方スディネスはリグリアにある琥珀をつくり出す木はリュンクスと呼ばれると書いている。メトロドロスも同じ意見である。ソタクスは、琥珀はブリタニアにあるエレクトリデスという岩壁から流れて来るのだと信じている。ピュテアスは大洋にメトゥオニスと呼ばれ奥行が七五〇マイルもある入江があって、その岸にはゲルマニア人の一種族グイオネスが住んでいると語っている。ここからアバルス島までは一日航海の距離であって、春になるとこの島へ琥珀が海流によって運ばれて来るが、それは固体化した塩水からなる一種の排泄物である、と彼は言っている。彼はつけ加えて言う。その地域の住民は、それを木の代りに燃料として用い、それを近隣のテウトン人に売る、と。彼の信念はティマイオスにも分け持たれているが、ただティマイオスはその島をバシリアと呼んでいる。フィレモンは琥珀が燃えるというような示唆は否定する。ニキアスは琥珀を太陽光線から来た水分であると説明しようと言い張っている。それは次のようなものだ。彼は、太陽が西に没するときはその光線はいっそう力強く地上に降りそそぎ、そしてそこに一種の濃厚な滲出物を残す。それが後に、大洋の潮によってゲルマニアの海岸に打ち上げられるのだと主張する。彼は言っている。琥珀はエジプトでも同じようにしてでき、そこではそれがサカルと呼ばれている。またインドでもできて、そこでは住民はそれを乳香よりも喜ぶ。そしてシリアでは婦人はそれで渦巻ようのものをつくりそれをハルパックス〈ひったくり〉と呼ぶ。それは木の葉や藁や衣裳の裾などを拾い上げるからだ、と。テオクレストゥスは、琥珀はピレネー山脈の岬で大洋の潮騒に洗われる、と主張しているが、この考えはごく最近の著述家で、まだ存命しているクセノクラテスも持っている。アサルバスは、大西洋の近くにピケシス湖があり、マウリ人はエレクトルムと呼んでいるが、この湖は太陽によって十分熱せられると、その泥から琥珀を生じ、それが水面に浮ぶ、と記している。ムナセアスは、アフリカにシキュオンと呼ばれる地区およびある湖から大洋に流れ込んでいるクラティス河があって、その岸にメレアグリデスの娘たちとかペネロペの鳥とかとして知られている鳥が住んでいると語っている。ここで上に述べたような方法で琥珀ができる。テオメネスは言う。大シルテス湾〈シドラ湾〉のごく近くにヘスペリデスの園〈西方の園〉とエレクトルムという池があり、そこにポプラの木があるが、その木の梢から琥珀〈エレクトルム〉が池に落ちる、そしてそれをヘスペルスの娘たちが拾い集めるのだと。クテシアスは、インドにヒポバルス河があり、この名はその河があらゆる幸いをもたらすことを示している、と言う。その河は北方から流れて来てこんもり茂った山の近くで東の大洋に注ぐのであるが、そこの木々に琥珀がなる。これらの木々はプシッタコラエと呼ばれているが、これは「ひじょうに甘味のあるもの」という意味である。ミトリダテスは、カルマニアの沖合にセリタと呼ばれる一種のヒマラヤスギに覆われた島があって、そこから琥珀が岩のところまで流れ下って来る、と書いている。クセノクラテスは、琥珀はイタリアではスキヌムという名だけでなく、ティウムという名でも知られており、そしてスキタイではサクリウムという名で知られている、スキタイにも産するから、と断言している。彼はそれはヌミディアで泥の中から出ると考えている人もある、と述べている。だが、これらすべての著述家たちを凌いだものは、悲劇詩人ソフォクレスである。そしてこのことは、彼の悲劇がひじょうに厳粛なものであり、そのうえ、彼がアテナイの貴族の家柄の出であること、彼の公人としての功績、軍隊の統率力などによって、その個人的名声が一般にきわめて高いことを考えると、少なからずわたしを驚かすのである。ソフォクレスは、琥珀はインドの向うにある国々で、メレアグリデスの娘たちとして知られている鳥が、メレアグロスのために流す涙からできるのだと言っている。彼がこんなことを信じ、他の人々にもそれを受入れるよう納得させることを望んだというのは驚きではあるまいか。いぶかしいことだが、毎年泣いたり、そんなに大きな涙をこぼしたり、メレアグロスを悼むために、彼が死んだギリシアから、インドへ渡って行った鳥があった、などということを真に受けるくらい幼稚でうぶな精神を想像し得るだろうか。してみると、これら詩人たちによって語られたもので、同じように根も葉もない話がほかにもたくさんあるのではあるまいか。その通り。だが誰であろうとも、このような物質、日常日々輸入されて市場に溢れ、そんな嘘をぬり込めている物質について、真顔でこんな話をするなどとは、人間の知性に対するゆゆしい侮辱であり、偽りごとを言ってもよいという自由の、許し難い乱用である。（三七、31―41）

プリニウスは敬服するほどまじめに自分の理論を展開し、単純明快な説明を加えている。それによると、琥珀はサクラの木から樹脂がとれるのと同じように、マツに似た木から流れ出るものであるという。最初流れ出るときは透明で液体であるが、寒さによって凝結したり、熱によって濁ったりする。というのはその中にアリ、ブユ、トカゲなどのいろいろ不思議なものが入っている事実からわかる。これは「新しい樹液にくっついて、それが凝固するときに中に閉じ込められたもの」に違いないという。大量の琥珀がローマに運ばれてくる。一個で一三ポンドの重さのものもあった。琥珀は競技場で不運な剣闘士の棺台や埋葬用具の飾りに用いられたという。

最後は真珠である。ポンペイウスはローマに真珠と宝石にたいする熱狂を持ちこんだというので非難されている。彼がローマに凱旋行進〈一〇〉したとき、すべてが珍奇な宝石でできた駒つきの幅二フィート、長さ四フィートのチェス盤や、三〇ポンドもある金の月のような大物から、三台の金製の食卓、宝石で飾った三三個の冠、シカやライオンや果樹で飾られた黄金製の山、真珠で作った時計のついている礼拝堂のようなものまでが持ち運ばれた。だが真珠で作ったポンペイウス自身の像はまさにその極であった。

美しい毛髪が額から後方へなびいているたいへん美事な像、全世界で畏敬されているあの気品のある頭の像であった。この像が、ほんとうに真珠で現わされていたのだ。ここで打ち敗られたのは簡素耐乏であり、その凱旋行進をほんとうに祝賀したのは法外な浪費であった。思うに、もし彼が一回目の凱旋をもこんなふうにして祝賀していたら、「大」という彼の別名は当時の筋金入りの支持者たちの間にも生きてはいなかったであろう。考えても見るがよい、それは真珠でできていたのだ。大ポンペイウスよ、真珠のような金を食うものは婦人たちにとってのみ意味があるのだ。そんなものは君自身につけることはできないし、またつけてはならない真珠だ。君の像がつくられたのはその真珠でなのだ。こんなことが君の価値を誇示する方法だと考えるなんて。君がピレネー山脈の頂上にたてた戦勝記念碑が、それに勝る君自身の像ではなかったのか。(三七、14―15)

この壮大さは、よりおおげさな虚栄への道を準備した。ネロは最良・最大の真珠で笏や職杖を飾った。「のみならず旅行のとき真珠で飾りつけた寝台まで持参した」。音楽家、俳優、詩人たちは、きらびやかに身を飾り、宝石をつけるように要求された――しまっておかないでいつも見られるように。このような虚栄から導きだしたプリニウスの道徳観は、俳優や音楽家たちのそのような宝石の乱用は、結局は単なる個人的な誇示という空疎なものでしかなく、「栄誉の飾り」を引きずり下すという教訓を与えてくれるだけのものである、ということであった。またカリグラ帝の小さい真珠をちりばめた編み上げブーツは、男らしくない、女性じみた工夫の例とされた。

第十四章　画家

もしギリシア人が芸術を生み出さなかったらヨーロッパの絵画はどんな運命をたどっただろうか。その答はたぶん、インドかペルシアの芸術に近い絵画様式が多かれ少なかれずっと普及していただろう。ルネサンスの時代に始まった古典もしくは荘厳体は紀元前四ないし五世紀のギリシア絵画から影響を受けたものである。

最良のギリシア・ローマの彫刻の標本が数多く残っているが、絵画はわずかしかない。それも代表的な原作の複製にすぎないし、その多くはヘラクレネウムとポンペイで発見されたものである。『博物誌』第三五巻に叙述されているもののうちのいくつかは実際に廃墟のなかからみつかった。ヴァザーリは一五五〇年に、古代ローマの宮殿の地下室から新しく絵画が発掘されたことを論じた。その宮殿というのはネロの黄金宮殿である可能性が強いが、それはトティラがローマの略奪と殺戮をあきらめたときに破壊したもので、そうしようと思えば彼は防止することができたのに、名画は無傷では残らなかった。

ヴァザーリがあげている面白い事は、それらの地下の部屋は当時の流行として grottoes と呼ばれており、ここからグロテスク様式という語が生れたということである。

絵画の起源や発明についてのプリニウスの好奇心を見逃すことはできない。彼は絵画はエジプト人が五百年前に始めたという主張を「ひとりよがりの自慢と誇示」であるとしてあっさり否定しているが、これは少し無分別である。〈四〉彼はあまり歴史的でない視点から問題に取り組み、最初の肖像画は単に人物の影の輪郭線をなぞったもので、その釣り合いと顔立ちをしめすものでしかなかったと主張する。次の段階は輪郭を色を使って描いたスケッチだが、それをギリシア語でモノクロームと言った。のちにキモンはカタグラパすなわち縮約法を発明した。同時に彼は、人物の頭を違った角度から描くように発展させた。まもなく手足のつながりを今までとは違った方法で描き、衣服の折れめやひだを浮き立たせるようになった。画家は好んで戦争を題材にした。また競技会において芸術家を表彰する企画が行なわれた。ライバル同士が技くらべを挑み合ったりしたが、有名なゼウクシスとパラシオスの腕くらべは高い関心を呼んだ。目新しい主題は歓迎され、画家は自分の得意の分野を持つようになった。たとへばポリュグノトゥスははしごの上の人物を描いたが、あまり上手に描いてあるので、登っているのか降りているのかわからないという。なぜこの錯覚するような特殊な図柄が高く評価されたのかは述べられていない。アテネのアポロドロスはさらに一歩すすめ、祈禱や礼拝する僧侶、雷電に打たれるアイアスを描いた。これらの作品はかなりの進歩をもたらした。

プリニウスがあげた多くの画家のなかでゼウクシス、パラシオス、アペレスの三人が群を抜いている。

ゼウクシスは有名になり、人気絶好頂にあったときのルーベンス〈五〉さえも羨むようなたいへんな富を得、世界中に知れわたった。彼はオリュンピア競技で着衣に自分の名前を金文字で刺繡したが、その後彼は、自分の絵の価値にふさわしい値段をつけることは不可能だからと言って、金は受けとらないで贈与することにした。たとえばアグリゲントゥム市には『アルクメナ』を、アルケラオス王には『牧神パン』を贈与した。

彼はまた貞節を絵に描いたように見える『ペネローペ』と、『競技者』も贈ったが、この後の場合には自分自身の作品にすっかり満足して、その下にそれ以来有名になった詩の一行を書いたほどであった。

彼を模写することより、彼にけちをつける方がたやすかったろうという意味のものであった。彼の『ゼウス』が着座し神々がその傍らに侍立している絵もすばらしい作品だ。そして子供のヘラクレスが、仰天して眺めている母親のアルクメナとアンフィトリュオンの前で、二匹のヘビを縊っている絵も同様で

ある。（三五、63）

錯覚にたいする愛好と高い評価があったことが（まるで絵画は奇術のトリックのようである）、ゼウクシスとパラシオスとの間の競争によって見事に描写されている。

記録によると、この最後の人はゼウクシスと技を競った。ゼウクシスはブドウの絵を描いて、それをたいへん巧みに表現したので、鳥どもが舞台の建物のところまで飛んで来た。一方パラシオス自身は、たいへん写実的にカーテンを描いたので、鳥どもの評決でいい気になっていたゼウクシスは、さあカーテンを引いて絵を見せよと要求した。そして自分の誤りに気が付いたとき、その謙虚さが賞揚されたのだが、自分は鳥どもを瞞したが、パラシオスは画家である自分を瞞したと言いながら、賞を譲った、という。こういう話もある。ゼウクシスはまたその後『ブドウを持つ子供』を描いた。そして鳥どもが前と同じ無遠慮さでその果物のところへ飛んで来たとき、彼はそのことに腹を立てて絵のところに歩み寄りこう言った、「わたしは子供よりブドウを上手に描いた、もしわたしが子供をも同様にうまく描いておいたら、奴らはそれを恐れずにはおられなかったろうに」と。（三五、65―66）

シェークスピアはこの欺術の話を用いて、ヴィーナスの失望を見事に表現した。

恰(あたか)も彼の鳥どもが画(か)ける葡萄に欺かれて、
目は饜(あ)けども胃の腑にては打悩む如く、
さしも女神は其幸(さち)なさをば悩み喞(かこ)ちぬ。（六）
かひなき漿果(しょうか)見つる鳥どもの如くに。

もう一つの鳥の話は、三頭政治家の一人であったレピドゥスが、政務官たちの招待で樹木に囲まれたある家に宿泊したときのことである。(2)

そしてその翌日彼は、威嚇的なことばで自分は鳥の鳴声で眠りを奪われたと苦情を言った。しかし当局者は、たいへん長い羊皮紙に大蛇を描いた絵をもっていて、それを木に巻きつけた。そして話は続くが、これが直ちに鳥どもを嚇かして黙らせ、その後は彼らを抑えることができた。(三五、121)

パラシオスはゼウクシスと同じようにすぐれて自負心が強かった。「彼ほど老練さと名望を自慢する傲慢さを持った者はいなかった。それを自分で十分知っていたので、誰もそんなことを言う必要もなかった。彼は堂々と、立派とか、繊細とか、豪華なとかを意味する『ハブロディアトゥス』を名乗っていた。金の首飾りをつけ、杖には金をかぶせ、靴の留金も金で作った」。彼は自分をアポロンの血統だといったり、彼の描いたヘラクレスの像は自分の夢枕に立ったものを描いたものだなどと言い触らしていた。このことは、ブレーク〈七〉が自分の目でサタンを見てそのままロト〈八〉の肖像として描いたのだと告白したのと同列である。

パラシオスが有名になったのは、彼が自分の絵で光と影の原理、つまりキアロスクーロの法を発展させたことによる。だが新しい発見という点ではゼウクシスと同等の巨匠だったといえよう。

彼は絵に均整を与えた最初の人、顔に生々しい表情を与え、優雅な髪、美しい口を描いた最初の人であった。彼が輪廓を描くことにかけては第一人者だということは芸術家たちの認めるところである。このことは、絵における洗練の最高水準である。輪廓の内部に厚みと面を描き現わすということは、それはたしかに偉大な業績だが、多くの人々がそれで名声を博した。しかし物の形に輪廓をつけるということ、内部の塗りが仕上ったところに満足のゆく輪廓をつけるということは、めったに功を奏し得ない芸術的技巧である。というのは輪廓は完結していなければならない。そしてその背後にも他の部分があることを暗示し、隠れているものまで示すようなふうに終らねばならないから。(三五、67—68)

三番目のそしてギリシア最大の画家アペレスは、ベラスケス〈九〉がフェリペ二世〈一〇〉の庇護を受けたように、アレクサンドロスの宮廷において恩寵を受けた。

実際彼はまた態度がたいへん慇懃だったので、そのことが彼をアクサンドロス大王のお気に入りにした。で、大王はしばしば彼の仕事場を訪れた。というのは、前にも言ったように〈七巻125〉、彼は他のいずれの画家も彼の肖像を描くことを禁ずる布告を出していたから。その仕事場でアレクサンドロスは、絵についてひどくお喋りをしたものだが、実は彼は絵についてはは何もわかっていなかったのだ。そしてアペレスは慇懃に、絵具を碾いている少年たちがあなたを笑っていますよと言って、話題を変えるようにすすめた。彼の権威は、他の場合なら怒りっぽい気質の大王に対しても、たいした威力をもっていたのだ。[3]（三五、85—86）

アペレスはまた如才ない方法でアンティオコス王〈一一〉の肖像を描き、ご機嫌とりであることを自身で証明した。王は片目が潰れていた。そこでアペレスはそのプロフィールを描くのに独創的な方法を用いた。「顔面の欠陥を隠すために顔の半面のみ描いた」。アレクサンドロスを描いた彼のもっとも有名な絵では、大王が雷電を捉えていた。三条の稲妻が真ん中で交叉し、アレクサンドロスの指は突き出ているように幻想的に描かれ、「稲妻は絵の外に放たれ決して摑まえられないように見える」。

アペレスはアレクサンドロスの従者の一人プトレマイオスとは前から不仲であった。このプトレマイオス〈一世〉がエジプトの王であったときのことだが、航海をしていたアペレスが激しい嵐に会って押し流されアレクサンドリアに入港していた。彼の競争者たちは、意地悪くも王の道化師を唆して、彼のところへ正餐の招待状を持って行かせた。アペレスはそれに出かけて行った。プトレマイオスはいたく機嫌を損ね、接待の給仕たちに列を作って歩かせてアペレスに見せ、そのどの者が彼に招待状を与えたかを言わせた。アペレスは炉から消えた木炭を一片拾い上げ、壁に似顔を描いた。王は、彼がスケッチを始めるや否やそれが道化師であることを悟った。(三五、89)

アペレスは絵画の法則や原理を定めた書物を書いた。また他の多くの画家たちはその偉大さにもかかわらず、「必要である筈の美の女神」、つまり優美な魅力に欠けることを彼は指摘していた。これは彼自身が自慢していた特徴である。彼はまた、絵から手を引くべきときを心得ていることを自負していた。彼は多くの芸術家たちの度をこえた苦労が「過度の勤勉や好奇心はしばしば悪い結果」をもたらすと信じていた。そのような見解にもかかわらず、彼は注意深くこつこつと仕事を続け Nulla dies sine linea つまり「一本の線をも引かないで過ごす日はなし」という自分のモットーを立証した。

この諺は、彼がプロトゲネスを訪問したという有名な話に見事に作りあげられている。

ひとつの気の利いた出来事がプロトゲネスとアペレスの間に起った。プロトゲネスはロドスに住んでいた。そしてアペレスはプロトゲネスの作品を知りたいという願いから海を渡ってロドスへでかけて行った。というのは彼はプロトゲネスのことはそれまでただ評判によって知っていただけであったから。彼はさっそくその仕事場へ行った。ところが芸術家はそこにいなかったが、画架の上に相当大きな画板が描くばかりにして架けてあり、それをただ一人の老女が預っていた。尋ねると、プロトゲネスは留守だと答え、彼に面会を求めたのは誰であったと告げたらよいかと聞いた。「それはこの者だと告げなさい」アペレスは言った。そして筆を取り上げて絵具でその画板の上にきわめて細い線を描いた。プロトゲネスが帰って来たとき、老女はそのことを彼に知らせた。話は続くが、その芸術家はその線の末端をつくづくと見てから言った。新しくやって来た人はアペレスだ、こんなに完全な仕事は他の何人にもできることでない、と。そして自分自身別な絵具を使って、初めの線の上にさらに細い線を引いた。そして部屋を立ち去りながら付添いの老人に、お客が引返して来たらそれを見せるように命じ、それが自分が探していた人だとつけ加えた。そしてその通りになった。というのはアペレスが帰って来た。そして自分が負けたことを恥じ、また別な絵の具で前の二線を横切ってもうこれ以上細かい仕事をして見せる余地の無い線を描いた。ここにおいてプロトゲネスは自分が負けたことを認め、その客を探しに波止場へ飛んで行った。そして彼はこの画板を、何人によっても、とくに芸術家によって賞賛されるよう、そのままで後世に伝えることに決めた。わたしは、それが、パラティヌスの丘にあるカエサルの宮殿で最初の火災が起った際焼失したと聞いているが、それ以前にはわれわれはそれを大いに賞賛したものである。その広い面にはほとんど眼にもとまらぬほどの線以外には何も描いてないので、他の多くの芸術家の目立つ作品の中にあって、それはひとつの空白のように見えた。そしてそうした事実そのものによってかえって人眼を引き、どんな傑作よりも重んじられていた。（三五、81―83）

この技術の腕くらべの意味について、いくらか議論がある。それは、問題の線というのは、プロフィールのことで、プロトゲネスは自分のプロフィールをアペレスのそれのうえに描いたことを示唆し、アペレスは二度目のときにはその二つの間にもっと素晴らしい線を描いたことを示唆するのだという。この推量は不可能に思える。他の線の中より一層上手に線を描くというのは困難なことだから。いずれにしてもこれはギリシアのデッサン画家の技術の精密さに貢献するものと解釈された。

あと二つの諺がアペレスによるものとされている。一つは「コップを口に持っていく間にも、いくらもしくじりはある」ということを意味するもので、アンカイオスがコップのブドウ酒を飲んでいるあいだにイノシシに殺されるありさまを描いた。〔一二〕もう一つの話は、モリエール〔一三〕が自分の劇曲を自分の料理人に読んで聞かせて一般大衆の趣味を調べ、その方法で偏見のない批評を得ようとしたことを思い起こさせる。

彼のいまひとつの習慣は、作品を仕上げるとそれを画廊に掲げておいて、通行人たちが見れるようにし、彼自身は絵の後の、人々には見えないところに立って耳をそばだて、どういう欠点が彼らによって指摘されるかを聞くことであった。一般人の方が彼自身よりもいっそう眼の利く批評者だと考えたのだ。またこういう話がある。彼はある人物のサンダルを描いた際、その環がひとつ足りないということで、ある靴屋に小言を言われた。そしてその翌日その同じ批評家は、前の日に自分が脚についてかれこれ批評して指摘した欠点を画家が直したことにひどく鼻高々であった。しかしアペレスは、その絵の後ろから腹立たしげに顔を出して叱ってこう言った。靴屋はサンダルより先のことまで批評してはならぬ。このことばも広まってひとつの諺になった。(三五、84—85)

動物の絵もギリシアでおろそかにされたわけではない。この分野でも忠実な描写が高い価値を持った。もっとも上手なウマの描き手が競技の勝利者であった。アペレスは他の競争相手が判断を下す審判に不信を抱いて、どの絵がもっとも忠実に描かれているかを、生きたウマが決定することを要求した。

数頭のウマを連れて来させ、それらに順々にそのウマの絵を見させたのだ。するとウマどもはアペレスによって描かれた自分たちの絵を見て嘶き始めた。そうしてその後はいつもそういうことが行なわれ、それが芸術家の伎倆を試す正しい方法であることを証明した。(三五、95)

ウマと同様にイヌを得意とする画家もいた。プロトゲネスは動物画家として有名であった。仕事に真剣に打ちこんだ彼は贅沢な食事が芸術的感覚を鈍らせることを恐れて、水につけたハウチワマメを食べて過ごしたという。彼は仕事だけに精神を集中したので、ロドスの攻囲の最中も(彼はデメトリオス王の陣営のまっただ中にあった小さな庭園で絵を描いていた)仕事が邪魔されるのを嫌った。敵は芸術や科学と戦っているのではなかったから。デメトリオスは彼に敬意を表して、より安全なように護衛の屯所を置き、しばしば彼の仕事場を訪問した。このような鄭重な扱いにもかかわらず、プロトゲネスは全く安全というわけにはいかなかった。その話を信じるとすれば、彼は胸に短剣を突きつけられながらある絵を描き、また喉を剣で切られそうになったという。そのような逆境にもかかわらず、その絵には一人のサチュロスが一対のバグパイプを吹いている様子が描かれており、心の安らぎに欠けるなどということはまったくなかった。「彼はそれにアナパノメノス（休息している）という題をつけた。というのは、そのような題をつけることによって、そのような危険なごたごたをそれほど気にしていなかったことを示そうとしたのである」。苦しい状況にも冷静であるという評価に加えて、彼は技術の点で幸運に恵まれたことが伝えられている。というのは次のとおり。

その中〈『イアリュソス』〉に驚くほどよく描けたイヌが一匹おり、画家と幸運との合作であったかのように見える。画家自身の意見では、他の細部はすべて気に入ったが、息を切らしているイヌの泡は十分には描けなかった、それはたいへん難しいことだが、というのであった。飾られた絵そのものに彼は満足できなかった。さりとて泡を減らすこともできなかった。そして彼は、泡が余りに多くてほんものとはかけ離れ過ぎていると思った。泡は描かれたもののように見え、その動物の口から自然に出たもののようには見えなかった。彼は自分の絵にはほんものに近いだけでなく、ほんものそのものが描けていることを望んでいたので、悩み苦しんで、彼は何回も絵具を削り落しては筆を加えたが、満足することは全くできなかった。とうとう彼はそれが目障りなのでその絵に腹を立て、絵の中の、彼を嫌にならせていた部分を目がけて海綿を投げつけた。すると海綿は、彼が絵具を拭い取った部分に、彼が熱望していた通りの色を補ってくれた。偶然がその絵に自然の効果を生み出してくれたのである。

ネアルケスも彼の成功の例に倣って、自分が抑えているウマを宥めるために頬の中でこっこっと言っている男を描く際、同じように絵に海綿をぶっつけて、ウマの泡を現わすのに成功を収めたということである。こうしてプロトゲネスは幸運にぶつかることもありうることを示した。

デメトリオス王が、一枚の絵の焼失を避けるため、その絵が保存されている側からのみ攻略できたロドスに火をかけることを控え、そしてその一枚の絵の安全を考慮することによって勝利の機を逸したのは、この『イアリュソス』のためであったのだ。（三五、102―104）

サー・ヨシュア・レノルズ〈一四〉が絵画における「荘厳体」と、歴史と神話から高貴な主題を選びだすことを称揚するとき、それは低俗な趣味にたいする古代の偏見をただ単に繰り返しているのである。レノルズが日常茶飯事を描くドイツの画家に価値を認めなかったように、プリニウスはピラエイクスが好んで描いたこまごましたものは低俗なものとみなした。それは床屋の店、靴直しの露店、服屋、市場に並べられた哀れなロバ、その他の「くだらぬもの」であったが、それらは人気を呼び高い値で売れるようになった。

また壁画も人気があった。ルディウス〈一五〉は別荘、農場、農家、港、ブドウ園、花束、森、丘、養魚池、川、そのほかの田園風景に優れていた。

彼は壁に、別荘と柱廊と風景庭園、木立、森、丘、養魚池、運河、河、海岸、そして人が望み得るものは何でも、それからまた逍遥している人々、ボートに乗っている人々、あるいは陸上をロバや馬車に乗って別荘へ赴く人々、そしてまた魚釣り、鳥獣の狩猟、ブドウ摘みをしている人々などまで描く、もっとも魅力ある画風を初めて導き入れた。彼の絵には、沼地を横切った道を通って行けるすばらしい別荘、女たちを担いで市場へよろよろよたよた歩いてゆく男たちなどを描いたものや、きわめて機知に富んだ図柄の滑稽な絵が数多くある。彼はまた、海岸の町々の絵を用いて、屋根のないテラスを飾り、たいへん気もちのよい効果を、しかもごくわずかな費用で与える方法を導き入れた。(三五、116—117)

ギリシア絵画の技術についても一定の注意が払われている。ごく初期の頃には絵の具にワックスを混ぜるのが普通であった。それを熱くしてブラシやパレットナイフのような道具でぬった。これはよく知られている蠟画法である。通常テンペラ絵の具か水彩絵の具が用いられた。油はときどき薄め液として使われた。アペレスは色彩に光沢をあたえ、絵を「埃や汚れ」から守るために「黒いワニス」を使用したという。同時に「あまりに派手で明るすぎる色彩に秘かな深みと落ち着き」を与えた。サー・ヨシュア・レノルズはこれをヴェニスの名人たちの施釉と急ぎの仕上げの秘密のようなものだと解釈した。

アペレスの例でみてもわかるように、当時用いられた絵の具はほんの数種類でしかなかった。他の優れた画家たちが使ったのも白、黄土色、ポントスの赭(一六)、そして通常は靴屋の黒の四種類であった。のちになって紫または赤、そしてインドのインディゴがパレットにつけ加えられた。時代が下がるとともに絵の具の研究も著しく進歩した。多くの理論がたたかわされ、現代芸術に著しい影響を与えた。風景画においては遠景と雰囲気の効果が、構図を考えるうえできわめて重要なポイントであると考えられた。そして色彩の配合が適当か否かということと、自由な表現や優美さにたいする感覚とは区別された。ポンペイでの多くの絵では、黄色、明るい青、ピンク、紫、すみれ色などの色彩が驚くほど明るく配合されている。だがこの明るさは、正確な描写の要求にとって代られて滅びるなどということは決してない。それらの壁画は装飾的な趣味を示し、一世紀のイタリアでは高く評価されていた。たとえばそれは、自分と同じくらい大きな壺からブドウ酒を注いでいる、あるいは競馬を御している、また処方薬の材料を秤で量り乳鉢で粉にひいている若い薬種屋の姿をした天使童子もしくは翼をつけたキューピットが描かれた魅力的なフリーズである。花綱、花と果物を入れた籠、壁を横切る明るい色の鳥の連続模様が、ゆるんだロープのうえで踊るサチュロスのデザインと交互に現われる。中央の壁面には人気の高い「古典的題材」もあった。そのうちもっとも通俗的なものは『イルカに乗って泳ぐアリアドネ』、『アンドロメダを解き放つペルセウス』、『ミノタウロスを打ち倒すテセウス』、『アポロンとダフネ』、『自分の子を殺そうとするメデイア』その他の悲劇的情景である。またケンタウロスが実在するのかどうか論争の的になったことでは典型的な怪奇な絵や、魚、鳥、静物、サチュロスの頭を切り落すニンフ、葬儀の肖像、聖なる木で神殿を飾るというごくありふれた出来事を描いた風景画などもあった。

幸運にも『アレクサンドロスの戦い』の五フィート幅の大きさのモザイクによる複写が存在している。この絵はフィロクセノスがカッサンデル王(一七)のために描いたもので、プリニウスはこのうえなく素晴らしい芸術品であると語っている。戦車から身を乗りだしているペルシア王ダリウスは、護衛の一人が殺されたのを見て、立ちはだかっているアレクサンドロスの方へ突き進んでいるように見える。また、有名なポンペイにあった『メデイア』はビザンチンのティモマコスの作品でその複写があるが、プリニウスによると『アイアス』と対で描かれたが、その両方の絵はローマのウェヌス・ゲネトリックスの神殿に掲げられていたそうである。

初期の頃には女性の画家は出てこない。たぶんギリシアでは知られていなかったのだろう。ローマとナポリでは少数だが優れた「婦人画家」がいた。

また婦人の芸術家もいた。ミコンの娘ティマレテ、この人はエフェソスにあるきわめて古風なアルテミスの画板絵を描いた。画家クラティノスの娘で弟子のイレネ、この人は『エレウシスの貴婦人』、『カリプソ』、『老人と奇術師テオドロス』を、また『ダンサーのアルキステネス』を描いた。ネアルコスの娘で弟子のアリスタレテ、この人は『アスクレピオス』を描いた。マルクス・ウァロが青年であった頃、キュジコスのイアイアは一度も結婚せずに、ローマでは筆で絵を描き、またケストルム〈彫刻刀〉を用いて象牙にも描いた。主として婦人の像であったが、ネアポリスでは木に老婦人の大きな絵も描いた。そして鏡を用いて自分自身の肖像も描いた。彼女よりも手の早い芸術家はなかった。それなのに彼女の芸術的伎倆はたいしたもので、彼女はその得た価格において、同時代のもっとも有名な肖像画家たち、たとえばその絵が画廊をいっぱいにしていたソポリスやディオニュシオスなどを遥かに凌いだ。（三五、147—148）

第十五章　彫刻

古代世界は大小の彫像で溢れていた。プリニウスが「市街を薄暗くする」といったほど数多くの彫像がローマ市内に集った。大浴場だけみても、その広々とした空間に三千もの金属製あるいは大理石の彫像が立ち並んだ。また前に述べたように、スカウルスの劇場にも林立していた。実際彫像にたいする熱狂は病的でさえあった。庭園には彫像の列を保護するための柱廊が連なっていた。戸外に広がる庭は、あたかも目にみえない侵入者にそなえて歩哨が立っているように多数の石像で守られていた。公共の場所には特別の巨像が置かれた。それはシェークスピアが「我々小人どもは、其巨(そのおお)きな脚(すね)の間に跼蹐(せぐくま)って、みじめな墓場を捜さうと覗いてゐる」〈一〉と言ったような、大人物の記念像の類であった。

説明するのも困難なほどのこのような熱狂は、イスラムの規範と同じようにユダヤ法のもとでも固く禁じられたし、初期のキリスト教の教父たちも強く禁止したものであった。これらの禁則では、彫像が迷信を助長する危険があると指摘されていた。プリニウスは、庭園にあるサチュロスとヴィナスの像は「すべての嫉妬と魔法にたいする番人であり薬である」〈二〉ことを認めていた。神はその写実的な姿で公然と礼拝された。フェイディアスが金と象牙で作った有名な像は強烈な宗教的感情によるものであり、そのような感情を刺激するものであった。ローマの葬列では遺族が祖先の肖像と胸像を運ぶことが習わしだが、それが証明するように、誰もが何か記憶に残るようなものを残したいという個人的願望を持っていたのだ。図書館に、記憶すべき著作家の肖像を飾るという習慣は、不滅の精神を有形物として展示するものであると説明されている。

金銀製ではないにしても、とにかく青銅でつくった像を、その不滅の精神がそこでわれわれに語りかける人々の記念として図書館に立てておくというような、これまた新規に発明された習慣を見逃してはならない。いやさらに、想像的な像もつくられ、たとえばホメロスの場合のように、失われたという感じが、われわれに伝えられていない容貌をも創造するというようなことにもなった。いずれにせよわたしの考えでは、とにかくすべての人々がすべての時代に、ある人がどんな種類の人間であったかを知りたがるということ以上によろこばしいことはない。（三五、9—10）

写実的な青銅製の肖像の起源をたどってみると、ギリシアの競技会での勝者の肖像が始まりで、三回勝利を得たらその肖像が贈られたらしい。栄誉をたたえる方法は、現代の多くの挑戦杯の運営の方法と似た点がある。

何か著しい理由があって永久に記念する価値のあるような人でなくては、その人の像などをつくらない習慣であった。第一の理由は神聖な各種の競技、とくにオリュンピアの競技での勝利である。オリュンピアでは競技に優勝したすべての人たちに像を捧げるのが習慣であった。そこで三回優勝した人の場合には、その勝利者の正確なからだの肖像としてつくられた。（三四、16）

ギリシアの競技会での勝利者の肖像が起源であると断言するのが正しいかどうかは別にして、ギリシアの運動競技では鍛錬の目的が物質的美の追求であり、その美の理想形態として神が描かれたことは確かである。しかしこの慣習はすぐさま名高い著名な人間の像に及ぼされ、同じようなやりかたで市内いたるところに点在するようになった。そしていまやトーガを着た、裸体での、戦車に乗った、ウマにまたがった像が現われるようになった。

どちらかというとわたしはアテネで公に建設された最初の肖像は、暴君殺しのハルモディオスとアリストゲイトンであったと信ずる。このようなことは、ローマでも国王が追放された同じ年に起った。そして人間的な名誉心から像を建てる習慣が、その後全世界ではじまった。そしてすべての都市で公共の場所を飾る像をもち、人間の記憶を不朽にし、永久に読まれるよう台座に名誉の数々を刻み込み、そういう記録を墓までいって読まなくてもすむようにする習慣が起り始めた。その後間もなく、私人の家やわれわれ自身の広間にも行なわれるようになった。被保護者たちの感じた尊敬の念が、その保護者たちにその敬意を払う方法を始めたのである。

昔は、捧げられた像は、ただトーガだけが着せられていた。またギムナジウム出身のギリシアの若者たちをモデルにした槍をもつ裸体像――アキレウス像と呼ばれるもの――も普及した。ギリシアの習慣は像を全裸にしておくことである。ところがローマの、そして軍人の像は胸甲が加えられた。独裁官カエサルは彼の広場に、彼を記念して胸甲をつけた彼の像を建てる許可を与えた。ルペルキ人の服装をした像についていえば、それは現代の新機軸である。最近出現したトーガを着た像も全く同じである。マンキヌスは、自分が敵に降参したとき着ていた衣装をつけた自分自身の像を建てた。詩人ルキウス・アッキウスも、彼はたいへん短身であったのに、たいへん長身の自己の像をカメナ〈詩歌の女神ムーサ〉の神殿に建てたということが、著述家たちによって述べられている。たしかに騎馬像はローマで人気がある。この騎馬像の流行は疑いもなくギリシアから来たものだ。しかし、ギリシア人はただ神聖な競技会での優勝者の騎馬像だけをつくるのが習わしであった。もっとも後に彼らは、二頭立てあるいは四頭立て戦車に乗った優勝者をも建てたが。そしてこれが、凱旋行進を挙行した人々を記念したわが国の戦車群の起源をなしている。（三四、17―19）

さらにもっと高い栄誉として円柱のうえに肖像が飾られるようになった。わが国のネルソンやヨーク公〈三〉のように。そのような高いところに立てたのはそれほど面倒な理由によるものではない。

円柱の上に像をのせたのはごく古い時代からである。P・ミヌティウス〈四〉は名誉を手にいれた。彼は飢饉のあいだ食糧管理長官であったが、立派に役目を果たしたので、一般市民の自発的意志による青銅貨一オンスずつの寄付金によって、青銅製の像が市外の柱の上に立てられた。今も失われずにいるホラティウス・コクレスの像はある重要な理由と動機があった。というのは、ポルセナ王の軍隊がティベリス川にかかる木造の橋を渡るのをただ一人で防ぎ、その突撃と猛攻に耐えて敵を撃退したからである〈五〉。人間の像を円柱の上にのせるのは、それらをすべての人間より上に高めるという趣旨であった。これはまたそののち新たに発明・工夫された凱旋門によっておこなわれた表現法でもある。だがこういう栄誉の証明法はギリシア人が始めたものである〈六〉。

カトーは検察官であったとき、ローマの婦人の像を公共の場に立てることに強く抗議した。だが彼の自尊心と虚栄にたいする抗議も効果はなかった。有名なそして非難するのが困難であった一つの例をあげれば、スキピオ・アフリカヌスの娘で、有名なグラックス兄弟の母であるコルネリアの像が立てられたことである。それは座像だが、どういうわけか靴の紐がゆるんでいる。ローマでは、カピトルにアポロン像、マルスの野にはユピテル像、タレントゥムにはヘラクレス像というように多様な像が建立された。

ネロは巨大なものを熱狂的に模倣した。彼はガリアのアルウェルニ〈オーヴェルニュ〉の巨大なメルクリウス像を作ったゼノドロスに自分の巨像を作るよう注文した。だができ上がるまえに彼は死に、人々はネロの記憶をひどく嫌ったので、この像は代りに太陽神に捧げられた。プリニウスはゼノドロスの仕事場を訪ね、そこで鋳造のため粘土が溶解されているのを見たと言っている。

ネロは同じく巨大なキャンバスを用いた肖像画でも極めて不運であった。

われわれの世代に起った、絵画におけるひとつのばかげたことについても省略したくない。ネロ帝は自分の肖像を、一二〇フィートの高さのリンネルに巨大な規模で描くよう命じた。前代未聞のことだ。この絵が完成してマイウス公園に掲げられたとき、それは雷に打たれ、公園のいちばんよい部分もろとも焼けてしまった。（三五、51）

また等身大かもう少し大きめの像の手にリリパット人〈七〉を思わせるような彫像を乗せて対比を強調した像がある。サモスの迷宮を構築したテオドロスは、右手にやすりを持った自分の像を作った。

左手の三本の指はもともと小さな四頭立て戦車の模型を持っていたのだが、その小ささが驚くべきものだというのでプラエネステ〈パレストリナ〉へ持ち去られた。もしその連獣に戦車とその御者がついたまま絵に再現されるとしたら、同時にこの芸術家によってつくられたハエの模型が、その羽によってそれを覆い隠すであろう。（三四、83）

裕福なローマ人は芸術作品の蒐集に熱中した。この熱狂の対象の一つは「コリントス真鍮」の名で流行した小さな青銅製品である。それについてはホラティウス〈八〉が言及している。この古い作品が数多くルネッサンス時代に発見され、見事に複製された。それらの所有者は、旅行に出るときはどこでも携えたという。ネロは好きな『アマゾン』の像をけっして手元から離さなかった。アレクサンドロス大王も、宿営のテントの支柱として四つの金属製の彫像を常に持ち歩いた。次の文から当時の技量の水準を知ることができる。

ポリュクレイトスの技量は、浴場でからだ掻きを使っている男の真鍮製の像、またダイス遊びをしている男の裸像に表現されている。片足で立つ像の製作技術は、完全に彼の独自の貢献であった。もっと

もウァロは、端正な作であってほとんどすべてがひとつの原則によって作られたものであると言っているのであるが。〈九〉

ドゥリスによれば、シキュオンのリュシッポスは誰の弟子でもなく、銅細工人であったが、彼が画家のエウポンポスに、あなたの先人たちのうちの誰を手本にしたかと問うたとき与えられた答から、彫刻をやって見ようという考えを初めて持ったのだという。画家は人々の群を指して言った。われわれが模倣すべきものは自然そのものであって芸術家ではない、と。すでに述べたように、リュシッポスはたいへんに多作の芸術家で、他のいずれの彫刻家よりも多くの像を制作した。それらのうち『からだ掻きを使用している男』は、マルクス・アグリッパが寄付して、彼の浴場の前に据えたが、これをティベリウス帝が殊のほか愛好した。ティベリウスは、彼が元首になった当座は幾分自制していたが、この場合は誘惑に抗うことができず、その像を彼の寝室へ移させ、その代りに別な像を浴場に据えた。しかし公衆が執拗にこれに反対し、劇場で叫び声を挙げた。「『からだ掻きをつかう男』を返せ」と。それで、皇帝はその像にすっかり惚れ込んでいたのだが、返さざるを得なかった。リュシッポスはまた『笛を吹くほろ酔いの少女』、『獲物を追う猟犬と猟師』でも有名だが、ロドスにある『太陽を乗せた戦車』でもっとも有名だ。彼はまた『アレクサンドロス大王の少年時代の像』から始めて一連の大王像を仕上げた。ネロ帝はこの若いアレクサンドロスの像を見ていたく喜び、それに金を被せるよう命じた。しかしそれで金銭的価値は増したとしても芸術的魅力はひどく減ったので、後に金は取り除かれた。そしてそういう状態になって、その像はいっそう価値が高まったと考えられた。それに加えられた細工による傷痕と、金がこびりついている切り込みがまだ残っていたが。（三四、61—63）

人物をモデルに使う技術はどのようにして生れたかという疑問については、次のような愛すべき恋の物語がその答となる。

粘土で肖像をつくることが、コリントスでシキュオンの陶器師のブタデスによって発明されたのは、あの同じ土のお陰であった。彼は彼の娘のお陰でそれを発明した。その娘はある青年に恋をしていた。その青年が外国へ行こうとしていたとき、彼女はランプによって投げられた彼の顔の影の輪廓を壁の上に描いた。彼女の父はこれに粘土を押しつけて一種の浮彫りをつくった。それを彼は、他の陶器類といっしょに火にあてて固めた。そしてこの似像は、ムンミウスによるコリントスの破壊までニンフたちの神殿に保存されていたという。（三五、151）

シキュオンのリュシストラトゥスは初めて人間の面の石膏模型をとったと言われている。これはギリシア芸術を特徴づける自然感情を解明する鍵として興味のあるところである。リュシストラトゥスは石膏模型から蠟で型をとったが、彼は「正確に似せてつくる習慣」だった。一方で彼はモデルを魅力的にするために、仕上に際して必要な修正を加えたとも言われる。だから彼は最初の忠実な肖像作家であり、したがって人々は彼だけがモデルに似せてつくると言った。「それまではみんな顔を美しく見せることばかり考えて、似せることには考慮を払わなかった」のである。

いずれにしても、ギリシアの彫刻家、たとえばプラクシテレスは粘土の型から作るのが普通であった。湿った粘土を固めて衣服のひだを作るには、ときどきその型に繰り返し上塗りをして作ったに違いない。それが、優雅でぴったりしたローブの下から身体の線が見えるようにする技術であった。

静物も粘土で作られた。ブドウの房や魚などは、だれでも本物のブドウや魚とほとんど区別ができなかった。優れた模造品は芸術の真髄として賞賛された。

万物が土から創られたという思想は、「大地」が最高の名誉を保持していることを示すものである。カピトルのユピテル[1]は陶工によって作られ全身が辰砂で塗られた。神殿の切妻の上にある四頭立ての馬車もまた粘土で作られている。

実際今日でも、こんなにもあふれるほど物がある中にあって、犠牲を捧げる前の献酒となると、螢石や水晶の器からでなく、小さな土器の柄杓を用いて行なうのであるが、これも母なる大地のこの上ない情のお陰である。もし誰でもがいろいろの穀物、ブドウ酒、果物、草木、薬物や金属など今まで述べて来た恩恵のことはさておくとしても、その贈物を子細に考えてみるならばこのことがわかるであろう。だが製陶所の生産品、ブドウ酒瓶、水を引く土管、浴場への導管、屋根を葺く瓦、家の壁や土台に用いる焼煉瓦、轆轤でつくるいろいろな物などが、切れることなく供給されてわれわれの需要を充足してくれるということがない〈意味不明〉。そこでヌマ王は第七の同業組合すなわち陶工の組合をつくった。（三五、158―159）

神事には銀や金の器が使われないで、陶器（少なくとも今日ではアジアが制覇している）だけが使われたという事実は、もっとも保守的なローマ人たちが、自然にたいする干渉と思える一切のものにたいして、偏見を抱いていたことを証明する。また山の美観を損ねる大理石の採掘や、金属を求めて地面の下に侵入する――そんなに美を破壊するわけではないが、「自然の女神」にたいする慎み深い尊敬の念に欠けることを示す――ことにたいして、不快な感情が示されている。われわれはワーズワース〈一〇〉やラスキン〈一一〉が、怪獣のような鉄道が田園を傷めつけるといって抗議したことを思いだす。プリニウスは、山というものは、自然が自らのために大地をしっかりまとめておくための一種の骨組として役立つように、また河川の激流を抑制し荒海の力を打ち破るために作ったものであると、山に代って主張する。これは単に彼の感傷ではない。どんな形であれ、奢侈と改革にたいする嫌悪である。

そして大理石を運ぶために特別な船がつくられる。そんなわけでわれわれは、自然のもっとも狂暴な元素である海の波濤をも乗り越えて、山々をあちらこちらへと運ぶのだが、そういう時でさえ、われわれが飲物を冷たくしておくための器を求めて雲にまで攀じ登って行ったり、氷から飲むことができるように、ほとんど天にも届くほど岩を刳り抜いてゆくことよりも、もっと正当な理由があるものと思っている。われわれがそういう器物の値段を聞くとき、大理石の塊が運ばれ引かれてゆくのを見るとき、それぞれが反省しなければならない。そして同時に、多くの人々はそんなものなしにも、かえってずっと幸福に暮らしているのだ。斑紋のある大理石に取り囲まれて寝るということ以外には何の役にも立たず、喜びを与えてくれるわけでもないのに、なぜ人間がそんなことまでしなければならないのか、あるいは耐え忍ばねばならないのかと、考えてみなければならない。そんな喜びは、われわれの生涯の半分を占める夜の暗がりによって、取り上げられてしまうものではないか。

　われわれがこれらのことを考えると、昔の人々に対しても恥ずかしくてひどく顔が赤らむのを覚える。クラウディウスが監察官であったとき彼が通過させた、ヤマネやその他、言い及ぶのも無意味なくらいつまらぬ物を食膳に上らせることを禁止した法律が、現に存在している。ところが、大理石を輸入したり、それを求めて海を渡ったりすることを禁ずる法律が通過したためしがない。（三六、2—4）

　大理石自身は美しいものであり、世界にはいろいろな大理石がある。そのほとんどが紹介されている。ラケダイモン〈ラコニア〉の緑の大理石は他のどのものよりも美しく立派である。蛇紋石はオフィテス〈一二〉と呼ばれる。それは斑紋がヘビの皮に似ているからである。アウグストゥス大理石の斑紋は波のようにうねっている。ウェスパシアヌスは、大理石の一種と考えられていた玄武岩で作った彫像を「平和の女神」の神殿〈一三〉に捧げたが、それは「ナイル川の神」を現わしたもので、その周りには十六人の子どもたちが遊んでいる。スカウルスの家の前に立てられたルクルス黒大理石の円柱はたいそう重く、市街を運ぶにあたって下水道に被害があるといけないというので、スカウルスは保証をとられた。

　斑紋のある大理石が最初に神殿の円柱に用いられたのは装飾のためではなく、単に建物の強度を強めるためであったという興味ある記述がある。事実、始めの頃には大理石は軽んじられており、それを薄い板にして壁を装飾したのはずっと後のことである。プリニウスはホメロスを例としてあげ、またこのことを証明するキケロの機知に富んだ批評を紹介している。

しかし普通の石と大理石は、すでにホメロスにおいても区別されていた。というのは、彼は一人の男が大理石の破片に打たれたことを語っているのだから。ただし彼はそこまでしか言っていない。それなのにホメロスは、それがどんな贅沢な王宮であっても、金属〈青銅・金・エレクトゥルム〈金銀の合金〉・銀〉を除いては、象牙だけで飾りたてている。わたしの考えでは、われわれが愛好する雑色斑紋の大理石の最初の見本は、キオス島の人々が彼らの壁をつくっていたときそこの石切場から出現した。キケロが機知に富んだことばを吐いて、その仕事に迷惑をかけたのはそのためである。すべての訪問者たちに、それをすばらしい建物として案内するのが、彼らのいつもやることであったのだ。そしてキケロが彼らに言ったことばというのは「もし君たちがティブル〈ティボリ〉産の石でそれをつくったとしたらわたしはもっとずっと驚嘆しただろうに」というのであった。（三六、46）

彫刻用として好まれた大理石はパロスの白大理石で、これは「リュクニテス」つまりロウソク大理石と呼ばれた。それは地下の坑道でロウソクの光によって切り出されるからである〈一四〉。

後に好まれるようになった無垢の白い像は比較的現代の嗜好なのである。エジプト、ギリシア、中国、ゴチックの彫刻はすべて彩色されている。ギリシアの彫像は鮮やかなピンクか淡黄褐色に、毛髪、衣服やその他の個所はそれぞれ適当な色彩が施されていた。このことはプリニウスがフェニキア蠟の使用についての記述のなかで証明している。この蠟は長い間太陽のもとで漂白された最高品質のものである。そしてこれははっきりと「大理石の像をあでやかにするために」用いられると説明されている。大理石にははじめ錫を被せたという。ひょっとしたらミルクを媒材として。そのあと保存と補強のために粘性ゴムや樹脂が混った蠟ニスを塗った。アクロポリス美術館には部屋いっぱいに彫像があるが、それらにはこの彩色のあとが多くみられ、それらが栄光に満ち、生き生きと、そして写実的な姿で立っていた様子を思い浮かべることができる。テラコッタの像ははじめ白やその他優美な色に塗られていた。

陶器師ブタデスが、旅行に出ようとした娘の恋人をスケッチしたという物語の他に、特徴を見事に表現した彫像のはじまりについての話がある。この最初の試みは不幸な結果をもたらしたカリカチュアとして描かれている。

> 詩人のヒッポナクス[一五]は醜さを通りこして不快な容貌をしていた。ブパルスとアンテルムス[一六]は顔も姿もそっくり彼に似た肖像を石で作って喜んでいた。冗談のつもりで彼らは、遊び仲間が集ってくる場所にその像を立て、全世界での笑いの種だと彼に言った。ヒッポナクスはこの侮辱に耐えられなかった。彼は辛辣な筆法で中傷して友人たちに復讐したので、彼らは生きるのに耐えられなくなり、縄で首をくくって自殺したと信じている人もいる[一七]。（三六、12）

もしこれがまじめな話ならば、これは最古の芸術様式への言及といえよう。この様式は、古代彫刻の自然流派の愛好者の興味をそそるにはあまりにも古風すぎるが。プリニウスがもし南洋群島の住民の彫刻を見たとするならば、彼はまじめに受けとることを拒絶し、むしろ、冗談でやったことなのだから、ブパルスやアンテルムスが後悔したことのほうが罪に価すると考えるのではなかろうか。

ギリシア彫刻はフェイディアスにおいてその頂点に達した。言うまでもなくギリシアが生み出した最大の万能的天才であった。彼は石や大理石の彫刻では文句なしに最大の彫刻家であった。金と象牙で輝いている彼のオリュンピアの『ユピテル』は世界の七不思議の一つであった。またパルティノンに立っている高さ二六キュービット〈約一三メートル〉の彼の『ミネルウァ』[2]の像も象牙と金とで作られていた。画家として言えば、彼は初めて金属に打ち出し模様や浮彫り細工を施し、またその技術を教えた。この作品のもっとも優れた例として、『金のミネルウァ』が手にしている盾がある。

> 彼は、その盾の凸面にアマゾンの戦闘を、凹面には神々と巨人たちの闘争を彫った。それからまた彼女のサンダルだが、これにはラピテス族とケンタウロス族の闘争を描写した。あらゆる細部が芸術家の手によって実に生き生きと描かれていた。台座には、ギリシア語でパンドラの誕生と題されたもので、二〇人の神々が出産を助けているところが彫られている。勝利の女神はとくに傑出しているが、鑑賞家

たちは、ヘビをも、そしてまた彼女の槍の真下に蹲る青銅のスフィンクスをも同様に嘆賞する。(三六、18—19)

色を塗ったこの『ミネルウァ』の盾は、その価値において彼が作った真鍮の盾に比肩しうる。「外套を着た」像や裸体の巨像も作った。最後に、彼はアクロポリスに威容を誇る素晴らしい神殿パルティノンの建設の監督をした。フェイディアスにつぐプラクシテレスは、おもにクニドスという町の名を有名にした『ウェヌス』で知られている。

彼の諸作品は、アテナイのケラメイクスにある。だがプラクシテレスのいずれの他の作品よりも、また世界中にあるいずれの作品よりも優れているものは『ウェヌス』であって、それを見るためにクニドスへと航海して行った人がたくさんある。彼は二体の像をつくり、それらをいっしょにして売り立てた。そのうちの一体は、ゆるやかな衣をまとっていた。そのため選択権をもっていたコスの人びとがそれを好んだ。ただし彼はそれをいま一体と同じ値でそれを提供した。彼らはそれを上品ぶった、そして勿体ぶったやり方に過ぎないと考えた。彼らが拒否した像はクニドスの人びとが買った。そして計り知れないより大きな名声を博した。後になってニコメデス王はクニドスの人々から、その国の莫大な負債を全て免除することを約束して、その像を買い取ることを望んだ。しかしクニドス人たちは、それを手離すよりはどんなことでも忍ぶことを選んだ。そしてそれは間違っていなかった。というのは、この像のためにプラクシテレスはクニドスを有名な市にしたからである。それが立っている神殿は、その女神の像があらゆる方向から見られるように完全に解放されている。そしてその神像は、女神自身の恵みによって、そういうふうにつくられたものと信じられている。その像はいずれの角度から見ても等しく嘆賞されるべきものである。(三六、20—21)

彼の金属による作品は「大理石による」作品と同じくらい有名である。

青銅でもいくつかのたいへん美しい作品をつくった。『ペルセポネの凌辱』、また『紡ぐ乙女』、そして『酔酒の態をしたリーベル・パテル』、そしてまた「有名な」という意味のペリボエトスというギリシア語表題で知られている有名な『サテュロス』、そして幸福の女神の神殿の前庭にあった像、そして『アフロディテ』、これはクラウディウス帝の治世にその女神の神殿が炎上したとき、火によって破壊されたが、全世界に知れ渡っている有名な大理石のアフロディテに匹敵するものであった。『花輪を捧げる婦人』、『腕に腕輪を嵌める婦人』、『秋』、『暴君を殺害したハルモディオスとアリストゲイトン』――この最後の作品はペルシア王クセルクセスによって運び去られたが、アレクサンドロス大王がペルシアを征服した後、彼によってアテナイ人に返還された。プラクシテレスも『サンロクトノス〈トカゲ殺し〉』と呼ばれる若きアポロンを作った。それはアポロンが矢を持って這い寄って来るトカゲを待ち受けているからだ。〈一八〉（三四、69―70）

プラクシテレスのローマにおける作品には『成功と幸運の女神像』、『狂乱のマイナデス』と呼ばれるバッカスに従う信心深い女たち、『カリュアティデス〈女像柱〉』と呼ばれる聖女あるいは尼僧の像がある。

スコパスはさらに多芸多彩の芸術家であった。かれはローマで『ウェヌス』、『ポトスとパエトン〈一九〉』を作ったが、これらは、「聖なるものとしてすべての儀式で礼拝されている」。またパラティヌスの丘にある『アポロン』と、セルウィリウスの庭園で二人の侍女をはべらせながら椅子にかけているかまどの女神『ウェスタ〈二〇〉』がある。

しかしもっとも高く評価されているのはフラミア円形競技場にグナエウス・ドミティウスがつくった神殿にある彼の作品である。そこにはその神殿が捧げられたネプトゥヌスそのものとともに『テティス』および『アキレス』がある。イルカや巨大な魚、または半馬半魚の怪物に乗ったネレイスたち、そしてまたトリトンたち、『フォルクスの群』、メカジキ、そして他の海の生物の群などがあるが、これらはす

べて一人の手になったもので、その人がその生涯をかけたものだとしても、それはもうたいした業績である。（三六、26）

ローマの作品でスコパスのものかプラクシテレスのものかわからないが自分の子どもたちとともに死のうとしている『ニオベ』、また雷電と稲妻を手にして今にも投げようとしている『クピド』像、これは当時もっとも美青年といわれたアルキビアデス（二一）の像であるといわれている。

プリニウスは彫刻の最後に、引用する価値のある二、三の面白い話を書いている。マグナ・グラエキア生れの一人の芸術家パシテレスはその技量によって、とりわけ象牙のユピテル像によって、ローマ市民権を得た。しかし彼は動物によって不幸な目にあった。

あるとき彼はアフリカから連れて来られた野獣のいる岸壁にいて、いつもするように檻の中にいるモデルを凝視しながらライオンの浮彫をつくっていた。そのとき他の檻から一頭のヒョウが脱出して、このもっとも良心的な芸術家に大怪我をさせるという事件が突発した。彼は多くの作品をつくったということであるが、その題は記録されていない。アルケシラオスもウァロによっておおいに賞賛されている。ウァロは、自分はかつて『牝ライオンと戯れる翼のあるクピドたち』という作品をもっていたと言っている。そのあるものは綱を持ち、あるものは角盃から飲ませ、あるものはその足にスリッパを履かせており、全部の像が一塊の石から刻まれていたという。（三六、40—41）

これらの神殿のひとつはユピテルの神殿で、そこでは絵画およびその他の装飾品すべての題目は婦人に関係がある。それは初めの意図はユノーの神殿であったからである。しかし、言い伝えによると、運搬人たちが礼拝像を納めるときそれを取り違えたのであり、そして神々自身がそういうふうに自分の住居を定められたものと信じ、宗教的に躊躇すべき事柄として、この配置がそのままにしておかれたのだという。だから同様に、ユノの神殿内の装飾は、当然ユピテルの神殿にあるべきはずであった装飾である。

また大理石で微小模型を制作しても名声が得られた。すなわちミュルメキデスだが、彼のつくった四頭引き戦車と御者はハエの羽で隠れた。そしてまたカリクラテス、この人のアリは脚はもっているが、その他の部分はあまり小さくて見分けられなかった。（三六、43）

プリニウスは無名の芸術家も見落していない。それらの人たちの名声は何かの不運から見逃されてきたのである。たぶんその芸術家とともに仕事をした人の方がより有名だからだろう。『ラオコオン』とパンテオンに飾られている沢山の彫刻はこの忘れられた方の例である。

ある人の作品が著名なものであったとしても、ただひとつの作品に共同した芸術家が何人もあったため、その人の名声はぼやけてしまう。というのは誰でも個人として名声を独り占めにすることはできないし、またその何人かが同時に名を挙げることはできないからである。その例はティトゥス帝の宮殿にある『ラオコオン』だ。これはどんな絵画にも、どんな青銅作品にも勝る作品である。ラオコオン、その子供たち、そしてすばらしいヘビの絡みつき、これらはいずれもロドス人であるハゲサンドロス、ポリュドロス、そしてアテノドロスの卓越した工芸家たちが、一致したプランに従って、一個の石塊から刻んだものである。同じようにパラティヌスの丘の帝室宮殿には、二人組の芸術家たちによってつくられた優れた像がたくさんある。（三六、37—38）

アグリッパのパンテオンは、アナテイのディオゲネスによって飾られた。そしてこの神殿を支えている柱の中には、ほとんどそれらのものと匹敵する女像柱が何本もある。そしてその切妻壁両隅にある諸像についても同じことが言えるのだが、それは高い位置にあるためあまり知られていない。（三六、38）

第十六章　建築と七不思議

人間の手で成されたもので驚嘆に値する最高のものは、建築物、記念建造物、彫像のような永続的な記念物に集中している。「世界の七不思議」には、もっとも寿命が長いと思われる建造物のなかから著名なものが選ばれている。このなかにはエフェソスのディアナの神殿、マウソルスの墓、ロドスの太陽神の巨像、オリュンポスのユピテル像、大きな建築物であるバビロンの懸垂庭園、エジプトのピラミッド、セミラミスのオベリスクである。

ローマの建造物は、そのような立派な建造物の代表とするには新しすぎるので、対象から外されている。だがいくつかのローマの建築物は、ほとんど同じような名声を得ている。たとえばパラティヌスの丘からエスクィイリヌスの丘に広がるネロの黄金宮殿がそうである。プリニウスはこの複雑に入りくんだ地所が土地を浪費していることに大きな関心を払っている。そして、歴戦の戦士が報酬としてほんのわずかな土地しか貰わないのに、皇帝がこれほど広い土地を独占したことを悲憤慷慨している。

われわれは今までに二回、全市が帝室の宮殿に囲まれるのを見た。ガイウス〈カリグラ〉の宮殿とネロの宮殿である。後者はすべてに冠絶し、まったく「黄金の家」であった。次のようなものが疑いもなくこの帝国を偉大にした人々の住居であった。それらの人々は犂を捨て炉辺を捨ててまっ直ぐに戦いに赴き、諸国民を征服し勝利を得たのだが、彼らがもっていた土地といえば皇帝の居間ほどの広さもなかった。(三六、111)

またローマには大規模で印象的な建築物である浴場がある。それはローマの偉業の一つであり、古代からの伝統として残され、後世のヨーロッパの公共建築物の様式を定めた。不運なことにプリニウスはコロセウムについては述べていない。彼はその完成前に死んだから。浴場の正面には真鍮や大理石で作られた三〇〇の彫像が飾られ、四〇〇本の大理石の円柱で支えられていたという。七〇〇の貯蔵タンク、コックと放出口を備えた一〇五の導水管がそれに含まれている。そこには一七〇の浴室があり、「暖房した部屋であらゆる種類、身分の人々がまったく無料で入浴し発汗することができた」(二)という。しかもプリニウスが述べていることはほんのその一端にすぎない。

ローマへの水の供給には、導水管、下水、浴場の建設など途方もない労力が必要だった。一四の水道が毎日三〇〇万ガロンの水をローマに供給した。下水には七本の流れがあってそれが市を貫流し、やがて一本の主流に集ってあらゆるものをティベリス川に押し流す。作業は最悪の条件下で強制労働によって行なわれた。工学技術だけがひとり手柄をたてた。石積みは突然の洪水による圧迫にも耐えることができた。

そして、それに加わる大量の雨水に押し進められると、その下水道の底や岸を打つ。時にはティベリス河の逆流が下水道に溢れて上流へ浸入して来る。そして荒れ狂う溢水が下水道の中でぶつかり合う。それでも不屈な強さをもってその構造は、その重圧に耐える。上方の街路では巨大な石塊が引かれてゆく。それでもその暗渠が崩れるようなことはない。それは自然に崩壊したり、火災によって地響き立てて崩れ落ちる建物に打たれる。地面は地震によって震動する。しかしそういうすべてのことにもかかわらず、タルクイニウス・プリスクスの時代以来七〇〇年間難攻不落のままであった。われわれはもっとも知名の歴史家たちが見逃したが故に、いっそう記しておく価値があるひとつの事件について、述べそこなってはならない。タルクイニウス・プリスクスは、平民たちを人夫としてその工事を遂行しつつあったとき、その困難な仕事をいっそう著名なものにするにはそれを強化した方がよいか、それとも長引かせた方がよいかに迷った。市民たちは疲労困憊から逃れるために、大規模な自殺を行なったので、王はこの時以外には史上かつて例を見ない、一風変った政策を案出した。彼は自分自身の手で生命を絶ったすべての人々の屍体を磔にして、市民仲間たちがそれを見守るのに任せておいたり、野獣や猛禽にそれをずたずたに引き裂かした。そのため、国民としてのローマ人の特徴であり、戦場で絶望的であった形勢を挽回したことが数知れずあった廉恥心が、そのときも彼らの救いになった。しかしこのときは、彼らがいざ名誉を失うよりは、死を選ぼうという瞬間になって騙されてしまった。死んでからも同じように恥ずかしいだろうという錯覚に陥って、生きている間に恥ずかしくなったから。(三六、105—108)

古代世界の奇跡のうち第八番目の不思議としてあげていいものは迷宮だろう。扱っている対象が複雑であるように記述も複雑である。

これは人間が自分の財源を費してつくったもっとも異常な業績であり、実際にあったこととは信じられないようなことだが、決して架空的なものではなかった。そのひとつは今でもエジプトのヘラクレオポリス州に存在している。今までに建造された最初の迷宮は、伝説によると、三、六〇〇年前ペテスキス王またはティトエス王によってつくられたという。もっともヘロドトス[1]は、その仕事はすべて「一二王」によってなされたものとしており、その最後の王はプサメティコスであったと言っている。それを建造した理由についてはいろいろな暗示が与えられている。デモテレスは、それがモテリスの宮殿であったと、リケアスはモイリスの墓であったと想像している。一方多くの著述家たちは、それは太陽神の神殿として建設されたものだと述べており、これが一般の信ずるところである。真実はどうであれ、ダイダロスがクレタで迷宮をつくるときそれを手本としたことは間違いない。ただ、ややこしく進んだり退いたりして人をまごつかせる曲りくねった道を含んではいるが、彼が再現したのはそれの一〇〇分の一に過ぎない。それはわが国のモザイクを施した床とか、マルスの原で、少年たちがやっているものものしい遊戯などで見受けるような、何マイルにも及ぶ「遊歩道」や「騎馬道」からなるほんの細長い地面ではなくて、壁のところどころに入口があって、その先に道があるかのように見せかけては人を瞞し、いままで歩いて来た同じ道に引返さねばならなくなる、というようなものである。このクレタの迷路はエジプトのものに次いで二番目のものであった。そしてレムノスに三番目のものが、イタリアに四番目のものがあった。これらはいずれも念入りに仕上げた石の穹窿天井に覆われていた。エジプトの迷宮にはひとつの呼び物があって、わたし自身それは驚くべきものだと思う。すなわちパロス島の大理石でつくった入口と円柱がそれである。その建物の残りの部分はシエネ石でできていた。その大塊がうまく据えられていたので、多くの世紀の流れも、それを破壊し得ないのである。それらの保存には、この異常な業績に対して並々ならぬ敬意を表して来たヘラクレオポリスの人の助けがあった。

この建物の一階平面図と個々の部分を十分に描写することはできない。というのは、それがノモスと呼ばれる州もしくは行政地区に分けられているからである。ノモスは二一あって、それぞれその名をもつ巨大な広間が割当てられている。それら広間のほかに、その中にはエジプトのすべての神々の神殿、そしてさらに四〇の神殿に安置されているネメシス、それぞれ四〇キュービットの高さと六アロウレの基部面積をもついくつかのピラミッドが含まれている。訪問者を戸惑わせる通路にさしかかるのは、すっかり歩き疲れてしまったときである。さらに、斜の道を高く登っていくといくつかの部屋があり、また九〇段の階段によって地上に降りることができる歩廊がある。内部には華麗な斑岩の円柱、神々の像、諸王の像、怪物の像などがたくさんある。広間のいくつかは、入口の扉を開けると内部で、ど胆を抜くような雷鳴が轟くように設計されている。ついでながら、たいていの建物は暗がりの中を横切らねばならない。さらに、この迷宮の壁の外側にも、どっしりした建物がいくつもある。それらのギリシア名は「プテロン」すなわち「翼」である。地下に廻廊を掘ってつくった他の広間もいくつかある。わずかな修理がしてあるが、それはアレクサンドロス大王の時代よりも五〇〇年前に、ネクテビス王の宦官カエレモンただ一人によってなされたものだ。さらにこの人は、四角の石材を持ち上げて穹窿をつくるとき、油で煮沸したアカシアの梁材を支柱として用いたという言い伝えがある。

すでに述べたことでクレタ島の迷路については充分であろう。それに似ているレムノス島の迷路は、一五〇基の円柱があることだけでいっそう注目に値した。その柱の胴はたいへん釣り合いよくできていたので、それが仕事場に吊されていたときは、子供でもそれをろくろの上で廻すことができるくらいであった。建築技師はズミリス、ロエコス、そしてテオドロスで、いずれもレムノス生れの人々であった。この迷宮の残骸が現存している。クレタ島およびイタリアの迷宮は今では跡形も留めていないのに。この後者を「エトルリアの」迷宮と呼んでもよいし「イタリアの」迷宮と呼んでも差し支えないであろう。これはエトルリアのポルセナ王によって彼の墓として用いられるために築造されたものだが、同時にその結果、外国の諸王の虚栄心もイタリアの国王によって追い越されたのだから。だが、これについても無責任な物語がまるで野放図だから、わたしはマルクス・ウァロその人のことばをそのまま用いてその建物を描いて見よう。「彼はクルシウム市のつい近く、彼が正方形の切石でつくった各辺三〇〇フィート、高さ五〇フィートの正方形の記念物を残したところに埋葬されている。この正方形の台座の内部には、入り組んだ迷宮があって、誰でも自分の出口を発見しようというのなら、糸の球を持たずにそこに入ってはならない。この正方形の台座のうえに、各隅に一基ずつ、中央に一基、計五基のピラミッドが立っている。それらは各基部で七五フィートの幅があり、高さは一五〇フィートである。それらは先細りになってゆき、それぞれの頂上には一つの青銅の盤と円錐形の小さい丸屋根がのっており、それから鎖でベルが吊り下っている。それらが風で揺れるとその響が、以前ドドナでそうであったように、遠くまで聞えた。この盤にはさらに四つのピラミッドが立っていて、高さがそれぞれ一〇〇フィートあった。そしてさらに一つの壇の上に五基のピラミッドがあった。」これらの最後のピラミッドの高さまで、自分の説明につけ加えることは、ウァロといえどもはばかったところである。だがエトルリアについての話は、それまでのすべての建物にも劣らぬ高さのものであったことを物語っている。誰の利益にもならぬことに金銭を費して名声を求めたり、一王国の資産を使い果したことは、正気の沙汰ならぬ愚行であった。そしてその結果といえば、結局、金主よりは設計者が名を挙げたにとどまったのである。(三六、84—93)

有名な世界の七不思議の一つとしてまずエフェソスのディアナ神殿がある。この神殿は、肖像作りの職人たちが、自分たちの職業が圧迫されることを恐れて、聖パウロにたいする暴動をかきたてたことでよく知られている。〔二〕この神殿のいちじるしい特徴は、地震による振動から守るため、岩の上にではなく沼沢地に建てられたことである。はじめ木炭を舗道のようによく踏み固め、次に羊毛の束を敷ならべた。神殿の全長は四二五フィート、幅は二二〇フィートである。一二七本の円柱が並んでいるが、それぞれが別な国王によって作られたもので、どれもみんな見事な出来ばえで彫刻が施されている。

この工事を監督した建築家はケルシフロンであった。驚嘆事の最たるものは、そんな巨大な建物の台輪を持ち上げて、正しく据えることに成功した点である。それを彼はアシで編んだ嚢に砂を詰め、円柱の柱頭の面に達するまで緩やかな斜道を築いて達成した。それから彼は少しずつ最下の嚢の砂を抜いたので、その構造物は漸次正しい位置に落ちついた。しかし入口の上部に楣（まぐさ）を据えようとする段になって彼は最大の困難にぶつかった。というのはそれが最大の石塊であり、なかなかその床に落ちつこうとしなかったからである。その建築家は、結局自殺の腹を決めるほかないのではなかろうかと沈思するくらいに苦悩した。さらに話は続くが、彼が沈思している間に疲れてしまった。ところが彼が夜眠っている間に眼の前に、その神殿を捧げようというので建築を行なっている女神が現われ、死んではならぬと励ました。彼女が自身で石を据えたからと言って。そして翌日になってその通りになっていることがわかった。(三六、95—97)

それ以外に興味ある点は、神殿建築に木材を使用しており、とりわけディアナ神とされている像がコクタンでできているともいわれていることである。これは、いくつかの神が黒い顔をしていることにプリニウスが着目していることを示している。

コクタンはきわめて長年月もつと信じられている。イトスギやセイヨウスギも同様だ。エフェソスにあるディアナの神殿で、すべての材についてはっきりした判定が与えられた。全アジアがそれをつくっていたのだが、完成するのに一二〇年もかかったのだから。その屋根がセイヨウスギの梁でできていることについて異論はないが、女神の像そのものについては若干の論議がある。すべての他の著述家たちはそれはコクタンでできていると言っているのに、ごく最近それを見て、それについて書いた人々の一人で、執政官を三度も勤めたムキアヌスは、それはブドウの材でつくられている、そして神殿は七回も再建されたのに、神像は変っていない、そしてこの材料はエンドエウスによって選ばれたのだと述べている。ムキアヌスは現にその芸術家を名指しているが、このことはわたしとしては驚くべきことだと思う。というのは彼はその像を、リーベル・パテルのみでなく、ミネルウァよりも古いとしているのだから。彼はまた、たくさんのすき間からナルドがその像の中に流し込まれるので、その液の化学的性質がその材に栄養を与え、接ぎ目が離れないのだ、とつけ加えて言っている。この像に接ぎ目などがあるとはいささか驚きである。そして折り戸はイトスギ材でできており、そして木材はすべてほとんど四〇〇年も経っているのに、新材のように見えるとは。またその戸が四年間も膠のかまちの中に入れてあったというのも注目に値する。イトスギが戸をつくるのに選ばれたのは、それがすべての他の材に勝って、最良の状況下にあっては、いつまでも艶を失わないからだ。(一六、213―215)

マウソレウムまたはカリアの王マウソルスの墓は、その妻ハリカルナッソスのアルテミシアによって建立された。この記念建造物は南北の長さが六三フィートだが幅はそんなになく、全周が四一一フィートあった。高さは二五キュービットで、三六本の円柱で囲まれていた。スコパスを含む四人の優れた彫刻家がそれぞれ一つの側面を担当した。

彼らに第五の芸術家が加わった。というのは柱廊の上に下部構造物の二倍の高さのピラミッドがのっていて、二四の階段が次第に狭くなっていってその頂点に達している。その先端に大理石でつくった四頭引き戦車があって、これはピュティスの作であった。この戦車を加えたことで全制作が仕上ったので、それによって高さが一四〇フィートになった。(三六、31)

ロドス島の巨像は青銅による巨大な太陽神で、リンドゥスのカレスの手によるものであり、高さが七五キュービットある。

そしてそれが建てられた六六年後に地震で倒れた。しかし地面に横たわっていてもそれは驚嘆すべきものである。その像の親指を抱いて両腕が届く者はほとんどないし、その指がたいていの像よりも大きい。そして手足がもげたところには、とてつもない穴が口を開けており、その中には大量の岩石が見えている。それは、その芸術家がこの像を建てたとき、重味で像を安定させたものである。記録によると、それを完成するのに一二年を要し、三〇〇タレントの経費がかかった。この資金は、デメトリオス・ポリオルケテス王が、長引いたロドス包囲に倦んで放棄した武器によって調達したものだという。同じ市には、そのほかに一〇〇体の巨像があって、それらはこの像に比べてこそ小さいが、そのどれひとつも他のどこかに単独で立っていたとしたら、そこを有名にしたことであろう。(三四、41―42)

その残骸は九〇〇年のあいだ地面に横たわっていた。というのもそれらは神聖さを保持していたから。最後にマホメット教のカリフであったといわれるムアウィウス〈三〉によって真鍮に溶かすため撤去された。歴史の偶然というか、それを運び終るには、像が放置されていた年数と同じだけの数のラクダが必要であったという。

あらゆる点からみて、バビロンの懸垂庭園は巨大な規模の屋上庭園であり、高いアーチのうえに作られ、エウフラテス川から水を引いた。これらは生贄の巨大な塚と関係があったのではないだろうか。その頂上には僧侶たちが犠牲式を行なっているのが大衆に見えたであろう。その「高い所」には木が植えられていた。ヴォルテール[四]はこれらの庭園を、アシを厚く敷いたその上に二〇フィートの土を盛った地面からヤシ、オレンジのなる木、レモン、チョウジ、シナモンの木々が高く生い茂り、ヴェルサイユの庭園に似ていると言ってもよいほど完璧なデザインの滝と噴水が数千もある庭園として描きだした。ヴォルテールは空想的である。しかし東洋では、物珍しく、人工によって高く盛りあげた、そびえ立つような公園風の庭園を作ることが流行していた。フビライハンの「緑の丘」[五]のほとりには土を掘って作った池があるが、それは一つの例としてあげられるだろう。

フェイディアスが象牙と金で作ったオリュンピアのユピテルの像は、ホメロスの記述によれば、あらゆる細部にわたっての神の表出であり、それだから、ギリシア人の宗教感情を美と荘厳のなかに最高の可能性を追求しながら具現化したものであるという。キケロは、あらゆる彫像のなかで最高の完成に達したものであるとしたし、他の著者たちは、そのまことに神々しい姿をうち仰いだとき、心のなかに感動を覚えたと証言している。

最後はエジプトのピラミッドとオベリスクであるが、これはプリニウスがその地を訪問したとき見たに違いない。明らかに彼は、ピラミッドが作られた本当の理由を理解しておらず、愚かな国王の虚栄心によるものにすぎないという。彼は、国王たちはあり余る富の使い道がわからず、そこでこのような無駄で必要性のない虚栄的なことに金を使ったのだと述べている。彼は、主要な動機は失業救済であり、同時にあまりにも多い富を、反逆を試みるかもしれない後継者に遺すことによる危険を避けることであったと信じている。最大のピラミッドには二〇年間にわたって三六万六千人の人たちが働かされた。そして三つのピラミッドを作るのに七八年と四カ月かかった。建設中働いている人たちのためのダイコン、ニンニク、タマネギだけに一八〇〇タレント[六]の金額を費したという。

建設操作の痕跡が全然残っていない。その周り一面にはレンズマメ形をした砂ばかりが散らばっている。こういうものはアフリカのたいていのところで見つかる。大問題は、その石がどうやってそんなたいへんな高さにまで積み上げられたかということである。ある人々はそれが高くなるにつれて、ソーダと塩でその構築物にもたせかけた坂道を幾重にも重ねてゆき、ピラミッドが完成した後、河から引いて来た水にそれらを浸して溶かしたものと考えている。またある人々は、泥煉瓦で橋をたくさんつくり、工事が完成したときその煉瓦は個人個人に自分たち自身の家をつくるのに分配されたのだと考える。というのはずっと低い水準のところを流れているナイル河が、その場所を水浸しにすることは不可能だと考えられるからである。最大のピラミッドの内部には、八六キュービットの深さの井戸がひとつあって、そこへ水路によって水が引かれたものと考えられる。ピラミッドの高さの測量法、そしてどんなものでも同じように測量する方法は、ミレトスのタレスによって考案された。その方法というのは、影の長さがそれを投げている物体の高さと等しいと期待されている時点で、その影を測ることである。（三六、81―82）

オベリスクは、太陽神に捧げられた赤い花崗岩の「光線」として描かれている。エジプトの名前では太陽光線に類似していることを意味する。国王たちはこの魅力的な建造物の製作をあらそい、その大きさを競った。ラムセス〈七〉はそれ以前のすべての記録を塗り替えるべく、総力をあげて努力をしたらしい。

　ラムセスはまた、かつてムネウィスの宮殿があった構内の出口のところにいま一本立てたが、これは一二〇キュービットの高さがあった。しかし異常に太いもので、各面とも一一キュービットもあった。この事業の完成には一二万人が必要であったと言われている。そのオベリスクが立てられようとしていたとき、王は足場がその重味に堪えるだけ強くないだろうと心配した。そして人夫たちがもっと大きな危険に気を配らなければならないように、自分の息子をその頂上に括りつけた。彼の考えは、人夫たちの手によって子供が救われるのと同時に、石も助かるようにということにあった。この建造物はひじょうに賞賛されたので、カンビュセスがその市を襲撃し、大火がそのオベリスクの根本に及んだとき、彼は火を消すように命じた。そうやって彼はその市そのものには少しも感じなかった尊敬の念を、その巨石に対して示したのである。(三六、65—66)

巨大なオベリスクをローマに運ぶのは難事業だった。とくにティベリス川を遡航するのは。アウグストゥスはそれらのうちの一つを競技場に設置した。それは高さが一二五フィートと九インチあった。[八] もう一つはマルスの原に設置されたものでそれよりは九フィート低いものであった。これらには、エジプトの哲学と宗教のすべてである「自然についての一切の解釈」が彫ってある。正午を示す日時計として用いられたひとつのオベリスクが、原因不明のまま狂いが生じていた。プリニウスは三つの原因が考えられるとしている。地震もしくは地盤沈下によるものか、あるいは何か異変が起きて地球が宇宙の軌道からずれたのか、そしてもっとも大胆な推測として、宇宙自身に変動が起きたのかもしれないと言う。これはとても現代的で複雑な理論である宇宙膨張論にヒントを与えてくれる。[九]

第十七章　宇宙

『博物誌』の第二巻は「天界の影響と大気現象に関しての論議」、他の言葉で言えば天文学のすべて、を含んでいる。そのような広い問題を扱うに際して、まずプリニウスのあげた学者たちを一瞥すると、彼の同国人では、見落すことのできないウァロを除いては目立った人はいない。天文学者としての評価が後世に伝えられなかった皇帝ティベリウスの才能をわれわれが過小評価していることを除いては。

ギリシア人のリストは素晴らしいものである。任意に拾ってみても、プラトン、ヒッパルコス、ピュタゴラス、アナクシマンドロス、エウクレイデス、デモクリトス、アルキメデス、エラトステネス、ヘロドトス、アリストテレス、クテシアスがいる。

このリストはときには不完全であると非難される。しかしこれは、宇宙の構造についての多様な思想を、プリニウスがわかり易く説明してくれるには十分である。引用されている何人かの学者の見解を検討し、それがどのように利用されているか見てみよう。

たとえばタレスの門弟であったアナクシマンドロスは、ギリシア天文学者の最初の人であった。彼は万物は本源的物質から生じたと考えた。それを今日の言葉で現わせば、火、水、その他の要素に分解することができる。熱と冷気は対立し、それは天体の密度を決定する。稲妻と雷鳴は、火が雲のなかにある空気から逃げようとするときに起きる。宇宙の光線の作用が雷雨の原因であるという考えは、今日の理論とまったくかけ離れている。

彼は、すべての天体は円筒型をしており、両側は菱形のように平らになっていて丸くはなく――この特徴のおかげで天体が浮いているのである、と信じていた。エジプト人が星や惑星は大集団で航行していると考えていたので、われわれはそう判断しがちだが、天体が回転しているという考えはまだ生れていなかったのだ。地球はこのような便利な形をしているので、増殖の母体である大洋の上でと同じように、事物の胚種が含まれている流体の上にやすやすと浮ぶことができるのである。彼はまた進化論に近い洞察力のある推測をしている。最初の動物は水気のあるところで生れ、とげだらけの外被に覆われていたという。これは、有史前の魚が装甲していたという今日の考えに対応するものである。時が経つに従いそれらは陸地にやってきて動物になった、と彼はつけ加える。これは再び進化の過程を予想している。彼はさらに進んで、人間自身がはじめ魚に似ていたのではないかとさえ推理した。

ピュタゴラスに関してはむしろ形而上学的な分野について触れることになる。彼によると、数は万物の基礎であり、ここから天体の調和のある行動という考えが導き出される。ピュタゴラスは地球が球体であることを初めて明言した。その理由は、あらゆる単体のなかで球体がもっとも美しく調和的であるという、理論的理由からであった。事実上、宇宙は球形と同様に生気に満ち知的である。ピュタゴラスが創設した学校は発展し、地球は宇宙の中心でもなく固定したものでもないという考えを生み出し、さらに、きわめて重要な認識であるが、常に運動し回転している惑星と同じように軌道を持っているという認識に到達した。そこで、太陽や月や惑星が毎日東から西へ回遊するあいだ、恒星はゆっくりとしか動かないのである。

この調和を保った運動が音の調和にも関係するとされる。宇宙は、惑星、太陽、月がそれぞれの独自の旋律とリズムを繰り返し、オーケストラのように鳴っているという考えが、この面白い発想の基礎になっている。これには、宇宙は神の楽器であるという考えがあり、古代ギリシアの七弦楽器を拡大してそれに見立てたものである。数はこのように宇宙の最高の音調を形成する。だが天国の聖歌隊の神のメロディーは人間の耳には聞えない。あまりにも音量が大きいので。

デモクリトスは宇宙についての二者択一の理論に貢献した。それは率直に言って物質主義的である。彼は一つの大きな有機体や全知全能を信じ、物質の要素を親和力によって分類した先輩たちと違っていた。彼は最初の原子論者であった。原子論者と呼ばれるのは、彼らが、原子もしくは「物体」が真空のなかで結合して世界を形成したという理論を発展させたからである。そのためにデモクリトスは中世の神学者からたいそう嫌われ、ダンテによって、彼にふさわしい場所として地獄に落された。

最後にアリストテレスであるが、プリニウスはその発言がほとんど間違いのない教師として尊敬していた。彼は、四つの元素（土、火、水、空気）があって、土はもっとも重いので下の方へさがり、火は上昇し、空気と水はその間に停滞すると言う。

だがそれらの物質的元素以外に無数のそして神的自然——天空上層の空間に充満している精気があって、星はこの精気で作られている。もっと下の月と地球との間の世界には地上的な元素が存在する。それは常にお互いにせめぎ合い、恒常的な変化を生み出している。

もう一人、エラトステネスの名前も注目される。彼は少し後の紀元前二五〇年頃の生れで、アレキサンドリアの図書館で学んだ。彼は驚くべき直感力によって——天文学的観測から推論した——スペインから西へ同じ緯度を保って航海すればインドに到達するだろうと推測した。

機械の発明者であるアルキメデスは、「私にしかるべき場所を与えてくれさえすれば、地球をも動かしてみせる」という驚くべき大法螺を吹いたので有名である。

このあたりでプリニウス自身の地球および宇宙にたいする考えを検討し、それ以前の相矛盾した考えをどのように調和させようとしたかに注目しよう。彼は、地球が空間に浮ぶ天体としては完全な形である球体をしていることをはっきり認めている。だが下側に住んでいる住民がどのようになっているのか示すのは困難なことである。なぜ「彼らは」落ちないのか、なぜ「われわれ」は「地球の表面に」足をおろしておれるのか。プリニウスは、それらの反対側の人たちが、同じようにわれわれが落ちない理由を考えるのに当惑しているだろうと述べて、たいへん適切な説明を加えている。またある一つの現代詩がこの問題をうまく表現している。

私たちはどうすればいいだろう
もしも、足の下が青色で
すべての世界が逆さまで
頭の上が緑と茶色であったなら
だがこの問題はプリニウスに聞いてみるのがいいようである。（一）

しかし大地の形については人々の意見がはじめて一致する。われわれはたしかに地球の球形について語る。そしてその球が二つの極の間に挟まれていることを認める。また、実際、これらすべての高い山山とか広くひらけた平野などが完全な球の輪郭をつくるのでなく、もしすべての線の端がひとつの円周の中におさまるならば、その周囲が完全な球をなすはずの形が輪郭をつくるのだ。これは事物の性質そのものの帰結であって、天空の場合われわれが提示した原因と同じ原因にもとづくのではない。なぜなら、天空の場合には中高の空間は自分自身に集中し、すべての側からその旋回軸なる地球に乗っている。ところが大地は、中味のつまった濃厚な塊であるから、膨張する物体のように膨れ、外部へ張り出すから。宇宙はその中心へ集中する。ところが地球はその中心から外へと広がる。地球をめぐっての宇宙の不休の回転は、その地球の巨大な球に強制的に球形をとらせる。

ここに、片や学問と片や一般民衆の間にはげしい争いがある。理論的には地球の表面にくまなく人類が住んでおり、互いに足を向け合っている。そして空の天辺は彼らすべての者にとって同じであり、彼らが踏んでいる土地はいずれの方向からも中心にあるわけだ。ところが一般の人々は問う、どうして反対側にいる人々は落ちないのかと。反対側の人々がわれわれが落ちないことをいぶかるのは不合理だとでもいうように。学問のない大衆にも受け入れられる中間説は、地球は松かさに似た不規則な球形をしているが、それでもまわり全部に人が住んでいる、というものだ。だが、地球そのものが宙にぶら下っていて、われわれもろとも落下しないといういまひとつの不思議が起るとき、この説が何の役に立つであろうか。いかにも気息の力、とくにそれが宇宙の内部に閉じ込められているときのその力に疑問があるとでもいうように、あるいは自然が妨害して落ちてゆく場所を与えてもいないのに、地球が落下できるとでもいうように。[1]（二、160－162）

重力の法則を知らなかったので、プリニウスは次のように言い訳している。このような現象は、どんなに困難で不測の災難にも強力に、そして正しく対処できる「自然」の職人的な才能とは調和しないと。この「自然」が、親切にもわれわれに安定性としっかりした均衡を与えてくれている、というのが彼が言いうるすべてであった。地球の表面がでこぼこしているのは、とくに高い山があるのは我々に足場のようなものを与えてくれている、ということもそのヒントになる。もし地表がガラスのように滑らかであれば、宇宙のなかに飛び出してしまわないと誰が言えようか。

他の見方をすれば、古代の宇宙観はきわめて明瞭である。「天を幕のようにひろげ、これを住むべき天幕のように張り」というイザヤの概念[二]がそうである。[2]「天幕」の屋根には一二宮――熊座や牡牛座などの、生きた動物の姿が刻印されている。これがプリニウスの見解である。彼は天井の表面には星がちりばめられている、だから表面はざらざらしており、「鳥の卵のような、すべすべと滑らかなものではない」。この天蓋からあらゆる生あるものの種が、主として大きな生殖の場である大洋に降ってくる。このように、プリニウスによれば、また創造についてとくに論じている「創世記」によれば、この世のあらゆる種類の奇形物は、天から降ってきたものから創られたという。

『ヴェニスの商人』には、同じように天が星でちりばめられているという考えがみられる。

「ジェシカ、お掛けよ、御覧、天の床は、まるで、燦然（きらきら）した金の小皿を一ぱいに敷並べたやうだ。あのうちの一等少（ちッ）ちゃい星だっても、あゝして空を回転する途々（みちみち）、天使（てんのつかひ）のやうな美しい声をして歌を唱ふんだとさ、嬰児（みどりご）のやうな目附をした天童たちが天楽を奏するのに合わせて。人間の霊魂だって、やっぱり然（さ）ういふ音楽を奏するんださうだが、……此滅び行く穢（きたな）い泥の衣物（きもの）に包まれてゐるから、我々の耳には聞えないのだ。……」[三]

これはピュタゴラスの理論「宇宙の音楽」の言い換えである。[3]音階は、科学者が違えば異った全音が案出された。プリニウスが好んだ音階は、地球と太陽は五度、地球と月の間は一度で、これは一番低い。

われわれの眼に見える事実もまたこの信念を確かめてくれる。というのは、天空はいずれの方向へも等距離の中高の半球形の姿を呈しているからだ。そういうことは他のどんな形にあってもできるものでない。

従ってそういう形をした宇宙は静止しているのでなく永遠に言語に絶した速度で回転しているのだ。二四時間かけて一回転している。日の出と日没のことを考えればこれにはいささかの疑いもない。この休止することなく回転運動を続ける巨大な塊が立てる音は大へんな音量であり、そのためわれわれの聞きとる能力を越えているのではないかというようなことになると、わたしとしては容易に言えるものではない。それ自身の軌道にのって宇宙とともに運動する無数の星の音についても同じことが言えるのかどうか、あるいはそれらの星の音は信じられないほど甘美な調和ある音楽を奏でているのかどうかというようなことについても同様である。その中に住んでいるわれわれにとっては、宇宙は昼となく夜となく音も立てずに滑走しているのである。[4]（二、5－6）

古代の考えでは、地球と天のあいだには七個の天体があった。そのうち太陽は最大で、星の統治者であるのみならず、天そのものであった。太陽は全世界の精神であり、光を与え、星と交互に隠れたり現われたりする。また季節を支配し、暗い霧や、人間の心にかかる闇雲を払ってくれる。

バビロンでは太陽よりも月が尊重された。それは、月のほうが光が柔らかく、熱による被害が少ないからである。プリニウスは月の魅力を賛美し、エンデュミオンは最初の生贄になったと指摘している。[四]だが、月は変化し、常に満ちたり欠けたりしている。「角の先のように尖って」曲がるかと思うと、次には半分になり、また満ちて輝く。月は斑点ができたり曇ったり（斑点は水蒸気が吸い上げた地球のちりである）異常に輝いたりする。「月は積極的に動き廻り、あるときは高く、あるときは低く、北方にもち上げられたかと思うと南に引き下げられる。天空高く昇ったかとみると、あるときには山にぶつかりそうになる」。

また月の蝕がある。月が蝕という危害に襲われたときには、人々はトランペットやたらいを鳴らしてその回復を助けようとする。

実際ローマ国民で両種の蝕に関する説明を発表した最初の人はスルピキウス・ガルスであった（執政官としてマルクス・マルケルスと同僚であったが、当時は軍の護民官であった）。彼はペルセウス王がパウルスに敗れた前日、蝕についての予言をするよう最高司令官によって集会の前に連れて来られたとき、軍隊の恐怖を救った。そしてその後にも一つの論文を書いて発表した。最初の発見はギリシアにおいてミレトスのタレスによってなされた。彼は第四八オリュンピア紀の第四年〈五八五年〉に、アリアッテスの治世、ローマ建都第一七〇年に起った月蝕を予言した。彼の時代の後では、六〇〇年にわたる両星の進路がヒッパルコスによって予言された。彼の著述には各国の暦、諸国民の場と相の位置などが含まれている。彼の方法は、彼の同時代人の証言によると、自然の設計に完全に参与することにほかならなかった。ああ朽ち果てる富に勝る高貴な富をもった偉大なる英雄たち、彼らはあの偉大な神々たちの法則を発見して人間の哀れな精神を恐怖から解放した。人間というものは歴史が示すように、星の蝕に際して何らかの犯罪とか死とかが起こることを恐れたり（あの崇高な歌手、吟誦詩人ステシコルスやピンダロスも明らかに月蝕のために恐怖を感じたのだ）、あるいは月が死にかけているとき、それが毒を盛られたものと考え、そのためにシンバルをかまびすしく打ち叩いて救いの手を伸べようとする（蝕の原因について無知であったアテナイの将軍ニキアスは、驚愕のあまり、艦隊を率いて出港することを恐れ、そのためにアテナイの方策をだいなしにした）のだ。（二、53－54）

ヒッポクラテスへの言及は正確に記述されている。ヒッポクラテスは蝕を予言しただけでなく、ひと月の長さを今日用いられている数値と比べても、一秒以下の誤差で計算した。その正確さは驚くべきことであった。彼はまた八五〇の星の一覧表を作った。またシリウス星の位置と恒星についての記録は、恒星は昔の人たちの想像と違って固定してはいないという一七一八年のハリー〈五〉の発見を可能にしたことで感謝されている。

惑星の色が違っている理由は巧妙に説明されている。色彩の変化は地球からの距離によるもので、その惑星が通過するときの空気の特徴によって色がきまるという。土星は白くきわめて冷たい。火星の色は赤くて熱い火のようである。木星は透明で暖かい。彗星の出現はもっとも恐れられ怖がられている。それらは血のように赤くてもじゃもじゃしたたてがみのようであったり、または剣のようにキラキラ光ったり、あるいは槍か投げ槍のように早かったりする。サラミスの戦いのときに角に似た彗星が現われた。悲劇的事件の先触れとして普通「火の行列を伴った星、血の滴り、太陽のなかの凶兆」が現われるのが普通である。

彗星には、惑星と同じく動くものもあるが、不動で静止しているものもある。動くものはほとんどすべて真北へ向い、不動のものも空の特定の部分に止まっているのではない。もっとも主として銀河と呼ばれる明るい地域に止まっているのだが。アリストテレスもいくつかの彗星が同時に見られると書いている。こういう事実は、わたしの知る限りでは、他の何人によっても観察されたことがない。そしてこれははげしい風と暑さを意味する、と書いている。また彗星は冬の月にも南極にも現われる。しかし南に現われる彗星は光線をもたない。ひとつの恐ろしい彗星をエティオピアやエジプトの人々が見た。それにその時代の国王テュポンが自分の名を与えた。それは燃え立っているように見え、コイルのようによじれていた。そしてそれを見るとものすごかった。それはほんとうは星というよりもむしろ火の玉と呼んで然るべきものであった。惑星もすべて他の星も、ときには広がる毛髪をもっている。だが、ときには西の空に彗星があることがある。それはいつも威嚇的で、容易に消滅しない星だ。たとえば、オクタウィウスが執政官であったときの国内動乱、さらにポンペイウスとカエサルの間の戦争〈前四九、四八年〉の間、あるいはわれわれの時代になってからは、クラウディウス・カエサルからドミティウス・ネロへの帝国という遺産を保証した毒殺のころ、したがって、ネロの統治の間、ほとんどたえず、そして恐ろしくぎらぎらと輝いていた。人々は、大事なことは彗星がどちらの方向に進むか、それがいずれの星の力を借りるか、それはどんな形に似ているか、それがどこで輝いているか、ということだと考える。もしそれが一対の笛に似ているなら、それは音楽芸術にとっての凶兆、それが星座の目立たないところにあれば不道徳の凶兆、もしそれがある恒星の位置に対して等辺三角あるいは直角四辺形をなしておれば、天才人の出現と、学問復興の兆、大熊星と小熊星の間、または蛇座の手の中にあれば、毒殺をひき起す、と考える。

全世界で、彗星が信仰の対象になっている唯一の場所はローマの神殿だ。故アウグストゥス陛下は、この彗星を自分にとってきわめて幸先よいものと考えられた。(5)というのも、彼の治世の初期、父のカエサルの死去まもなくのことだが、父が創設した大学の一員として、ウェヌス・ゲネトリクスに捧げたある競技を行なっていた際に現われたからだ。実際彼は自分の歓びを次のようなことばで発表した。「ちょうどわたしの競技会の日々に、空の北方の部分にひとつの彗星が七日間見えた。それは日没一時間前ころに登りつつあって、明るい星であらゆる国々で見られた。一般の人々は、この星はカエサルの霊が不死なる神々の霊の間に受け入れられたことを意味するものだと信じた。そのため、その後まもなくわれわれが広場に捧げたカエサルの胸像に星の印がつけ加えられたのだ」。これは彼の公的な発言であったが、私的にはこれをしりぞけた。というのは、彼はその彗星は彼自身のために出現したもので、その中に彼自身の出生を含んでいるものと解釈したからである。そして実をいうと、それは世界に対して健全な影響を及ぼした。(6)（二、91―94）

あらゆる星のなかでシリウス星はもっとも恐れられ不吉なものとされていた。この星は一年でいちばん暑いときに昇り、災害をもたらす。海は荒れ、地下室のブドウ酒はかき乱され、池やよどんだ水は奇妙に揺れ、イヌは狂ったように走り廻ろうとする。

いっぽう月は生物、とくにカキやその他の貝類の成育に大きな刺激と優れた効果を及ぼす。ネズミやイエネズミの骨格は月齢を現わす。アリは新月のときには働かない。血の増減は何らかの方法で月によって支配されている。この点についていうと、何百年となく人の死が厳密に汐に従うとされてきたことは、とても興味あることだ。木の葉、一般に植物は強く影響を受ける。月は女性の星で太陽は男性である。太陽は大地の湿気を吸いとり、その強力な火力で海を蒸発させて塩辛くする。「太陽が塩の海で養われるように、月は新鮮な川の水で育てられる」〈六〉という思想は、もしわれわれが伝承童謡の深遠な意味を信じるならば、これはジャック・スプラットとその妻の嗜好を連想させてくれる。

プリニウスの見解によれば、物質的創造にあずかる元素は空気、土、水、火である。雷電は三つの惑星、土星・木星・火星から発する。それからまた風の助力を受けて地震と同類の現象が起きる。火はもっとも重要な元素である。ほんの小さい火花から大きな火にどこまでも燃えさかる性質を持っている。火は星のなかに、人間の身体のなかに、火打ち石のような石のなかに、またある種の木を互いに摩擦したときに存在する。最大の驚きは、雲から稲妻が発生することである。プリニウスは、この宇宙のなにものも火を捕まえることができないのが不思議だという。「たしかに全世界で一日でも火が起きない日があるということは考えられない」〈七〉。人体から炎が立ちのぼるのは何か大きな前兆である。セルウィウス・トゥリウスが少年であったとき、眠っているその頭から炎がでた。そしてルキウス・マルキウス〈八〉が二人のスキピオ〈九〉の死の復讐を兵士たちの前で訴えていたとき、彼の頭には焔のようなものが輝いていたという。

そのような恐ろしい前兆にもかかわらず、大地はわれわれに正真正銘の手厚い恩恵を施してくれる。

次は大地だが、これはその功績のゆえに、われわれが母という尊称を贈った自然界の一部分だ。天空が神のものであるように、大地は人間のものである。それはわれわれが生れると受け入れてくれ、生れた後は養ってくれ、いったん生み出されたらつねにわれわれを支えてくれ、そして最後にわれわれが自然の他のすべてのものから見放されてしまったときに、大地はわれわれをその胸に抱き、まさにそのときわれわれにその母らしい避難所を与えてくれる。われわれが浄化されるのは、大地がわれわれの記念碑や碑銘を支え、われわれの名を後世に残し、われわれの記憶を永く留めてくれることによってわれわれをさえ神聖化する努力のお陰にほかならない。神としての大地は、すでにこの世にいない人を苦しめてくれるようわれわれが腹立ちまぎれに祈願する最後のものだ。大地というものは、人間に対して腹を立てることのない唯一の元素であることは、われわれも知らないはずがないのに。水は霧となって立ち昇り、凍って霰となり、波となって膨らみ、奔流となって逆巻き落ちる。空気は雲とともに濃縮し、暴風とともに荒れ狂う。だが大地は親切温和で寛大、いつも人間に仕える侍女で、われわれに強制されて生産し、進んで豊かに与える。何という芳香、何という風味、何という水分、何という肌触り、何という色だ。何と正直にそれは借りたものの利子を払うことか。どんなにかわれわれの利益のために物を育ててくれることか。というのは、有害な生物があることについては生命の息吹に責任があるのだから──大地はその種子が播かれるときには、それを受け入れ、それが生じたときには、それを養わざるを得ないのだ。それらの害は、それらを生み出した人々の悪の中にあるのだ。ヘビが人を刺したとき、大地はそのヘビをかばいはしないし、その弱い者のために仕返しをしてやりさえする。大地は薬草を生産し、人間の利益のためにいつでも生産力を失わない。いや毒すら、大地がわれわれに対する同情から発明したものと考えてもよいのかもしれない。それがあるために、われわれが生活に疲れたとき、大地の仁慈からもっとも縁遠い死、つまり緩慢な衰弱によってわれわれを食い尽くす飢餓から免れるのだ。また断崖がわれわれのからだを引き裂きばらばらに撒き散らすとか、邪悪な刑罰にかけられ呼吸を困難にする締め輪によって拷問にかけられることから免れる。そしてまた海で死のうとするとわれわれの屍体が魚の餌食になるとか、鉄の拷問がわれわれのからだを引き裂くとかすることから免かれるのだ。その通り、大地は慈悲心から、人が渇いたときに飲むような、いともたやすい一服によって苦痛もなしに、ちゃんとわれわれを消してくれる薬をつくり出した。その際、からだも傷もつかず、血も失われないので、死んだとき鳥獣もわれわれに触れることはないし、自分で死んだ者は大地のために保存されるというわけだ。

真実を認めよう。大地がわれわれの病気の薬としてつくり出したものを、恐ろしい毒に変えてしまった。われわれは鉄というなくてはならぬ贈物について同じような用い方をしてはいないだろうか。だからたとえ大地が悪事に役立つために毒をつくり出したとしても、かれこれ言う権利はないであろう。実際、自然の諸元素のひとつについて、われわれは少しも感謝していない。どんな奢侈、どんなはなはだしい消費のためにも大地は人類に奉仕しているのではないか。大地は海へ抛り出され、水路を通ずるために掘り返される。水、鉄、木材、火、石、繁茂する作物などはたえず大地をさいなむために、さらには大地をわれわれの生存よりも奢侈に奉仕させるために使用される。それなのに、大地の表面と表皮にだけ加えられる苦痛を耐えうるものに見せるために、われわれはその内臓に探りを入れ、金や銀の鉱脈、銅や鉛の鉱坑へと掘り進む。実際われわれは宝石やあるちっぽけな石を探すために立鉱を深く掘り下げ大地の内臓を引きずり出す。われわれはただ指につけるだけのために宝石を求める。ただひとつの指関節がきらきら輝くために、どんなに多くの手が労苦のために擦り減らされたことだろう。もし冥府に何かがあれば、強欲や奢侈のためとっくの昔にそれは掘り上げられたことであろう。だから、大地がわれわれを害するためにある生き物をつくり出したとして、それをいぶかることができるであろうか。野生動物は、わたしがそう信ずるのは正しいと思うが、大地の守護者であって、大地を冒瀆の手から守るのだ。ヘビはわれわれの鉱坑を汚染しないであろうか。われわれが扱う金鉱脈には毒の源が混っているのではなかろうか。それでもそのことはいよいよもってわれわれに親切な女神であることを示してくれるものだ。というのは、そこから富が引き出されるすべてのこれらの地下の大通りは、罪悪や殺戮や戦闘の源になるに過ぎないから。そしてわれわれは自分たちの血が注がれた大地を、埋葬されないままの骨で覆うのだ。にもかかわらず、われわれの狂気が決定的に取り除かれるとき、それらの骨の上に自分自身をヴェールとして引き寄せ、人間の罪悪をすら蔽い隠してくれるのだ。(二、154―157)

宇宙は、嵐・風・雨・雹・霜・雪・雨などの邪魔ものによる循環があることを前提としながらも、概して恵み深いものにできあがっている。科学が揺籃期でしかも哲学と結びついていたときには、地上、空中、天空で観察されるものはすべて「大気現象」という語のなかに包含されていた。今日、大気現象という語は、宇宙のあいだをさまよっている流れ星を含んでいたり、天気予報を出している気象庁の名に残っていたりする。

プリニウスがなしえたことは、彼の先輩たちには想像であった一連の気象の法則を詳しく述べることであった。だが彼は農夫の天候についての経験的知識を無視しなかった。それら多くの予知は信頼性のある予報として受け入れられた。

予言はまた動物によって与えられる。たとえば凪いだ海でイルカが遊んでいれば、それらがやって来た方向からの風を予言する。同じようにそれがうねり波のある海で水を弾いていれば穏やかな天候を予言する。イカがばたばたと水から飛び出たり、貝類がものに付着したり、ウニが身を落ちつけたり、砂を盛ってからだを安定させたりすれば、それは暴風雨のしるしだ。またカエルがいつもよりひどく鳴いたり、オオバンが朝から囀ったり、カイツブリやアヒルがその嘴でその羽を浄めたりするのは風のしるしだ。それから他の水鳥が集合したり、ツルが急いで内陸へ飛んだり、カイツブリやカモメが海や沼から飛び去るのも同様だ。ツルが鳴かずに高空を飛ぶのは晴天の予言、そしてフクロウが驟雨の中で叫ぶのも同様だ。しかしそれが晴天に叫ぶのは暴風雨の予言であり、カラスも一種ごろごろいう鳴き方をし、身を震わせ、その音が連続的であれば同じことを予言するのだが、彼らがその音を呑み込むならば、これは風雨の予告だ。餌をあさるカケスの帰りが遅いのは荒天の予言であり、シラサギが集合するとき、そして陸鳥がちょっとした水に向って立ち騒ぎ、自分のからだに水を振りかけるのも同様だが、とくにミヤマガラスがそうだ。ツバメが水面にひじょうに近く飛んで何度も水を打つ、木の間に棲む鳥が巣の中で交尾しようとする、ガチョウが時ならず立ち騒ぐ、アオサギが砂地の真中でぼんやりしている、などはみんな同じく荒天の予告である。

水鳥でも一般の鳥でも近づく大気の変化を感知するのは不思議なことではない。ヒツジが飛んだり、ふざけて無態に跳ねたりするのは同じ予言だ。雄ウシが空に向って鼻を鳴らし、自分の毛を逆に舐めたり、汚いブタが自分に与えられるものでもない乾草の束をもち上げたり、ミツバチが巣にかくれ、いつもの勤勉さを忘れてぐずぐずしていたり、アリが忙しく右往左往したり、卵を運んだりしており、同じようにミミズがその穴から出て来たりするのもみな同様だ。（一八、361―364）

風は説明が困難ではっきりしない代物であった。それは落ち着かなくさまよい歩く霊であった。あるときは抑制され、他のときには積極的で、常に危険をはらんでいた。風は海の底のような不思議なところに住んでいたりする。南風はそこから起きる。また、大地に洞窟やくぼみがあるところから常に風が生れる。ダルマチアに深い洞窟があり、そこに何かを投げ入れると、晴天のときでも「渦巻のような」突風が吹き出してくる（煙がいっぱい入っている箱を叩くと穴から煙の輪が噴出する原理がこれに適しているかもしれない[7]）。閉じ込められている風が突然逃げ出すという考えは、ほとんど正確に『マーティン・チャズルウィットの生涯と冒険』の記述と一致する。「荒々しい放浪者は喜び勇み、大急ぎで立ち去り、うなり声をあげて荒野や牧草地をさまよい、丘や野を越え、やがて海にたどり着いて仲間の風に出あうと、夜っぴいて浮かれ騒ぐのだった〈一〇〉」。

また『ヘンリー四世』のなかのホットスパーはもっと正確にプリニウスの理論を口にする。

自然界も時々病気に罹って、奇怪（ふしぎ）な爆発をやらかしますさァね。一っぱいに内容（なかみ）を詰め込まれているので、どうかすると、地球めが腹痛に悩まされまさ、始末に行かない風が胎内に溜ったりなんかするとです。そいつが脱出しようとして、婆ァさんの地球を揉立てるもんだから、苔蒸した城や塔やが顛覆（ひっくりか）へる。〈一一〉

ミルトンは『リシダス』のなかで、なぜエドワード・キングは溺死したのかと問い、次のように答えている。〈一二〉

ただ賢（さか）しきヒッポタデス〈一三〉のもたらせし答によれば、
疾風（はやて）はひとやのうちに籠められてありしかば、〈一四〉

それぞれ風は特徴を持っている。はじめに科学的に風を取り上げたホメロスは、四種類の風についてだけ述べている。プリニウスは「現在では四つの方角におのおの二種類の風がある」という。その主要なものはボレアスで、もっとも冷たく北極から吹いてきて雪と雹をもたらす。ノトゥスは南風で、熱くて厄介な風である。ことに乾燥し食欲を奪いがちなときはそうである。ゼピルスは穏やかな西風である。カイキアスは北東風、エウルスははっきりしない南東風である。

旋風と竜巻は突然起きて大きな被害を与えがちである。

これらがいっそうはげしい勢いで通るなら、乾燥した雲を引き裂いて大きな割れ目をつくりギリシア人が夕立と呼んだ暴風を起す。だが、突風が雲の彎曲した下の方から、あまり強くない回転をしながら発生する場合、火――電光のことだが――を伴わない旋回を起す。それが、旋回する夕立をさすテュポン（台風）と呼ばれるものだ。これが雲から熱の一部をもぎ取ってくるのだが、それが雲を回し、旋回させ、それの落下の速度をその重さによって増大させ、そして急速な旋回によってあちらこちらへ移動させる。これが航海者にとってとくに悲惨だ。というのは、それが帆桁のみでなく、船そのものまでねじ回し打ち砕くからで、それから逃れる心細いながら唯一の方法は、それが近づく前に酢を流し出すことである。酢はたいへん冷たい物質だから。（二、131―132）。

酢についての一般的な言い伝えは、火を消すことができるということである。それは酢が冷たいといわれていることによる。〈荒波を鎮めるために〉人によっては酢の代りに油をあげる。とくにプリニウスは、悪天候のもとで荒れた海を鎮めるのに、真珠採りたちは油を用いると伝えている。

雷と稲妻についてはいろいろな説がある。もっとも巧みな説明は、灼熱の鉄からの類推である。それは水のなかに入れると猛烈な音を出す。嵐は雲が二つに裂けるか、ばらばらにちぎれるときに起きる。ときどき稲妻が走る。雷鳴は火が雲を強打したときに轟く。繰り返して強打すると「雲に燃えるような裂け目があらわれるやいなや強烈に輝く。そのうえ、風もしくは元素が激しく落下するときに摩擦されて発火するのだろう。あるいは二つの石が互いに打ちあうように、二つの雲の摩擦によって起きるのだろう。そして閃光が輝く」。二つの雲が摩擦するという推測は真実からそう遠くないといえよう。

われわれが「どしゃ降りの雨」[一五]と言うとき、この言葉が一般的に降雨について、何か不思議な古めかしい発想をしていることに気づいていないのかもしれない。「我パンを汝らのために天より降らさん」[一六]という語は荒野にマナ[一七]の到来をしめす予告であった。プリニウスは肉（カエルのことではなかろうか）が降ったが、それを鳥たちが歓迎したと伝えている。魚も降った。[8] アキリウスとポルキウス[一八]がコンスルをしているときミルクと血が降った。クラッスス[一九]がパルティア人に殺されたとき鉄が降り、その際予言者は賢明にも人々に覆いを被るよう警告した。羊毛が降ること、またタイルや煉瓦が降ることは天からの変った贈り物である。

霰は雨が凍ったものであることは容易にわかる。その硬く溶けないものは山頂で発見される水晶に似ている。雪は霰の柔らかい状態であり、霜は露が凍ったものである。

隕石は、太陽が落ちてきたものである。日中アカイアで一つの隕石が降った。

（その石は今も見られる。それは荷馬車一台の積荷になる大きさで色は褐色だ）そのときは夜間に彗星も輝いていたということだ。もしわれわれがこの予言が事実だと信ずるなら、それはアナクサゴラスの予言能力はもっともっと大きな驚くべきことにも及んだことを認めることになるし、太陽そのものが石だとか、その中に石が含まれているというようなことを信じたのでは、この物質的な宇宙についてのわれわれの理解はすっかり崩れ去り、何もかも混乱に陥ってしまうということになる。しかし、しばしば石が降るということは疑いのないところであろう。そういう理由で、現在でもアビドスの教練場でひとつの石が礼拝されている。それは事実手ごろな大きさの石だが、これは同じアナクサゴラスが、その国の真中に落ちるだろうと予言したと言われているものなのだ。（二、149－150）

われわれが虹と呼んでいるありふれた現象は、なんら不思議だとか、前兆的とかいうようなものでない。というのは、それは降雨とか晴天とかについてさえ当てになる予示をしないから。その明白な説明は、虚ろな雲に射し込む太陽の光線の先端がはね返され、太陽の方へ反射されるということ、そのいろいろな色どりは雲、火、空気の混合によるものだということである。（二、150）

キンブリ族との戦の最中に空からがちゃがちゃと武器が鳴る音やトランペットの響きが聞こえた。そして同じことがその前にも後にもしばしば起ったという話がある。アメリアとトゥデルティの住民たちは、マリウスが三回目に執政職にあったとき〈前一〇三年〉、空の軍隊が東と西から進んで来て会戦し、西軍が総崩れになる光景が現われたのを見た。（二、148）

第十八章　場所と人々

ヘロドトスが天文学の権威の一人として引用されていることは前に述べた。この問題では彼はそんなに大きな価値を持っていないが、人類学と地理学においては彼を欠かすことができない。彼の歴史はプリニウスによって自由に引用されているのだが、古代の著者たちすべてによって知識の基礎であると認められていた。その次はホメロス、彼の科学に関するどんな言葉もそれは法則であった。彼は世界を驚異に満ちたものとして描いていたし、海の向うでまったく新しい経験を得た旅行者からの聞き取りと不可分の、新鮮な視野によるものであった。それがいくらか誇張されているからといって問題にするほどのことであろうか。

幸運にも我々は、ポンポニウス・メラ〈一〉が当時作った地図によって、プリニウスが想像したきわめて正しい世界像を知ることができる。それによると地表は五つの地域に分けられる。赤道を中心とした地域は熱帯で、人間の居住には暑すぎる。その反対の地域は極めて寒い。この二つの地域にはさまれたまん中の地域のみが人間の生活に適する。その一つは古代人が熟知している地表の一部である。もうひとつは地球の反対側で、その当時すでに関心を持たれ、紛糾した議論もなされていた対蹠人の住む地域を含んでいた。

バビロンは可住地域のほぼ中央に位置し、アフリカ・エティオピアをヨーロッパから隔てている地中海のほとりにある。ブリタニアと極北の国は遠く離れた北部地域にある。東方には大山脈（ヒマラヤ）に隔てられた広く大きな神話の大陸があり、その南にはインドがある。それに接して北にはスキタイとセレス（中国）がある。ペルシア湾と紅海が南の海岸線に食い込んでいるように、カスピ海が北部地域の世界の境界に食い込んでいる。その間をメディア、ペルシア、パルティアが占めている。この配置はかなりの均衡と対称性をもち、世界はマッシュルームの頭のような形の島で、その周囲をとりまいている大洋の深いところに根を下ろしている。

プリニウスはアルテミドロス〈二〉の見積りを取り入れて、大陸の東西の長さは八七七八マイル、南北は五四六二マイルとしているが、測定値はきわめて正確である。すべての陸地は三つの部分もしくは大陸、ヨーロッパ、アジア、アフリカに分けられる。そして世界には驚くほど多種多様な人々が住んでいる。それには古代人が描いたように多様な類型があり、想像力を燃え立たせ、研究にとっては無限の分野を開いてくれる。

> まったく、宇宙の性質の威力と尊厳とは、もしわれわれの心がその一部を捉えるだけで全体を捉えることがなければつねに信じ得ないのだ。クジャクとか、トラやヒョウの斑点のある毛皮とか、非常に多くの動物の種々の色どりとか、語るには小さ過ぎる事柄を述べることはさておいて、よく考えてみると、無限の広がりをもつもののひとつは、諸民族の言語、方言、言葉の多様性である。それはあまり多いので、外来者はほかの民族のあるものにとっては、ほとんど人間の数に入らぬであろう。さらにわれわれの顔には一〇かあるいはそれよりほんの少しの道具立てしかないのであるが、無数の人類の間に区別できない二つの顔つきは決してないことを考えてみるがよい。雛形はごく少ないのに、どんな技術をもってしてもその贋物を提供することができない。にもかかわらず、その実例を挙げる段になると、多くの場合、わたし自身の信念をもって挑むことをせず、むしろ事実を権威者たちに帰し、すべての疑わしい点については彼らを利用することにしよう。ただ、ギリシア人の後嗣ぎをもって自任するような高慢ちきな真似はよそう。というのは、彼らはわれわれよりもはるかに勤勉であり、昔から研究に献身してきたのだから。（七、7—8）

プリニウスは賢明にもこういうふうに自分の責任範囲を限定した。彼は記述を太陽の沈むところ、つまりガデスの海峡〈ジブラルタル海峡〉から始めた。そこから大西洋が内陸の海に流れ入っている。いちばん狭い箇所には高い山があって流れこむのに障壁となっている。それは「円柱」とか「柱」とか「ヘラクレス」（アメリカドルの$は花輪のついた二つの円柱）とか呼ばれる。ヘラクレスが海峡を掘ったので大洋が入ってきた。古代人は海峡の両側にいるサルを、船や水夫にいたずらをする悪霊であると考えた。

ローマ帝国の属州のなかでも厄介だと評価されるスペインについては、イベリア人、ペルシア人、フェニキア人、一度は全土に勢力を伸ばしたカルタゴ人の伝承によってわれわれはよく知っている。またルシタニア〈三〉という名はバッカス神の遊び（ルスス）、もしくは彼の騒々しいお供たちの狂乱（ルサ）からきたという。また牧神パンがこの国を全部治めたが、彼が住民の放蕩と騒乱を援護しようとしたことは疑いない。ストラボン〈四〉はスペインにはウサギがはびこり、この有害生物は付近の島々にひろがっていると述べている。それを退治するためにアフリカからフェレット〈五〉が持ちこまれる。

スペインの次はフランスである。プリニウスはガリアの文明の発展を強調する。農業、富、風習などの点についてはもはやイタリアの属州とは言えない。イタリアは正当にも全世界の親としてほめそやされた。そして神の摂理によって、地上に分散した諸帝国を統合し、風俗を洗練させ、諸国民の不一致を統一して偉大な母国となるよう選ばれた国である。このような特質によってイタリアは著しく自然に恵まれた。海岸、気候、肥沃な平野、涼しい森と陽光に恵まれた山腹、豊かな牧場、実り多いブドウとオリーヴ、羊の群、ウシ、ウマ、川と泉、それらすべては世界の交易の発展にすこぶる適しているのだ。

イタリアの形はカシワの葉に似ているが縦に長い。その先端はアマゾンの盾〈六〉（むしろ三日月に似ている）の形をして二つの角で終っている。プリニウスはアウグストゥス帝に従って次のようにイタリアを一一の地域に分け、海岸線に沿って順に説明している。われわれは他の事実と並んで、ティベリス川のほとんどの航路が船よりもいかだに向いていたこと、またカンパニア地方がプリニウスの時代には豊かに果実が実り、谷から丘陵へと連なってブドウの木に覆われ、全世界にも名だたるブドウ酒が生産されるところであったことを知るのである。そしてここはリーベル・パテル〈生産と豊饒の神〉とケレス〈豊饒の女神〉の支配権をめぐる闘争の場でもあった。プリニウスはカルキディア人の植民地であった古代のネアポリス〈ナポリ〉について忘れずに書いている。また彼の死と関連のあるヘラクレネウムとポンペイも。島ではティベリウス帝の城のあるカプリ島が有名である。

面白いのはイタリアの火渡りについてである。

ローマから遠くないファリスキの領地にはヒルピ族という名の幾つかの氏族がいて、ソラクテ山上で行なわれるアポロ神への年次供犠祭に、積上げた丸太が炭火になった上を踏み渡るが火傷することはない。したがって、彼らは、元老院の永代布告によって兵役その他の負担をすべて免除されている。(七、19)

地中海の島でプリニウスがあげているもっとも有名なのはキプロス島である。彼によるとこの島には九つの王国があったという。地理的な推測で彼は、キプロスは昔シリアの一部分であったが「山の一部が崩れて」分離したものであるという。クレタ島とキプロス島は多分「全人類の島」で、ヤペテの息子たち〈七〉がしばしば訪れたところである。間違いなく彼らは古代の神話の中に浸透している。パロス島はアンドロメダの島で、キプロスはアフロディテのお気にいりの島である。彼女は笑いの神で、ウルカヌス〈火と鍛冶の神〉によって北方から連れてこられた後、海岸に流れついたという。彼女が岸辺で気がつくと「泡から起きあがり」島の人たちににっこり笑った。彼らはそれ以来彼女を女神として扱い、教会が抗議しているにもかかわらず、今日でも彼女を「聖アフロディテ」と呼んでいる。このアフロディテをアペレスはアレクサンドロス大王の愛人をモデルにして描いたが、これは他のと違って「色の黒い」アフロディテであった。

ドナウ川に接してパンノニア、そしてモエシアがあり、それは内陸旅行ではもっとも有名である黒海まで広がっている。アルゴナウタイ〈八〉がたどった方角についてはいろいろな推測が横行している。だが、もっともらしい説は、彼らは最初黒海に到着し、それからドニエプル川を伝ってロシアに入りこんだか（その証拠にギリシアの貨幣がロシアからバルト地方にかけて発見される）、ドナウ川を可能な限り遡り、それから船を担ぎあげてアルプスを越え、アドリア海の最奥のナウプリア[九]で再び航海についたというものである。このアルゴー号の旅は、一般に言われているところによれば、魔術の助力によってのみ可能であった。プリニウスは、アレクサンドロス・コルネリウス[一〇]がこの船はエオネ[一一]の木で作られ、「この木にはカシワの木に生えるのと同じヤドリギがついている。この木は水によって腐ることもないし、火に焼けることもない。そのヤドリギも同じであるという。この木は、わたしの知るかぎりでは、他に誰も知らない」と述べているのを紹介しているが、プリニウスはこの話が多少不正確であることをほのめかしている。

次にペロポンネソスにやってくる。ここはエーゲ海とイオニア海の間に位置し、プラタナスの葉の形をしており、海岸線はギザギザして角ばっている。大きな船にとってはペロポンネソス半島を周航することは危険であり、その危険を除去するためギリシア本土とつながっている狭い地峡に運河を通そうという試みがデメトリオス王、ユリウス・カエサル、カリグラ、ネロによって相次いでなされた。小さな船は運搬車で越えるのが普通であった。ところが、運河を作ろうというこれらの試みはみんな失敗した。自然が設計したものへのそのような干渉は、神をないがしろにするものであり、実現不可能なものなのであった[1]。

北の方テッサリアには三四の山があり、「古いペリオン山と空のように青い頭をしたオリュンポス山」はもっとも著名である。オッサ山とオリュンポス山のあいだにテンペの谷が横たわっており、それをプリニウスは詩的な表現で説明している。みどりがペネウス川の面に映えうつり、小石の床をすべるように流れ下る。岸辺は新緑の草のふさに覆われ、鳥たちのさえずりがギリシアの楽園を作りだす。水中から突然出現したのでそう呼ばれるデロス〈出現〉島は、アポロンの大きな神殿があるので有名である。そしてこの島はかつて長いあいだ漂流していたもので、だから地震による破壊を免れたといわれている。

二

かつて世界を支配したマケドニアを通って旅行者はヘレスポントスに到着する。そこはクセルクセス王が船橋を作ってその軍隊を渡したところである。それからスキタイであるが、これは北の外れにあることから名づけられた。スキタイのうちのある種族は青色の髪の毛（読者は目が青いのだと思うかもしれないが）をしている。またその他に「食人種族がおり、また頭が肩の下についている」住民がいる。[2]

われわれはすでにスキタイ種族のあるもの、そして実際は非常に多くの種族が人体を食用にしていることを指摘した。――こういう話はとても信じられないと思われよう。もしわれわれが、この驚くべき性格をキュクペロスとかラエストリュゴネスとかいうような種族が、世界の中心地域に住んでいたということ、つい最近まで、アルプスの向こうの部分の種族は人身御供を行っていたが、これは人肉を食うのとさして違っていないということを考えないならば。しかしまた、これらに隣接した北の方、そこから北風が吹き起る現地、そして「大地の扉の門」と呼ばれているところで、そういう名をもった洞窟からほど遠くないところに住んでいる一種族について報ぜられている。それはわれわれがすでに語ったアリマスピ種族で、その人々は眼が一つだけ額の真中にあるということで珍しい。多くの大家たち――もっとも著名なのはヘロドトスとプロコンネススのアリステアスであるが――はこういうことを書いている。これらの人びとは彼らの鉱山のまわりでたえずグリフィン〈半鷲半獅子の怪物〉どもと闘っている。このグリフィンは、一般に報ぜられているように、羽のある野獣であって、鉱山から金を採掘するのだが、この動物が鉱山を守備しており、アリマスピ族がそれを奪取しようとする。どちらもひどく貪欲なのだと。

しかし、ほかのスキタイ食人種族の向う、ヒマラヤ山脈のある大渓谷にアバリモンという地域があって、そこの森林に住んでいる人びとは足が後向きに脚についていて、非常に速く走り、野獣とともに国中を徘徊している。アレクサンドロス大王の征旅の際の道路測量技師であったバエトンは、それらの人びとはほかの気候では呼吸ができない。したがって彼らのひとりでも近所の王たちのところへ連れて来ることができなかったし、アレクサンドロスのところへ連れて来られたこともなかったと述べている。

ニカエアのイシゴヌスによれば、われわれが前に、北の方、ボリュステネス河〈ドニエプル河〉から一〇日行程のところにいると述べた食人種族は、人間の頭蓋骨で酒を飲み、毛付きの頭皮をナプキンとして首のまわりに懸けているという。同じ大家が述べるところでは、アルベニアのある住民は鋭い灰色の眼をして生れ、子供の時から禿頭で昼間よりも夜間によく眼が見えるとのことである。（七、9—12）

さらに進むと足を踏み入れることもできない山岳地帯となり、そこでは雪がたえまなく降り、雪片が羽毛のように舞っている。自然の命令によって深い暗黒のなかに沈むことを余儀なくされた世界の一部である。そこは冷気以外には何も生れず、凍るような北風の吹き荒れるにふさわしい場所である。(3)

だがそれらの山々の背後、北風のかなたにはヒュペルボレア人と呼ばれる幸福な人種が住んでいる。長寿で病気も闘争も知らない。そこには天空の蝶番があり、それによって天空が回転している。そこにはまた星の運行の極限がある。人々は森や林のなかに住んでいる。死はかれらが生に飽きたときにだけやってくる。そのときは岩から海へ飛び下りるのであり、これは至福の生を終えるに最良の方法であった。昔の著述家のほとんどは、そこでは昼が六カ月も続くので、朝に種を播くと昼に刈り取り、日没に木の実を摘み取ることができると言っている。夜は洞窟の中で過す。それらの洞窟の住民は、シカやバイソンを洞穴の天井に描いた芸術家であると想像することもできるのだ。

スキタイの海岸から離れたところにバルティア〈一二〉といわれる島があり、島民は鳥の卵とカラスムギを常食としている。住民の一部はウマの足をしているのでヒッポタデス〈ウマの足〉と呼ばれている。また他に全身を覆うことのできるほど大きな耳を持った人々がいて、「それを着ている」ということである。

スカンディナビアはそれとは別の島だが大きさはまだ確かめられていない。そこでは春になるとおびただしい量の琥珀が波に洗われる。ゲルマニアの海岸は完全には調査されていない。だがそこには五つの種族、ウァンダリ、テウトニ、キンブリ、内陸のカッティ族が住んでいることが知られている。〈一三〉

プリニウスは木も生えてなく、作物もできない土地についての個人的観察を語っているが、彼は、ヨーロッパ文明のごく初期の段階の目撃者であった。彼は、湖あるいは川、または海のほとりの沼地に作られた最古の村落の一般的な状態について記述している。安全なことと、漁によって食料を得るのに都合がよいのでそこに作られたのである。通常そのような住居は湿地の中で支柱の上に建てられ、堆積されたごみや魚の骨が、入り口の前にプラットホームのように堅い地面の盛り上がりを作る。時にはかれらは高い場所に野営所を作る。そこはずっと見晴らしが良く、生活はしやすかったであろう。

われわれが北方で見た、大カウキ、小カウキと呼ばれる諸民族も同様なのだ。そこでは一昼夜のうちに二回も巨大な潮が、計り知れない面積の上に押し寄せ、自然についての永久の論争点であり、陸のものか海のものかと論議される地域をすっかりおおいかくす。そこでこれらのみじめな民族は小高いわずかの地面か、経験されたいちばんの高潮よりも高い台を手で築き、そのようにして選んだ敷地につくった小屋に住んでいる。そして潮が地をおおっている間は船の中の船乗りのようであり、潮が干いたときは難破した人々のようなものだ。そして小屋のまわりで、干潮とともに逃げてゆく魚を捕える。彼らには近隣の諸民族のように牧畜をやって乳で生活するとか、野生動物と闘わねばならぬというようなことにすら考えがおよばない。森林地に生ずるものはすべて遠く放逐されているからだ。彼らは沼地からとって来たトウシンソウやスゲを綱に綯り、網を仕掛けて魚を捕える。彼らは両手で泥をすくい上げ、日光よりも風でそれを乾かす。また土を燃料として食物や、北風でこごえた自身のからだを温める。彼らの飲み物といえば家の前庭の水溜めに貯えられた雨水だけである。これらの人々は、もし彼らが現今ローマ国民によって征服されると、自分たちは奴隷に落された、などという民族なのだ。まったくその通りで、運命が人々を容赦しておくことがあるが、それは処罰なのだ。[4]（一六、2－4）

ゲルマニアの森は、海の近くの木のない地方と鮮やかな対象をみせている。カシワの広大な森が広がっているが、あまりに密生しているので根が互いにからみあい、それを海が根元から削る。えぐられた大きな塊は漂う島となり、その巨大な枝は索具の役割をする。プリニウスはそのような障害物は、今日で言えば大西洋の真ん中の氷山と同じように、たいへん危険であると言っている。

「しばしばそのようなカシワがわが艦隊に戦いをいどむ。ことに夜の季節になると、停泊している船の舳に向ってわざと波がそれらを運んでくるようにみえる。そうなると水夫や乗客は脱出するよりほかないので、艦隊は海戦の体勢を整え敵である木と戦わなければならなかった(5)」。

さらに奥地のヘルキニアの森は太古以来斧を入れたことがないと信じられている。あまりにも繁茂しているので露出した根が土もろとも盛り上がっている。土が盛り上がっていない所では根が大きなアーチを作り、騎兵中隊が隊列を組んで通ることができる。プリニウスは明らかに彼自身のゲルマニアでの作戦行動の経験を語っているのである。

次はブリタニアの番である。普通その海岸の崖の白さからアルビオン〈白い〉と呼ばれる。ローマも軍隊によって詳細な知識が得られてからわずか三〇年後に、プリニウスが書いているのである。アグリッパ〈一四〉がこの島の長さを八〇〇マイル、幅は三〇〇マイルとしているそうだが、そんなに間違った推測ではない。彼はヒベルニア〈アイルランド〉の幅は同じとしているが、長さは二〇〇マイル少ないとしている。オルカデスもしくはオルケネイ諸島は四〇の島があり、ヘブリデス諸島は三〇、それとは別にエレクトリデス諸島と呼ばれる島がある。これはエレクトルム〈琥珀〉を産するからである。最後のテュレ島はもっとも遠い島とされているが、これがアイスランドを指すのかどうかについては異論がある。またシェトランド諸島についても指摘がある。テュレ島から一日の航路のところに氷の海があり、それをクロニア海と呼ぶ人もいる(6)。

三

プリニウスの「アフリカは常になにか新しいものをもたらす」〈八、42〉という言葉は、古語としてよく知られている。アフリカで発見される新しいものの一つは、黒い神で、どういうわけかギリシアにもたらされ、パウサニアスは黒いデメテルを見たと言っている〈一五〉。リクススのローマの植民市はヘラクレスと戦ったアンタイオス〈一六〉の宮殿の近くにあったといわれる。その近くにヘスペリデスの庭園〈一七〉があり、一方は入海〈一八〉によって、もう一方は竜によって守られていた。黄金の果実が実っていたという森は、今ではすこしばかりの野生のオリーヴの木を除いてはまったくない。

プリニウスは賢明にも、この話のすべてが歴史的にみて正確であるかどうかの判断を留保した。

その近く、砂漠のすぐ縁を川が流れるところにサラの町がある。ゾウの群にとり囲まれ、アトラス山にまっすぐに道が通じている地域である。アトラス山はこのあたりではもっとも神秘な山として自慢の種となっている。この山はかつてヘラクレスが肩に背負っていた山であり、砂漠の真中から天に向って聳えている。海に面した側は岩だらけでごつごつしているが、内陸に面した側はこんもりした森林が影を落し、川の流れがよろこびを与える。日中はあらゆるものが静まり、砂漠のようなぞっとする沈黙が支配している。夜になると嶺々が無数のかがり火できらめき、サチュロス〈森の神〉が乱舞し太鼓やシンバルが鳴り響くという。

砂とトカゲしかいない砂漠を越えるには星を頼りにするほかない。最後に野獣やゾウがいっぱいいて、山の向こうから石のようにして切り出した塩の塊で家を作る部族の住んでいる森林地帯にやってくる。正午から夜半までは煮湯のように熱いが、次の日太陽が昇るまでは凍るように冷たい泉があったりする。(7)

ナイル川はアフリカとアジアを分かつものとされている。その水源はマウレタニアであると信じられ、そこではワニがたくさんいる（アビシニア〈エティオピア〉のタナ湖については明確に述べているように思える）。このあと川は長いあいだ燃えるように熱い砂漠のなかを通るが、しばしばその姿を地下に消す。だがすぐまたエティオピアの真ん中に現われて密林を養う。(8) 最後の瀑布に到達すると流路をふさぐ岩の間を轟音をたてて流れ落ちる。そのあとは大人しくなり、ついに長い旅を終えて静かにエジプトの海に注ぐ。決まった季節に水量が増大し、その氾濫は大地を肥沃にする。当時、周期的な氾濫について多くの説があった。ストラボンは、上流のエティオピアで夏に降る多量の雨が増水の真の理由であると主張した。(9)

魔術は現在と同じように流行していた。

イシゴヌスとニュンポドロスの報告によれば、アフリカの同じ部分に魔術を行なう一族がいて、祈りをあげると牧場は干上り、木々は枯れ、子供は死ぬという。イシゴヌスはこうつけ加える。トゥリバリ族とイリュリア人の中に同じ種類の人びとがいて、これがまた一睨みで魔法をかけ、彼らが長いこと、とくに怒りの目つきで見つめていることで人びとを殺す。そして彼らの兇悪な眼は大人にきつく作用する。さらにいちじるしいことは、彼らがひとつの眼に二つの瞳をもっていることである。アポロニデスも、スキタイにいるビティアエと呼ばれるこういう種類の女性について報告しているし、フェラルコスも、ポントスにいる同様の性質をもったティビイ族と、その他多くの種類の女性について報告している。それらの顕著な特徴は、一方の眼に二つの瞳があり、他方の眼はウマに似ていることであると報告し、また彼女らは着衣のまま水中に押し込んでも溺らすことができないと言っている。ダモンは、エティオピアにいる、それとやや似た一種族パルマセス族について記しているが、その人びとの汗は、それに触れる身体から病気を取除くという。そしてまたわれわれ自身の間ではキケロが、瞳が二つあるすべての婦人の一睨みはどこででも有害なものだと述べている。(七、16―18)

アフリカの砂漠で、人間の幽霊が旅人に出会い、そしてたちまち消えてゆくことがある。これらの、そしてまたこれに類似の人類のさまざまは、自然がその妙工により、自分自身の慰みに、またわれわれをびっくりさせるためにつくったものだ。自然が毎日、否毎時毎時に行なっている多種多様の業を誰が詳細に語り得ようか。自然の力が発現して、人類の全民族を自然の驚異の中に包んだのだということで満足しよう。これから方向をかえて、個々の人間の場合において明らかに驚異と思われるものについて述べよう。(七、32)

エティオピアは南にあって、エジプトとの戦いでは常に神秘的な国である。アビシニアについてミルトンはありのまま次のようにうたった。

エティオピアの赤道の下、これこそ真のパラダイス
ナイルの水源ちかく、〈一九〉ひかり輝く岩に囲まれたところ
一日登ればたどりつく

その町の一つで金のネコが礼拝されている。(10)これは、アウグストゥスとネロがナイルの水源を発見するためにその

地域に派遣したローマの遠征隊によって発見された。オオムと呼ばれる不思議な島や、サイやゾウがたくさんいる森林地帯の真ん中にメロエ市がある島があると報告されている。もうひとつ不思議な島があってタドゥと言い、女王によって巧みに治められている。また、エティオピア全体で四五人の王がいるが、多分それぞれが異った住民に対応して存在しているのだろう。その住民の体型がいちじるしく違っている理由は、優勢な熱気が、身体の容姿を極端に異ったものに造りだす作用因となっているからである。例をあげれば、鼻がなくて顔全体が平べったい種族がいる。また他の種族では唇がない。舌のない種族、鼻孔のない種族もいる。恐らくそれは、今日の未開部族がそうしているように、当時のアフリカ人が顔を細工していたせいであろう。ローマの探検隊員は、それを流行のファッションとしてではなく、自然の美観を損ずるものとして取り扱ったに違いない。ピグミー族[11]も発見されている。また自分を赤く塗っている黒人もいる[12]。ゾウの肉を常食にしている人たちもいる。ある部族はイヌを王としていただいており、臣下たちはその動作によって命令を判断する。ある人たちはイヌの頭を持っている。また人間なのか大きなサルなのかわからず、強い困惑をもたらすような特徴を持った人たちもいる。

　砂漠とアラビアの「果知れぬ荒野」[二〇][13]は遊動民がしばしば訪れるところである。そのある部族の名は、彼らがどこでも好きなところに建てるヤギの毛で織ったテントからきている[二一]。遊動民の多くは野生動物の乳や肉で生活している。他の部族はヤシの木から一種の酒を絞りとって飲む。アラビア人はターバンの初期の形である頭巾をかぶる。髪は伸ばしたままだが、あごひげは剃り、口髭はたくわえている。彼らは世界でもっとも裕福な民族である。なぜなら、彼らはローマおよびパルティア帝国からの富を蓄積するだけで、代りに買うということをしないからだといわれる。これは輸入を拒んで輸出ばかりしている国の典型的な例である。

　プリニウスが心のなかに描いているアラビア社会というものは、幸福な社会ではなかった。というのは、おびただしい量の香料と甘い香りの樹脂がその国から葬式のために輸出されているのに、神々の栄光のために香料を焚くということについては、ほとんど顧みられないから。この欠点を補うものは、ローマの婦人が愛好する真珠がその土地からもたらされて、通常「幸福なるアラビア」と呼ばれるその名の正当化を助けていることである。

だが嘘で不快な名称をもった国だ。というのはアラビアはその幸福を上に述べたいろいろの能力についての名声の上に築いているが、実際は次に述べる能力により多く負うているのだから。この国の幸福は人間が死んだときですら贅沢をすることによってひき起されたのだ。すなわち人間は、元来神のために創り出されたはずの産物を、死者のために焚くのである。立派な権威者たちの断言するところでは、アラビアは一年の生産量で、ネロ帝がその妃ポッパエアの葬儀にあたって、一日のうちに焚いただけの香料も生産していないという。してみれば毎年全世界で行なわれる葬儀の大変な数と、一粒ずつ神々に捧げられる香料が、屍体のために山と積まれることを考えてみるがよい。それでも神々は塩をかけたひき割りムギを捧げて嘆願した崇敬者に、現在よりより少ない恩寵をたまわったわけではなかった。否むしろ、事実が示しているように、神々はその頃はもっと仁慈であらせられたのである。だが「幸多き」という名称はむしろアラビア海にもっとよくあてはまる。それはこの国がわれわれに送ってくれる真珠がこの海で採れるからだ。そして最小限に見積っても、インド、セレス、アラビア半島はわが国から毎年一億セステルティウスを得ている。そしてそれがわれわれが贅沢と婦人のために費す金額である。わたしは諸君に問おう。神々や、下界の諸力に割当てられるのは、これらの輸入のうちのどれだけの端片であるかと。（一二、82—84）

四

アラビアとシリアからユダヤに向う。ヨルダンは心地よい流れが、瀝青しか生産しない陰鬱で不吉な湖である死海へ向って蛇行する土地として描かれている。エッセネ人たちの説明があるが、彼らは一般の世間から離れて住み、女性も金も持たず、ヤシの木だけを仲間として暮らしている。その人数は、人生の苦難と悲惨に疲れた人たちが加わることによって絶えず補充される。だから、他での不幸がこの世捨て人の社会を永続させることに役立っているのだ。〈二三〉

インドについての正確で信頼のおける知識はアレクサンドロス大王の遠征によって得られた。インド沿岸の全延長は昼夜四〇日の行程であると推測された。そこには九つの国民が住んでいる。そして全人口は地球上の三分の一を占めている。川には大きな関心が払われた。アレクサンドロスはインダス川河口に達するのに五ヶ月以上かかった。またガンジス川は平野に至るまでは激流で、そのあとはゆるやかになり川幅がいちじるしく広くなると記述されている。

この広い国についての主要な記録は、この国の富の豊かさと、その自然の資源の豊富さについてである。一人の王のもとだけで六万人の兵士、千頭のウマと七百頭のゾウが見事に装備され、いつでも戦闘に出れるよう準備されている。土地を耕すもの、兵役に服するもの、商業に従事するもの、国家や宗教の事柄にたずさわるものなど、たくさんのカーストに分れる。この国はとても肥沃で、珍しい果物が豊富にとれ、極めて珍奇で優れた木[14]があり、数えきれない種類の野生の動物や鳥がいる。深い緑の水の底にサンゴ礁が木のように生え、このサンゴの「葉」の枝はしばしば船の舵によって折れる。トラ狩りとゾウ狩りは大きな国家的スポーツの様子をしめす。カメは食料として提供されるのみならず、住居としても用いられ、しばしば全家族が一つの甲の下で憩う。

異様で不思議な人々についての記述は地球のどの部分なのか、インドなのかエティオピアなのか容易には知ることができない。地理的正確さは犠牲となっている。しかし、はっきりと極東にあてはめた記事がある。

そこの住民の多くは背丈が五キュービットもあり、決して唾を吐かないとか、頭痛や歯痛や眼の痛みを患うことはない、そして身体のいずれかの部分でも痛むことは極めて稀であり、太陽の温和な熱によって、そのように頑丈にできていると。またギムノソピストと呼ばれる彼らの聖者たちは、日の出から日没まで両眼でじっと太陽を凝視しながら立っていることができ、焼けつくような砂の上に終日交互に片脚で立っていることができると。（七、22）

また多くの山々にはイヌの頭をもつ人間の種族がいて、それは野獣の皮衣を着、その言語は咆哮であり、獣や鳥の狩猟の獲物を食べて生きている。その狩猟のために彼らはその爪を武器として使うとも言っている。彼によれば、彼が本を出版したころはそういう人びとが一二万人以上いたという。クテシアスは書いている。インドのある人種では、女は生涯にたった一度しか子を生まない。そして子供は生まれるとすぐ白髪になりはじめると。また彼はモノコリといって脚が一本しかなく、跳躍しながら驚くべき速力で動く人びとの種類について述べている。またその種族は「傘足種族」と呼ばれるが、それは暑い季節には、彼らは地面に仰向けに寝て、その足の陰で身を守るからだと。そして彼らは穴居族から遠くないところに住んでいると。さらに西方には首がなくて眼が肩についている連中もいるという。またインドの東部（カタルクルディ地区と呼ばれている）の山の中にはサテュロス〈半獣半人〉がいるが、それは非常に敏捷な動物であってときには四つ足で歩き、ときには人類同様まっすぐに突立って走る。その速度が速いので、つかまるのは老いたものか、病気のものだけである。（七、23—24）

インドの東部いや果ての地域、ガンジス河の水源の近くには、彼によれば、アストミ種族というのがいて、彼らには口がなく、身体中毛に被われ、生棉をまとい、呼吸する空気と、鼻孔を通じて吸い込む匂いのみによって生きている。[15] 彼らには飲み食いということはなく、ただ根や花や野生のリンゴのいろいろな香気のみで生きている。やや長い旅行をするときは、香気の供給が切れないように、そういう品品を携えて歩く。彼は言う、その連中は普通より幾分強い匂いによって簡単に殺されると。それらの先、一番外側の山岳地域には三スパン人と小人族がいるが、彼らは背丈が三スパンを越すことはない。そこは北側が山脈によって守られているので、気候は健康的で常春のようだと。ホメロスは、この種族はまたツルに取巻かれていると記している。こういうことが報ぜられている。春になると全員隊を組んで、弓矢を帯し、雌雄のヤギに乗り、一隊となって海に下ってゆき、ツルの卵と雛を食べる。そしてこの遠出は三カ月かかる。こうしなければ彼らは生長するツルの群から身を守ることができなかった。彼らの家は泥と羽毛と卵殻でつくられると。アリストテレスは、それらの小人たちは穴居していると言っているが、彼の記述のほかの部分はほかの大家たちと一致している。（七、25—27）

インドで影が全然ない部分には背丈が五キュービット二パルムもある人びとが住んでいて、彼らは一三〇年も生きる。そして彼らは年をとるということはなく、みな中年で死ぬのだと。ペルガモンのクラテスは一〇〇歳を越えるインド人について語っている。多くの人びとはこれを「長命族」と呼んでいるが、彼はギムネタエ族と呼ぶ。クテシアスは言っている。彼らの仲間にパンダエ族と呼ばれる一種族がいて、山地の谷間に住んでいるが、これは二〇〇年以上も生き、若い時分は白髪だが、年をとると黒くなる。そうかと思うと、四〇歳を越さない人びとがいる。長命族の隣にいる種族で、その女たちは一度しか子を生まないと。アガタルキデスもこれについて記している。彼らはイナゴを常食とし、きわめて駿足であると。（七、28―29）

インドの驚異のあとにはカルダエア民族の首都バビロンにやってくる。長い間、この都市は世界で飛び抜けた名声を得ていた(16)。それを取り巻く城壁は六〇マイルである。建造物としても驚嘆するほど立派な堤防のあいだを縫ってエウフラテス川が流れている。その水は宮殿の屋根の上に造られた水庭や、おそらくまた、宗教的儀式がとり行なわれた巨大で芸術的な築山に給水された。同じように、エジプトのテーベの町にあった「空中に作られた」懸垂庭園が記録されている。この町は中空に造られていたので、エジプト王は家の下を通って軍隊を進めることができた。〈二三〉バビロンは後にセレウキアにその地位を奪われてしまった。セレウキアは九〇マイル離れたところにあり、ニカトルが建設した都市である。この市の人口は六〇万といわれ、城壁の伏図は翼を広げたワシの姿に似ている。それがやがて見捨てられ、パルティア人によって建設されたクテシフォンがそれにとって代った。なぜそのような広大な都市がそんなに早く取り替えられ、そしてその栄光が奪われてしまうのかは説明できないことである。疫病が主要な原因だろうが、建築に用いた日焼煉瓦が年月が経つに従ってくずれ落ち、いまはわずかばかりの跡を残しているにすぎない。

五

最後に、遠くて地図上も不明瞭な地域にやってくる。そこでは虚構が容易に真実として表現される。ナイル河がアフリカからアジアを分けていると言ったりするように、ヨーロッパとアジアは多くの海峡と狭い水路によって分離さ〈二四〉れていると言ったりする。その一つはヘレスポントス〈ダーダネルス海峡〉である。その幅はわずか八七五パッススしかなく、ウシが泳いで渉ることができる。そこからボスポロスという名がついた〈二五〉。それほど両岸は近いので、鳥の鳴声やイヌの吠える声が聞こえてくる。もっとすごいのは、はるか山脈の向こうにあるカフカス峡門である。そこは鉄をかぶせた梁で閉ざされており、じめじめして悪臭を放つ水流が深い淵の底を流れている。そこにクマニアという要塞があって、未開の部族が通過するのを防いでいる。この地点で居住圏が切断され、二つの門によって二つの部分に分離されている。向う側はチベットと中国であることが示唆される。セレスもしくは中国は優秀な絹の布と織物とで有名である。巧妙な理論が、金羊皮をこの本来の黄金の国の大量の絹に結びつけた。だが、何物にも換えられない貴重な金の羊の皮が、アレスの森の木の枝にかけられ、眠らない竜によって守られているという物語は、むしろギリシア神話にこそふさわしい。セレス人は性格が温和だが他の人類と交わることを避けている。しかし、善意の異邦人と取引するのは拒まない。

世界の西側、大西洋にある「幸福の島々」にも到達している。そのなかのオンブリオス島には山々に囲まれた池があり、オオウイキョウに似た木が生えている。第二の島はユノニアと呼ばれ、石で作った小さい神殿以外に何もない。大きなトカゲが群がっているもう一つの島はカプラリア島という。絶え間なく降る雪に覆われているニウァリア島は、明らかにテネリフェ諸島を指している。そしてカナリア諸島。これは大きなイヌ（鳥ではない）が住んでいるからカナリア諸島〈二六〉と呼ばれたのである。植生は豊富で、あらゆる種類の果実、ナツメヤシ、松果、色あざやかな鳥、森にはハチ蜜、川にはパピルスが生え、ナマズと呼ばれる魚もいる。一方、これらの魅力的な島々の大きな欠点は、怪物の腐敗した死体が数多く波によって打ち上げられることであるが、それは、その当時のいろいろな様子からして、ウミヘビであろう。

古代人がアフリカを周航したという証拠があるだろうか。プリニウスは、ヘロドトスの権威を認めて、南方を回る航海はなされたし、北回りの航海も行なわれたことを暗示している。

> ガデスの反対側、同じ両方の突端から南方の湾の大部分は、今日マウレタニア巡航の際航海される。また、そのあたりの大部分は、アレクサンドロス大王の東方征服でも、アラビア湾にいたるまで踏査された。そのアラビア海で、アウグストゥスの子息ガイウス・カエサルが軍事行動をしていた際、ヒスパ

ニアの難破船の船首飾りと認められるものが見つかったとのことだ。またカルタゴの力が盛んであったころ、ハンノがガデスからアラビアの先端へまで回航し、その航海の研究報告を出版したし、同じころ、ヒミルコがヨーロッパの外側の海岸を踏査するために派遣されたときも同じことをした。さらにわれわれはコルネリウス・ネポスの典拠にもとづいて、彼の同時代人でエウドクソスという名の人が、ラティルス王から逃げてアラビア湾から抜け出し、まっすぐにガデスへ回航したということを知ることができる。そして彼よりずっと前に、カエリウス・アンティパテルは、商用の航海にヒスパニアからエティオピアへ行ったことのある人に会ったと述べている。さらにネポスは北方の巡回について、アフリカヌスと同役であったクイントゥス・メテルス・ケレルがガリアの総督であったとき、スエビ人の王から数人のインド人の贈物をもらったが、それらインド人は暴風によって進路から逸らされてゲルマニアに着いたのだ、と記録している。このように、どちら側にも大地を取り巻く海があって大地を二分し、われわれから世界の半分を奪っているのだ。というのは、そちらからこちらへ、またこちらからそちらへ行ける地域がないのだから。このような考察は人間の空しさを暴露するのに役立つし、わたしには、人々がそれぞれ満足しないでいる果てしもなく広大な地域を、まざまざと描いて見せることを要求するように思われる。（二、168—170）

T・R・グラバー博士は『古代世界』のなかで、アフリカ周航に関してのヘロドトスの、エジプトを出発して三年かかった、という報告に言及し、ヘロドトス自身はこの話を「一定の期間のあいだ、太陽が彼らの北にあった」という理由で信じていないが、「しかし現代人は、もし彼らがほんとうに希望峰を回ったのだとしたら、ヘロドトスの報告からして、この太陽についての話は創作とは思えないという結論になる、とすぐ考えるだろう」と述べている。(17)だから、たぶんこの航海はあったのだろう。アルゴナウテスのような驚くべきそしてロマンチックな航海が。

補章一　中世の自然誌

すべてでないとしても、中世の自然誌のほとんどを動物寓話集のなかに見出すことができる。それらは挿絵の入った本であるが、あらゆる種類の奇妙な生き物が、好奇心をそそり寓意に満ちて描かれている。その目的は、真面目な教育の一環であり、その出典は主として四世紀の謎の作家――「ナチュラリスト」を意味する筆名をもった――フュシオロゴスによるものである。

推測によると、フュシオロゴスとはアレキサンドリアのあるギリシア人の修道士である。ここが文化の中心であったことから推測されることだが、彼は、アレキサンドリア学派の特徴である宗教と教育の結合について、はっきりした作風で記述している。

紀元前六世紀に書かれた『イソップ物語』(1)が、キリスト教思想の教育にうまく適合したことが示唆を与えてくれる。だが、時がたつうちに、フュシオロゴスのインスピレーションにも手が加えられ、自然にもとづかない奇妙な自然誌が作り上げられていったというのが事実だろう。動物、鳥、爬虫類、植物、樹木、石はただ物語を引き立たせるだけでなく、道徳をも教示してくれる。そのくせ、ほんの限られた知識しか与えてくれない。

そのような自然の素材を使用した象徴というものは、なんら新しいものではない。聖書はある種の寓意に満ちている。であるから、セビリアのイシドルス[一]、聖アンブロシウス[二]、ユリウス・ソリヌス[三]のような著者の作品のなかで特徴的に形成されたライオン、アリ、クモ、ウマ、竜、クジラなどの性格や特異性はまったく驚くにあたらない。四九五年にポペ・ゲラシウス[四]は、どうにもならないこの潮流を食い止めようと試み、そのような動物寓話集は異端であると命令までした。しかし効果はなかった。教訓的だとして大変評判がよかったので、彼らは動物寓話集を、あたかも祈禱書の「詩篇」に密接な関係でもあるように見なすまでになった。

寓話集がこのような状態になってしまったということは、独創的な研究が死に絶え、それまでの自然観察をさらに発展させようとする意図が喪失したことを示す。写筆人は机の上で、修道僧は独房で、古代の記録の助けを借りて慎重に創作した。それは新型の鳥、獣、爬虫類であり、それらはたとえ存在しなくとも、創造の体系のなかに含まれなければならないものとされた。

そのような想像力の産物は人々を魅了したし、同時に多くの風変わりな事実、それは素朴な精神の古代人に由来するものとは違うものであったが、それを信じたいという願望によってその傾向は助長された。

そのような即興的作り話のうち、よく知られている一例は、フランスから広まったと信じられている一つの物語である。それは、ワニは人間を餌として食うとき、良心の呵責と哀れみから、いつも涙を流すというのである。これは創作の一例であるが、「神の摂理」という方法は、一般の世界にも適用された。その際「自然」は偉大な教師とされた。とはいえ、道徳の基準を示すことによって、限度を超えた勝手気ままは、「自然」の名のもとに統制された。

アリストテレスその他の著作者たちを研究した成果であるプリニウスの自然誌が、多くの事例において、真実の単なる戯画にすぎないと言われるまでに変化を受け、誇張は誇張のうえに積み重ねられた。

若干の例をあげれば、プリニウスはゾウについて、創意あふれる愉快なことを多く書いている。しかし彼は、この最大の動物が空気だけによって生きているなどとは決して書いていない。にもかかわらずこの発想は広く流布した。そしてたしかに、この未熟なそしてありそうにもない話から、多くの教訓が学習用として作り上げられた。現実に存在したある古代の著作家によって創作された、香水はハトを元気づけるがカブト虫を殺すというような記述は、たぶん強烈で不愉快な殺虫剤を弁護するものだろうが、そんなことも言ってはいない。人間にとっては無害な、そして湿気のある場所の常客として知られているトカゲの習性についての見解にもまた、重大な相違がある。プリニウスは、トカゲはとても冷たいので、火に触れるとあたかも氷の塊のように火を消す、と言っている。中世の人たちは個人的な観察をなにもしないで、その一部分を、トカゲは暖かくなったら火から離れるというふうに変形させている。冷たいから遠ざかるという創作は困難であったから。また、野ウサギは岡を下るときよりも登るときのほうが早く走ることができると言われているが、プリニウスは、それはすべての動物の性質であると注釈をしている。そして、眠るときにも目を開けており、またプロポンティス〈マルマラ海〉の野ウサギは二つの肝臓を持っているが、他のところに移すと一つになると述べている。

しかしながら、寓話のいくつかは、すぐれた魅力と非凡さを持っている。古代人によると、鳥の王者であるワシの親は、瞬きしないで太陽を凝視することを子どもに教えるという。中世の寓話はこの話から、神へのあこがれの教訓をたれる。「若いワシのように神を軽蔑するものはみんな、太陽を直視することを望まずこの世の暗闇を愛す」と。挿絵は、卑しむべきワシの子が不名誉にも巣から追い出される様子を描いて、警告的な教訓をたれる。ワシに関係するいっそう完璧な寓話は、いかにしてその若さを「復活」させることができるかを、「詩篇」の作者ダビデ王のよく親しまれた言葉〈五〉で教えてくれる。翼が重くなり、目がかすんだとき、老いたワシは泉のある場所に移ろうとして太陽の光のなかを飛んだので、翼は焼け焦げ、無分別にも目を焼いてしまった。最後に、そのワシは三度も泉のなかに飛びこんだ。そして、見よ、ワシは生れ代わり、若さが蘇った[2]。

ライオンはあらゆる野獣のうちもっとも高貴なものとして、キリストを象徴するとされた。動物寓話集のなかでライオンは、自分の足跡を尾で消しながらキズタの葉の間に横たわっているように見える。これは「わが主」が人々に来ませるとき、神性を隠すための「託身」の象徴であった。復活はまた一匹のライオンが子ライオンを守っている有様によって描かれた。伝承によると、それは常に死んで生れる。そして、三日後に親ライオンは現われ、彼らに息を吹き込み、生き返らせる。

トラは対照的に悪の化身である。トラはさまざまの悪行を指摘され、猫かぶりの典型とされる。ここにはまた、プリニウスの話についての新型の脚色がみられる。雌トラは自分の子をさらった猟師を追跡し、猟師がトラの子を一匹一匹手放すまで追跡を止めない、という話を思い起こしてもらいたい。寓話は、物語をきわめて微妙に変化させることによって、人は完全に神に身をゆだねるべきであるという道徳を伝えることになった。森は危険と誘惑の世界であり、猟師は悪魔について語った。そして失われた子は神の「化身」であった。詐欺的な猟師は追いかけてくるトラに、トラの子ではなく鏡かガラスのボールを投げつけた。トラは自分の姿が小さく写っているその物体をみて目標物を見失い、猟師の追跡が遅れてしまった。鏡のなかの像は、善とは対照的な力を発揮したり個々の魂の怠惰の原因となるような世界の虚偽と虚栄とを表象する。トラと鏡は紋章のなかに象徴として現わされる。ゾウや城もそうである。城というのはゾウの背中に戦士がいっぱい乗った塔なのである。多くの奇妙な寓話が、賢くて柔順であるとされていたゾウに集中している。それらのほとんどの原型は、ゾウの雄と雌の関係を、アダムとイヴの関係で表現する。雌が食べたマンドレーク[六]は「知恵の木」であり、彼女はそれを雄に渡した。そのあと彼女は妊み、子を生んだ。ゾウの天敵である竜は、当然すべての災いの原因であるヘビを表象する。

他の巧妙な寓話に二つの角（二つの新訳聖書）を持ったアンテロープがある。それで木を切る（それですべての悪を断つ）。しかし油断したすきにヒース（酩酊と悪徳）[七]の茂みにからまってしまう。そこを猟師につかまり殺される。首輪と鎖につながれたアンテロープもその物語の追憶として紋章に描かれている。

第二級の被造物としてアリ、ハリネズミ、ネズミ（典型的な大食いでこそ泥）、小鳥を捕まえようとあお向けになって死んだふりをして欺すずる賢いキツネ、二つの足を持ち、毛深くて角が生え、人間を捕えて食べようとしているワニ、イヌ（一人のダルマテア人がその群のなかにいることは明らかである）、いらだって前足をかきたてている一匹のオオカミ、死骸をむさぼっているハイエナ、ヒトコブラクダ、歩哨役のツルに守られたツルの群、その歩哨は小石を口にくわえて立っているが、それは居眠りしたら小石が落ちて目が覚めるようにするためだ。土のなかからヘビを引っぱり出して食べているシカ（あるいは、彼らの角の物語に関係がある）。積み重ねた香木のうえに休息しているフェニックス、それは太陽を眺めているがやがて焼きつくされてしまう。ナイチンゲールは卵のピラミッドの上に座って歌っている。サンショウウオは果樹にとまり果物をなめながら毒を入れている。サイレンとグリフィンは人間を引き裂いている。そこにはプリニウスには信じられないような動物がある。それらのいくつかは多くの改竄が加えられた。たとえば、マンティコーラは三列に並んだ歯をもち、青い目、ライオンの体と尾、その尾の先は細く尖っており、その容貌は人肉にたいする飽くなき欲望をあらわしている。それらの怪物たちの役割は、「最後の審判」の恐怖を補強し、キリスト教の崇拝者に、地獄に堕るかも知れないという嫌な予感を広めることにある。そのような一般大衆にとって魅惑的な恐怖物語は、大衆を教化し怖がらせるには、いちばんてっとりばやい方法であると常に考えられていた。その目的のために動物寓話は決して軽蔑されることはなかった。教会の柱頭は、そのような隠喩による装飾彫刻でいっぱいだった。

その反動はすぐ主知主義としてはね返ってきた。そして学問が鳴物入りでルネサンスの時代を告げた。より利口な人々が、流行した不合理性と虚構にあいそを尽かし、科学的真理のなかに確かなものを得ようとした。しかしそれをあまり公然と主張することはきわめて危険なことであったし、事実多くの犠牲を払ったので、教会の承認を受けねばならなかった。一例をあげれば、ラブレーにとっては、笑いとひやかしの仮面のかげに多くの重大な意味を隠さねばならない理由があった。

その無尽蔵なユーモアのセンスでラブレーは、古代の作品、とりわけプリニウスの作品のなかに隠喩の新鮮な材料を見つけ出した。彼はしばしば自分の哲学を下品なように性格づけて、何か秘密めいたものに潤色した。『ガルガンチュアとパンタグリュエル物語』は挿話によって生き生きと描かれている。それは事実上パロディーであり、プリニウスのテキストの結末についての正しい知識があってはじめて理解できるものである。ラブレーは、自分が古代文学を愛したように、その熱狂的な愛好者を大量に作ろうとした。彼は呪文を唱えて、エキゾチックな動物たちをほんとうに呼び出すことができた。たとえばラブレーの研究者は研究にあたって、騒音——オウムのおしゃべり、キツネの吠える声、ネズミのチューチュー鳴く声、ハクチョウの歌、モリバトのゴロゴロいう声、ラクダやヒトコブラクダのゴソゴソいう音、ウの騒々しさ、コオロギの鳴声、そしてこれ以上あげる必要もないその他もろもろの騒音に悩まされた。

ラブレーは古代の植物物語もパロディ化することを忘れなかった。パンタグリュエリオンという葉は、アマとその利用法についてのプリニウスの記述のパロディーである。このラブレーの創造した不思議な葉は「巨大な豆の茎」の大きさに成長し、医薬として、またその他のさまざまな目的に用いられる。絞首刑執行人はその利用法の一つに紐として使用した。そして綱と索具を材料として、ヴェルヌ〈八〉の気違いじみた夢をもしのぐ宇宙への空想的な旅にへと発展する。気球操縦者は空想の「きらめく大空のキラキラ輝く旅亭」——牡牛座、双子座、犬鷲座、いるか座、琴座とペガサス座、船坐、大熊座、小熊座その他の旅行者のなじみの宮——それに関しては「伝説上の動物の蒐集」で知られたウェラー氏〈九〉が有名だが——のどこにでも降りたつことができるのだ。〈一〇〉

いままでのもっとも有効なアレゴリーの使用は、『アレオパジティカ』〈一一〉における自由に関する有名な文節である。

「私は心のなかで、高貴で力強い国民が、眠りから覚めた強い男のように立ち上がり、無敵の頭髪をゆさぶらせているさまを想起する。また、ワシが羽を脱ぎかえるように国民がその力強い若さをよみがえらせ、その幻惑されない目が真昼の日の光のなかで輝くのを見る。そして長いあいだの欺かれた見方を天の光である泉のほとりで洗い落し清めている一方で、群がった臆病な小鳥たちが薄暮を好む鳥たちとともに、ばたばたと騒音をたて、意味もわからずあわてふためき、嫉妬深いおしゃべりで、宗教分派の一年間の予想を立てている様子を見る。」

ワシに関する文献の影響のすべては、鳥の王に関する古代や中世の物語の知識がなくても、容易にぬぐい去ることができる。ミルトンは自分自身、前述の論文のなかで、伝統のはかり知れない力について、最良の注釈を加えている。

「書物は決して死んだものではない。そこにはそれを生み出した精神と同じくらい躍動的な生命力が秘められている。それどころか、そのもっとも純粋な効力と生きた知識のエキスを、あたかもガラス瓶のなかに保存するように、立派に保存してくれる。私は、書物が伝説上の竜〈一二〉の牙のように生き生きとした力強い生産力を持っており、それをあちこちに播くことは、武装した人間の出現への好機を作り出すかもしれないことを知っている。」

我々が今までみてきた、中世を通じて豊富に生み出され旧知になった竜の牙は、わずかではあるがヨーロッパの文学的・科学的発展の追跡の道を照らしてくれる。

補章二　文学のなかの古代科学

自然自身が多彩であるのと同じように、文学に用いられた古代の「ヒストリー」もしくは科学は多彩である。時代がすすむにつれて、それらの水源は中世研究家によって、また猟奇文学の考案者によって吸いつくされてしまった。興味深い転換の舞台となったのは、大胆な編集である『サー・ジョン・マンデヴィルの旅行』（一）という文学史のなかでもっとも成功した瞞着的作品である。事実、フランス人によって書かれ英語に翻訳されたこの本の著書は、エドワード二世の治世下の騎士ジョン・マンデヴィルであると考えられている。この創作によってこの著者は、チョーサーがイギリスの「詩の父」であるように、「イギリスの散文の父」の地位を保持しているのである。

一三五六年に公表されたこの本は、宗教文学と異国の猟奇物語との混合であり、退屈な書物を面白くさせようと狙ったものである。それまでイギリスの散文による作品は、たとえ部分的にでもあれ、宗教的関心という伝統的な主題から逃れることはできなかった。そこでこの作品では序章において、聖地について十分すぎるくらい詳しく記述したりして、大胆すぎないように注意が払われた。しかしそういう限界を超えて、主として彼の想像力が古代の歴史的作品によって補強されることによって、架空のマンデヴィルが創出された。彼は厳重に隔離された場所に住む勇猛な女戦士の種族であるアマゾンの知識を授ける。また、インドについて、プレスター・ジョン（二）の王国について、キャセイ（中国）や大きな可能性を秘めた新しい国ジャワ——それはインドを侵食するぞと脅かしている——などについてのいろいろの記述がある。それらの改訂を加えられた物語は、古代において絶えることなく興味の的であった被造物、フェニックス、クロコダイル、金を掘るアリなどの引喩である。それらはすべて、少しばかり形を変え改造されている。典型的な文章としてフェニックスに関するものがある。

「そして人はその鳥を神とみなしてもいい。なぜなら神は唯一であるから。そしてまた我が主は死して三日後に生き返ったのだから。しばしばこの鳥がそれらの地方で飛んでいるのが見られる。ワシよりも大きくはなく、頭にはクジャクよりも大きい鶏冠をいただいている。首は黄色で出窓の石の美しい輝きに似ている。くちばしはインドブルー、翼は深紅、尾には緑・黄・赤がまだらに混じっている。これは太陽を見上げる魅力的な鳥で、栄光に満ち高貴に輝く。」

コッコドリルス cockodrills（ペゴティーのクロルキンディルス Crorkindills は古い綴りとそんなに違わない[三]）はヘビの類として描かれている。それは「人間を殺し、涙を流しながら食べる」。もちろん舌はない。また、大幅に潤色されたエティオピアの伝承の名残が多く存在している。「その国には一本足しかない民族が住んでいる。彼らは驚くほど敏捷である。その足は非常に大きいので、横になって休むときには、それで陰を作って体全体を陽の光から防ぐ」。

ダイヤモンドはジャガイモのように成長する[1]。

また、不思議にもダイヤモンドを結合させる磁石の岩、アダマントがある。だからそこを航行する船は鉄の釘を使わずに作ったものでなければならない。さもなければ壊れて沈んでしまうであろう。

マンデヴィルを読む人は、その世界はおおかた孤島でのことだろうという印象を受ける。何かそれ自身の特殊性を持ったミステリーの島ではないかと。たとえば、北のはるか離れた大洋には一つの小島があり、「そこには、とても残酷でそして悪質な女性がいる。彼女等の目は不思議な石でできている。もし彼女等が怒りの目で男を見ると、見るだけで男を殺してしまう。バシリスクのように」。悪質な目に関するきわだった記述だ。

猟奇文学についてはこれで十分である。読者も、途方もない話やそれらを食いものにした寓話などには飽きるころだろう。小説やユーフェイズム〈誇飾体〉にある一般的な空想話のなかで、もっと軽妙でもっとデリケートな調子のものを取り上げよう。騎士道物語にはすべて過去に明確な根拠があると言われてきた。確信的に主張されていることだが、写本は墓に埋葬されたものとか、発見されまいと秘密の場所に隠しておいたものが発見されてしまったのであって、そこに書かれている挿話はまったく信頼する価値があり、自然誌の事実が間違いないとされるように、それらも信頼のできるものだとされてきた。例えば、『ドン・キホーテ』のなかのトレドの典文が細心かつ真剣に研究されたことは明らかである。あたかも、一六歳の少年が砂糖のペイストを作るときのように、尖塔のように高い巨人を剣で簡単に真っ二つに切り割くという話があるが、このように、あまりまともでない話でも真実だとされてきたのである。あるいは、あたかも船が順風に乗って航行するかのように、騎士を大勢乗せた大きな塔が海をつき進むという話（隊を組んで流木のようにし、頭をもたげて風を受け、インド洋を航海するというアラビアのヘビについてのプリニウスの記述と似ていないこともない）もそうである。

サンチョはそのすばしっこい機知でもって、自然からより新しい形象を作り上げることに成功した。肝っ玉が小さいと決闘を挑まれ、それを拒否したため臆病だと攻撃されたとき、彼は相手に、自分はひとたび奮起すれば勇気のある人間なのだと警告を発した。

「誰も他人さまの心のなかまではご存知ない。だからみんなミイラ取りがミイラになるんさ。神様は平穏を喜び、けんか騒ぎが嫌いだ。だが追いつめられて部屋に閉じ込められると、ネコだってライオンに歯向かう。神さまは俺様（一人前の男だ）が歯向かっていくことをよく御存じだ。」

イギリスでは影響はきわめて著しい。ユーフェイズムの偉大な権威者リリー〈四〉は、直喩と一風変った比喩の骨組を作るために、古代の貯蔵庫から大量の材料を引き出した。それを彼は、ユーモアというよりむしろ洗練といっていい手法で利用した。古い自然誌のテキストの蒐集があまりに多様なことに彼は驚いたが、それが彼の寓話とまじめな道徳的性格を規定している。次の文は、プリニウスから直接引き出された装飾的象徴主義の輝く宝石である。

「あなたが淫乱をもたらすキバナスズシロの種を食べても、私は謙遜を維持するコショウソウの葉を食べる。〈五〉」

「ロドス島のペルシアの木は蠟を緑にするだけで決して実を結ばない。〈六〉」

「老練で賢い画家のアペレスは、一日たりとも、線を引かなかったり、なにがしかの仕事をしないで過ごしたことはなかった。〈七〉」

「ダチョウは健康を維持するために硬い鉄を消化し、病人は苦痛を和らげるために苦い丸薬をのみ込み、若者は、安楽を見つけるためにはげしい嵐に耐えるべきだということを記憶せよ。〈八〉」

「エジプトのイヌが水を飲むように、かっぱらいはワインを飲んで渇きをいやし、うまく逃亡しようとする。〈九〉」

「アダマントが硬い鉄にも線をつけるように、イルカの列、ハープは、愛にたいする純潔な心と、欲望にたいする思慮深い知性を美しく誘惑する。〈一〇〉」

「虫はほとんどどんな木のなかにも入っているが、シーダーの木だけにはいない。〈一一〉」

しばらくすると、正確な対照法と完全な様式にたいする人々の好みは薄れてしまう。どんなに見事なものであろうと、すぐ単調なものになって飽きてくる。批判による影響もある。ドレートン〈一二〉はこのように不平を言う。

「石を、星を、植物を、魚を、飛ぶ昆虫を語ることは
言葉による遊びであり、むだな直喩である。」

とんでもない気違いじみたごまかしである。シェークスピアはユーフェイストをそんなに重大に考えないで、フォルスタッフ〈一三〉の口の中に、いくつかの洗練されたお手本を押し込んだ――

「加密爾列草(カミツレぐさ)は、踏まれゝば踏まれるほど、倍々(ますます)成長し、繁茂するからである。けれども若い者は徒(むだ)に月日を送ると、忽ち衰労に及ぶ〈一四〉」

……「あれ見な、あの皺くちゃ爺め、まるで鸚鵡が頭を引掻くやうに〈一五〉」

……「狼を起したり、狐を嗅いだりは、どっちもよくないねえこッてごす。〈一六〉」

ここには高潔で真実の記述がある。そしてフォルスタッフはそれらのすべてをフィーブル〈一七〉の武勇に反映させることによって仕上げた。

「感心々々！　勇敢な弱虫(フィーブル)！　汝(きさま)は定めし怒れる鳩、英邁なる鼷鼠(はつか)のやうに強いだらうなァ。〈一八〉」

だが、シェークスピアは陳腐な方法で様式を構成するようなことはしないで、もっとすぐれた方法を用いた。一例

をあげるのはいたってかんたんである。「とかく阿呆は地口ることが達者だ！　今に、一番聡明な人達は、何にも言はなくなっちまふだらう。さうして饒舌って賞められるのは鸚鵡ばかりになるだらう〈一九〉」。

自然のすべての分野にたいする視野の広さは、人為的なものだけに満足しない誠実さを彼にもたらした。彼は自然のなかに多くの真実の姿を見出した。それによって表現に力強さと具体的な効果を生んだ。

スパージョン〈二〇〉嬢はシェークスピアの隠喩と直喩を分析し分類した。そしてそれらの大部分は単純な日常の生活にもとづくものであることを発見した。しかし彼女は言う。当然「書物や風聞から学んだ事実以外に、それまで見たことも聞いたこともないものがある。獲物にじゃれつくライオン〈二一〉、筋肉をこわばらせるトラ、高い牡牛坐の雪、バシリスクの目、マンドレークの悲鳴。またアタランテの追跡から逃げるための頓知や、青白い顔をした月から輝かしい名誉を奪おうとする一人の男のことなど、真の空想性・想像性がある」と。

シェークスピアは理解力の範囲内において、古代の資料の熱心な読者であったことは明らかである。しかし、戯曲に力と生命を与えるような隠喩と断章を拾い出すにあたって、きわめて便宜主義的であったとも言えよう。彼の知っていた科学は、詩的思索のための媒体としてもっとも豊かな領域であった。一つの例をとれば、当時の著者によれば露は単なる濃縮された蒸気ではなく、天から直接送られてきた神の贈り物であった。また、甘い露という空想的なものに変形されたり、あるいは、月が泣くときに泣く花の涙である。あるいは、（プリニウスが言うように）真珠に変化するものである。そしてまた、ハムレットが苦難にさい悩まされる肉体に和らぎを与え、苦しみを断つために望んだ死を象徴するものである〈二二〉。さらにつけ加えれば、キャリバン〈二三〉が「大鳥の羽で掻き集めた有ッたけの沼の毒が、汝らに降りかかってくれ！〈二四〉」と脅したように、悪意に満ちた呪の形式のなかに存在するのである。

彼の科学はすべて古い科学であり新しいものではなかった。火は実際に火打ち石に住む独立の精神であり、セント・エルモの火〈二五〉のように、中庭や船のバウスプリット〈第一斜檣〉でダンスをするのであった。彼の表現力のもとでは、空想の世界に終りはなかったし、いかなる意味においても、彼の語る驚異物語のすべてが彼にとって決して架空のものではなかった。不運とか逆境の巧みな扱い——他のものと同様、納得のゆく道徳的な表現での——は、ヒキガエルの頭にある珍しい宝石とまったく正当に比較することができる〈二六〉。人魚は信念の問題でありえても、寓話ではない。その考え方はプリニウスの時代から変らない。そして数多くの空想が詩句に歌われた。

「覚えているだろう、いつゥか、俺が、或岬に腰を掛けてゐて、海豚の背に乗かってゐる人魚が、奇麗な声で唄を歌ふのを聴いてゐると、荒海さへも其声を聴いて隠順くなり、大空の星があの海処女の音楽に聴き惚れて、気が狂って、幾つも幾つも円座から射るやうに辷り落ちたのを」〈二七〉

ここに示された天文学には創作はまったくない。シェークスピアの典拠はプトレマイオスの体系である。そこには八つの半透明な天球が動かない地球のまわりを回っている。それぞれの天球は自分に属する星と遊星を伴っている。一般に、人間がびっくりして飛び出すかわりに、星が指定された場所から飛び出すと言われている。彼はまた今日の科学では承認できない固定化した北極星ということを引きあいに出す。

「自分は動かない、確固不動を特質とすることに於て、碧落中に又と類ひのない北極星の如くに」〈二八〉

シェークスピアが悲劇性を高めるために、自然誌の知識を利用したことによる効果は、特別に印象的である。トラ、クマ、オオカミ、いらいらしてかみつくイヌ、自分の仲間をむさぼり食う怪獣、ヒキガエル、ヘビとサソリ、昆虫の異常発生、子どもを守るために大胆に闘う小型のミソサザイを捕食するフクロウ、不注意なハエをわなにかけるために待ちかまえるクモ、サルとヤギ、それらのすべては、マクベス、オテロ、リア王のうす暗く不気味な雰囲気のなかで形づくられる。また、風、嵐、「此の円い、厚い地球を真平に打砕」くと脅かす「怒りたける烈風」〈二九〉、そしてあちこちに広がる災厄。

伝統的な魔法はかなりの部分を演じている。そして古代の医薬知識の多くは、意図的に忌まわしく不安なものとして扱われている。『マクベス』のなかの魔女の毒薬は、何かの成分の混合であると想像するのは間違いで、死の前兆なのである。魔女を確信するのはシェークスピアの時代には普通だったので、魔術はとるに足らないものだ、とは言えないことを認めてもらえるだろう。だから、悲劇の効果は不気味な背景によって高められ、観客に巨大な影響力を与えることができた。魔女が次から次へと鍋の中に投げ入れる忌まわしい成分のすべては、引き裂かれる恐怖の金切り声を意味したに違いない。今日ではこの場面は、最高の気楽さでパロディ化される。

内在的証拠からみれば、シェークスピアがホランドの翻訳に接していることはほとんど間違いない。というのは、『博物誌』の第二巻にある文節を明らかに利用しているから。そこには「ポントスの海は常に流れプロポンティスに流れ入る、しかし海は決してポントスには入っていかない」とある。――これは黒海の潮が太陽と月によって影響を受けず、いつも同じ状態に保たれていることを意味する。オセロはイアゴーの意見にたいして、自分の目的を決して変えないだろうと詩の形を借りながら答える。

「決して決して（変わらぬ）。彼のポンチック海の氷の潮は、其衝き進む勢ひが猛烈で、一度も逆流はせず、プロポンチック海とヘレスポント（の海峡）へ一直線に流れる、血を見ようと望む俺の心も、其の通りじゃ[三〇]」

もしわれわれが、プリニウスの、母なる大地とその人類への辛抱強い親切への賛辞を思い出すならば、『ロメオとジュリエット』のなかのフライヤー・ローレンスの科白とほとんど符号を一にするほどの発想の著しい相似を見出すだろう。

「万有の母たる大地は其墓所でもあり、又其埋葬地たるものが其子宮でもある、さて其子宮より千差万別の児供が生れ、其胸をまさぐりて乳を吸ふやうに、更に何か一種宛霊妙じい殊なる効能のある千種万種を吸出だす。ああ、夥しい草や木や金石どもの其本質に籠れる奇特ぢゃ。地上に存する物たる限り、如何な悪しい品も何等かの益を供せざるは無く、又如何な善いものも用法正しからざれば其性に悖り、図らざる弊を生ずる習い[三一]。」

彼が、真実について、過去の二番煎じの科学の杜撰さについて、ごくわずかしか、あるいはまったく注意を払わなかったということは事実である。彼は、どんな装いで現われようと自然を尊敬した。

「汝、自然、わが芸術の女神よ
わが義務は汝が掟に従うこと」

また彼は、自分の美しさに無関心で鈍感な自然の心のなかの無知と鈍感さに驚く――

「此の大きな円天井を、また、海や陸の豊富な産物を見る目を与えて、あの大空の星と浜の、夥しい、あの双子かと思うやうな真砂とを見分けさせているのに[三二]」

シェークスピアの時代の始めの頃、実際には人は自分の目を、もっと知的に、そして自然の作用をもっとしっかりと分析するために用いた。現代科学が古代科学から離脱する前夜であった。誇張なしにシェークスピアは、過去の豊富な伝統が新しい可能性の世界への道を開く、まさにその分岐点に立っていた。チャールス・シンガー博士〈三三〉によれば一六〇〇年に道を分ける二つの事件が起きた。その一つは、コペルニクスの弟子ジョルダーノ・ブルーノ〈三四〉の殉教である。科学的信念から、古代の意見に逆らったための殉教であった。もう一つは、ウィリアム・ギルバートの『多くの議論と経験によって立証された新しい自然地理学』〈三五〉と題された著作の出版である。現在のどんな科学理論よりも重要だと思われる原理が、始めて記述された書物である。それは、議論と経験は科学的真理のすべての定式の決定に役立つに違いないと主張する。不思議な話だが、この提案は、視点の明確な変革ではなく、理論、信念、確証されていない観察、大量の古代の知識を構成している妄信からの漸進的解放を意味した。それらの残渣が人間の意識のなかにしっかり沈潜していることは事実である。しかし、証拠資料を鑑別する過程はいま明確に始まっている。だから同時に、シェークスピアが古代の思想と詩的空想の富源から果実を得たと推量するのは根拠のないことではない。それを彼は知識の蓄積の一部分として採用したのである。同時に、先輩の知識を超え、過去の死んだような形式主義から精神を部分的に解放することを楽しんだのだ。彼の「風にゆれて泡立つ泉」といわれる才能は——古い霊感だけでなく新しい霊感によっても波立った。『ソネット』のなかで彼は「われら彼等よりも優れりや？　或は彼等が優れりしや？」という疑問を投げかけているが、三百年経った今もなお、それに答えることは容易でない。

若し果して過去に存在せりし物以外の
　真に新しきものは世になしとせむ歟、
創作の為に頭脳に産苦をなさしめて
既生児を更に再び生むことを負担せしむは自欺ならずや！
あゝ、太陽の五百周期のいにしえを
われ記録によりて遡観することを得て、
人の考への初めて文字に写されし時以来の
ある古書の中に君の面影を見出でたらましかばとこそ！
然るは古き世人が和君を見まゐらせなば

驚くべき御素質をいかに評すらむかを知らむ為なり。
われら彼らよりも優れりや？或ひは彼等が優れりしや？
或ひは世は只同じさまにのみ回帰しつゝありや？

あゝ、われは信ず、いにしへの詩人らは
遙かに劣れる者を賛美したりしならむ〈三六〉と。

われわれがすでに見てきた「古き世人が……いかに評すらむか」というテーマは、シェークスピアにとっては、他のイギリスの詩人よりもより徹底すべき、価値ある目的であったと言えよう。そして、世界それ自身に関して言えば、各人が、その本質を手にとるように理解し学びとりたいという願いに教訓を与えてくれるのは、書物（直喩としての）ではないというのは本当だろうか。シェークスピアのものの見方やそれをもとに彼が与えた教訓は、主としてギリシア人のものであった。そのギリシア人の重要性は、彼らの洞察力の質にあるのではない。彼らの世界は、その限界（美徳の可能性でもある）と明白な誤りにもかかわらず、多くの疑いとためらいを持った現代より安全でより包括的な世界なのである。最良のギリシア人——そして最良のもので判断すべきだが——は常に次のような人々であった。

自分の役目を果たす人は鈍感にもならないし、熱情も放逸にならない。
そのような人はみな、しっかり人生をみつめたし、すべてを見たのだ。

原註・訳註

原註　（原則として原註には訳注をつけなかったが、若干の個所には〔　〕のなかに脚註として入れた）。

第一章

（1）ウァロの著作で現存しているのは『農業論』（*Res rusticae*）と雄弁術の一部だけである。しかし彼はまた文法、天文学、幾何学の権威でもあった。事実、彼は最初の真の完全なローマのエンサイクロペジストであった。そしてユリウス・カエサルの直接の庇護のもとで働いた。しかし、彼の著作は古代を代表するという点においてはプリニウスの『博物誌』に及ばない。なぜなら、彼は明らかにギリシアの学問と思想に偏見を持っており、間違った愛国的な動機のもとに、ラテンの著作家たちをそれに値するより高く評価しようとしたからである。彼はまた、医薬について書いたほかの人たちと同じように、まことに奇妙な治療法を執拗に擁護した。その多くは呪文や儀式の特有の形式に関するものであった。プリニウスはウァロを数多く引用している。

第二章

（1）プリニウス自身は幽霊を信じていただろうか。答ははっきりしない。彼の甥の小プリニウスは『手紙』の一つのなかで、自分が訪問したあるアテネの立派な家について述べている。その家では、真夜中になると鉄と鉄が打ち合う音が聞えてきた。それは明らかに鎖のガチャガチャとなる音であった。そして幽霊が現われた。長いあご髭を生やし、髪の毛の逆立ったむさくるしい老人の姿であった。足かせをはめられ、縛られた手首は絶えず震えていた。

この家は空き家で売りに出されていた。アテノドロスという名前の哲学者が物理的調査をしようと考えた。公示によると――「彼はその幽霊が意気消沈している有様に注目した。そこで彼はいろいろ尋ね歩き、その理由を発見した。それは彼を失望させるどころか、むしろ予期していたよりも心が魅せられたので、彼はその家を借りることにした。

「まもなく暗くなってきた。彼は正面入り口にソファーを置くよう命じ、ノートと筆記用具と明りを持ってこさせた。家族を寝させ、何を記録するかということに精神を集中させ、自分自身の想像力でたぶらかされたり、話に聞いた幽霊を心に描いたりしないようにしっかり気持を固めた。

「最初は完全な静けさが支配していた。やがて鉄が揺れ鎖がガチャガチャ鳴る音が聞えてきた。しかし彼は決して目を自分の仕事から離したりペンをゆるめたりはしなかった。その音は、すぐそばで起きているかのように大きくなった。はじめは戸外のようだったが、やがて家のなかに入ってきた。彼はあたりを見回してその人影を見た。それは立って手招きし、ついてくるよう誘っているように見えた。

「アテノドロスは少し待つように合図し、再びノートをとりはじめた。その人影は彼が書いているあいだ、鎖をガチャガチャいわせながら彼の頭の上にかざした。見上げると、前と同じ合図をしているのがわかった。そこで明りを持ってそのあとに従った。

「幽霊は、鎖が重そうにゆっくりと歩いて中庭に入っていったが、そこで消えた。哲学者は突然ひとりぼっちになったことに気づき、注意深く草や葉に光をあてた。次の日、彼は行政長官にその場所を掘り起こしたいと申し出た。そして大量の骨と足かせが発見された。しっかり結びあわされた身体は腐りはて、鎖は赤錆ていた。

「そのあと、遺体は集められて当局によって埋葬された。その日からこの家は霊魂から開放され、現在はきれいに埋立られている」。
(2) ポープはロンドンに行くときいつも小さな馬車を使ったので、「クルミの殻のなかのホメロス」とあだ名された。
(3) 理想と幸福とに関するストア学派の助言の他の側面光は、小プリニウスの『手紙』によって投げかけられた。それは、常に完全な健康で活動しているクリスチャンを想像できなかったパスカルの意見と比較される。甥の小プリニウスが発表した大プリニウスの意見がどんなに疑わしくとも、彼がモラリストであったことは多分認めてもらえるだろう。「最近になってある友人の病気が、人間は病んでいるときが最良であるという気持にならせた。病気になったら貪欲や煩悩を持つことができようか。そのような人間は、色欲の奴隷にならず、名誉にたいする欲求もなく、富にも無頓着になり、ほんのわずかなもので十分であり、それらのものを手放そうとしているように見える。誰をも羨まず、崇拝せず、軽蔑もしない。どんな意地の悪いゴシップにも興味はない。未来にたいしてはのんびりと気楽な――無害で幸福な――生活を望む、もし幸運にも病が治れば。賢者たちが多くの言葉を用いて繰り返し繰り返し教訓をたれてきたが、私はそれをひとつの言葉に凝縮することができる。健康のとき、われわれはその状態を続けるだろうし、病気になれば、未来を期待する」。

(4) 人類をイナゴの競争にたとえたイザヤの言葉と、『リア王』のなかのグロスターの言葉「あゝ、あの虻や蜻蛉を悪戯少年が扱ふやうに、吾々人間をば神さまが扱はっしゃる。神はお慰み半分に人間をお殺しなさる」〈坪内逍遥訳〉の二つは、対比として有名である。

第三章

(1) 古代人は頭蓋骨の厚さと硬さに大きな関心を持っていた。クマはもっとも柔らかく、オウムはもっとも硬いと思われていた。ヘロドトスは、ペルシア人とエジプト人が戦った戦場を訪れたとき、ペルシア人の頭蓋骨は極端にもろく、容易に小石で砕くことができたと述べている。これに反してエジプト人の頭蓋骨は、強く叩いても砕けなかった。その理由として彼は、エジプト人は幼児のときからきちんと頭を剃るので、太陽の熱が頭蓋を硬く焼くことができたからであると言っている。

(2) プルタルコスによると、アレクサンドロス大王は、初めて重要な告訴の調査に臨んだとき、「訴訟人が発言をしているあいだ手を一方の耳のうえに置き、偏見なく当事者を告発できるようにした」という。その後告訴が非常に多く持ちこまれるようになったので、彼はそのような用心はしなくなり、そういう習慣を止めた。

(3) 歌を唱うときにネロは胸に鉛の板を当てていた。「それによってみだらなソネットと動物的なバラードを広い音域と強い声で活発に歌うことができた。しかし彼はそれによって、鉛が良い声を持続させる興味深い方法であることを証明した」。鉛は呼吸の練習を助けるために当てがわれたことは明らかである。

第四章

(1) プリニウスと同時代の人であるセネカは、ローマ人のなかでただひとり自然の問題に関して独創的な考えを持った。また、彼の『自然の研究』(*Questiones Naturalis*) によると、この宇宙に進化の原理が広範に存在することを知っていた。以下の文を見てもらいたい。「世界は自然の支配下にあって精神なのだろうか、あるいは木や農作物のように肉体なのだろうか。木や農作物はその素質のなかに、最初から最後まで積極的にであれ消極的にであれ経験するすべての運命が包含されている。それは人間に似ている。すべての資質は生れる前の胎児に潜んでいる。子どもが日の光を見るまえに、あごひげや灰色の髪の毛などの要素は内在している。だが全身の容姿や続いて起こる生涯の一切は小さくそして隠れている。すべての要素には、自然の裁定の実現を保障するという目的が与えられている」。

彼が考えている将来に関する「自然の裁定」の一つは、世界全体の大火災である。地球の要素がすべて熱で溶かされるか完全に崩壊したとき、新しい創造が清浄な時代のなかに導かれる。そしてよりよい人類が地球に住み、繁栄と平和が支配する。この考えは、明らかに後世において宗教的意味を持つよう運命づけられた。そしてたぶんセネカは間違ってクリスチャンとみなされた。ともあれ彼とプリニウスは、全知全能の創造者である神と自然とを同一視するストア主義者であった。〈この註は、アリストテレスのところにつけられているが、どうしてそうなったのかわからない〉。

(2) 古代人が爬虫類とみなした混乱について、マンデヴィルはヘビ、リュウ、ワニを同時にとりあげたときに説明した。「このコッコドリルス〈ワニ〉は一種のヘビで、黄色（そこで、クロッカスからこの名前が生れた）をしており、背中は光っている。四本の足と短い腿があり、かぎ爪のような八つの巨大な爪をもっている。長さは五尋ほどあり、ときには六から八尋にもなる。それが砂利のうえを行くと、あたかも人間が砂利道に巨木を引きずったかのように見える」。

(3) プルタルコスが言うには、ポンペイウスは、スラが彼の凱旋行進に反対したときのことだが、自分の凱旋戦車をゾウ、それは「アフリカ王の所有であったものをたくさん連れてきた」のだが、そのゾウのうちの四頭に曳かせようと決心した。「だが市門はそれには狭い」ことがわかったので、ウマで満足するしかなかった。

(4) プルタルコスによれば、ブケファロスは三〇歳で死んだ。アレクサンドロスは「あたかも古い友人か親友を失ったかのように扱った」という。彼はまた、新しい都市を作ったときその都市に、いつも連れ歩いていたペリタスというイヌの名をつけたという。

(5) マンデヴィルはキリンを「オラフレス」あるいはアラビアの「ゲルファウント」と呼んでいるが、こういう呼び名は珍しい。「これは果物状（リンゴのようにまだらになった）もしくは斑点のある動物である。背はウマより少ししか高くない。だが首は二〇キュービットあって、尻と尾は雄シカに似ており、背の高い大きな家を見下ろせる」。

第五章

(1) 不思議なことだが、プリニウスはヘロドトスが書いている神秘的な「飛ぶヘビ」については触れていない。その大きな理由としては、エジプトにトキがいて、この鳥は、春になるとアラビアのある狭い山あいを通ってやってくる飛ぶヘビの群の侵入に抵抗して、かれらを全滅させたからだと考えられる。イザヤもこの飛ぶヘビについて述べている。

(2) 狼人間の話はたぶんヘロドトスからきたのだろう。そしてこれはフランスの「狼人間」として繰り返し語られてきた。ヘロドトスによれば、ネウロイ人はすべて年に一度だけ数日間オオカミになり、また元の自分に戻るという。彼は「私はこの話を信じないが、彼らは一貫して事実だと主張し、それを誓ったりさえする」という。

(3) グリフィンの全体像についてはマンデヴィルの記述が参考になる。上半身はワシで、下半身はライオンである。だが八匹のライオンより強く、それぞれの部分をとってみてもワシの百倍も強い。だから大きなウマ、もしくは二匹の雄ウシを同時に自分の巣に運ぶことができる。爪は雄ウシの角のようで、それで水飲み用のコップを作る。また、その肋骨と「羽の骨」からたいへん強くて丈夫な弓を作る。

(4) ヘロドトスはこの金の採取についての完全な記事を残している。「大きなアリ」はイヌより小さいがキツネよりは大きい。「地下に巣を作るが、それには砂を掻き上げて穴を掘る。その方法はギリシアのアリと同じでその形もよく似ている。この掻き上げた砂に金がたくさん含まれている」。インド人は、アリが暑さを避けて潜んでいる一日のうちもっとも暑い時刻にそれを集める。それをラクダに乗せて立ち去る。アリはその匂を嗅ぎつけて追跡をはじめる。これが最初の話であるが、後になるといろいろ潤色された。唯一のもっともらしい憶測は、北部インドで発見されるセンザンコウ〈有鱗目、センザンコウ属。アリを食う〉もしくはアリクイの話が始まりであったのではないか、ということである。

第六章

(1) ギリシアのフクロウが、二世紀のあいだ貨幣のなかでアテナ神とともに描かれていたことと比較してみよ。

(2) マンデヴィルによると、東方の「アオゲラ」または「オウム」は雄弁家（いずれにせよ大きな舌と五本の爪を持っている）なので、彼らは「砂漠を通りぬけようとする人に挨拶し、まるで人間のように、平気で話しかけてくる」。三本の爪を持つ種類だけは話ができないが、叫ぶことだけはちゃんとできる。

(3) 家禽の肥育の習慣についての言及は、マンデヴィルの『旅行記』のなかでの、公の培養器の初期の形態についての記述を思いださせる。カイロでみられるものだが、「小さい炉がたくさんある普通の建物があって、町の女たちがニワトリやガチョウやアヒルの卵を持ってきてその炉のなかに入れる。すると建物を管理している者が卵を馬の糞で覆って暖める。暖めるのにメンドリやガチョウやアヒルやその他の家禽は必要ない。三、四時間すると女たちがまたやってきてひな鳥をもち帰り養う。こういうことを繰り返すので、国じゅうが家禽でいっぱいである」。

第七章

（1）マンデヴィルの『旅行記』のなかのアリストテレスの生誕地に関する記述は、伝承ではあるがおそらく多少は真実だろう。彼は、アリストテレスはトラケのスタゲイラで生れたといい、「墓には祭壇が設けられている。彼は聖人なので、毎年人々は盛大に祭典を催す。またこの墓のうえで会議や集会を開く。それは神と彼の啓示によってすぐれた知恵が授かることを期待するからである」と述べている。

（2）小プリニウスの『手紙』のなかにある、この話の異説は紹介する価値がある。

「一人の友人が、アフリカ属領にあって海に囲まれたヒッポという町について語ってくれた。その近くに潟があり入江が海へ向っていた。住民たちは魚を取ったり船を漕いだり、泳いだりするのが好きだった。とくに少年たちはそうだった。彼らの望みはできるだけ遠くまで泳いでいくことだった。いちばん遠くまで泳いだ少年はチャンピオンとして喝采された。

「彼らのうちもっとも勇敢な一人が、海の向うまで泳いでいった。そのとき一匹のイルカが現われ、少年の回りをぐるぐる廻り、しまいに彼を背に乗せた。そして何度も降ろしてはまた背にのせ、震えている少年をうんざりさせた。ようやくイルカは海岸に向い、乾いた砂に少年を戻した。

「このニュースは町じゅうに広がった。人々が集ってきて少年を神童であるかのように眺めた。彼らは質問し、話を聞き、会う人ごとにその話を繰り返した。

「次の日、海岸に群衆が押し寄せ、海を眺めた。その少年はふだんと同じように泳いでいた。他の人たちと違ってこの小さなヒーローはそんなに興味はなかった。再びイルカが現われ少年になれなれしく近づいた。イルカは彼の関心をひくために水のうえに飛び跳ね、飛び込み、身をよじらせていろいろな芸をした。

「同じことは、次の日もその次の日も、そして海岸にやってくるのが習慣化し、やがて人々が自分たちの老婆心を恥じるようになるまで続いた。彼らはイルカに近づき、ペット名で呼び、撫でたりさえした。最初に知りあった少年はイルカと並んで泳ぎ、その背に飛び乗ってあちこちに連れていってもらった。彼はイルカをとても愛するようになったので、イルカも彼を愛していると信じるようになった。

「他の少年たちも自分たちの友人と泳ぎ、その少年をそそのかした。びっくりしたのは、他のイルカが現われたことであったが、それはただの見物人か、お供としてでしかなかった。例のイルカは、他のイルカが少年を好きになることを許さなかったのだ。そして少年たちが自分たちのリーダーにとった態度と同じように、他のイルカを単に護衛者の類としかみなさなかった。あなたはこの話をほとんど信じないだろう、だが全部真実なのだ。少年と遊んでいたイルカは、ときどき水からあがり砂のうえで身体を乾かした。すっかり暖まるとまた海へ潜りこんだ。

「属州総督のオクタウィウス・アウィトゥスは、何か不思議な迷信にもとづいて、海岸にねそべっている身体に軟膏を塗らせた。するとイルカはその行為と奇妙な匂に狼狽して一目算に海へ逃げ、しばらくは姿を現わさなかった。再び現われたときには、ぐったりとしてものうげであった。だがすぐ元気をとり戻し、再び陽気になり、いつもの遊戯をするようになった。

「属州の役人たちが一目見ようと次から次へとやってきた。あまりに大勢やってくるので、町は静かな隠居町の性格を失いはじめた。そこで、騒動の原因となったこの哀れで罪のない動物を、こっそり終りにさせることが決定された」。

（3）マッシュー・アーノルドは「孤独な人魚」（***The Forsaken Merman***）という詩で、同じように地方色を出しているように思える。

砂の散らばる洞窟は冷え冷えとして深く
風はすべて眠りについた。
疲れ果てた光は震えてきらめき、
塩は流れのなかに去ってゆく。
海の生き物たちはあちこちさまよいあるき、
おのが牧場の泥のなかで餌をあさる。
ウミヘビがとぐろを巻いて身をくねらせ、
塩湖で甲羅を干して暖まる。
巨大なクジラが現われ、
目を開けたまま泳ぐ、そして泳ぐ、
永遠に世界を巡りながら、果てもなく。

（4）プリニウスは、フェネステラが barbel のことを「ムッルス」（mullus）と呼んでいると伝えている。なぜならその色が「ある種の moyles もしくは上等の靴の色」に似ているからである。セネカはこの傾向を決定的な言葉、退化として語っている。彼は言う「私の主題をとり止め、そして贅沢を懲らしめることを許してもらいたい。美しい眺めは息をひきとる間際のボラにかぎる。死とたたかい命が消えていくとき、はじめ赤みがさし、それからまっ白になる。死と生のあいだで、なんと対照的な色の変化であろうか。われわれの眠けをさすように退屈し飽き飽きした贅沢も、これでしばらくの間は一服する。今までは、漁師だけがこの素晴らしいうっとりする眺めを楽しむことができた。それなのにわれわれは、宴会で料理され命のない魚だけで満足しなければならないのだ。盆のうえで息を引き取らせよ」と。

(5) 大量の干し魚が黒海から輸入される。アリストファネスはそれについて冗談を言った。薫製魚のように多いものは、人気のあるわれわれのユーモアの媒介者である。

第八章

(1) 乾かしたイナゴについてヘロドトスは次のように言っている。エジプトとフェザンのあいだの住民はイナゴを追いかけ、それを天日で乾かし、粉にし、ミルクのうえに振りかける——この滋養分のある飲み物は、現代の調製された乳製品に匹敵できることは間違いない。

第九章

(1) セネカはしばしば大食の問題を痛烈に批判したが、それは当時の風俗の一端を示してくれる。

「道楽によって消化は損なわれる。朝食は昼まで手もつけずにそのままテーブルの上におかれる。それなのに、道楽者はあれやこれやの無駄な幾コースもの料理によって文字通り破裂し、深酒によって泥沼よりも深く沈んでいる。彼らは宴会のテーブルをカーテンや窓で保護し、火をどんどん燃やして冬の冷たさを追い払おうとするが、食欲は衰え、自分自身の熱で体力を消耗してしまい、そのため、少しでも生気が戻ることを熱望するだけなのだ」。

「健康にたいする渇望を鎮めるのはなんと容易なことか。しかしどんな感覚も、熱い食物によって鈍ったり麻痺したあごに満足を与えることができない。それらの美食家たちは冷たいものも熱いものも食べられない。火からとりだされ急いで特製のソースに浸されたマッシュルームは、ほとんど煮えたまま喉に押し込まれる。そしてその熱さを雪によって急いで冷す……君はもっと冷たいものを求める。だが習慣となった刺激は、もう何の刺激でもないのだ」。

(2)『タイムズ』に載った一通の手紙から判断すると、同じような考えがまだ残っている。寄稿者の庭師によると、実をたくさん結ばせるために、ボンアンズの木にウマの頭蓋をかける習慣があった。同じような目的で、アラブ人や黒人がウマとラクダの頭蓋をナツメヤシにかけることがわかった。

第十章

(1) ヘロドトスがクセルクセスの軍隊について語っているなかで、ペルシアの軍服について述べた部分は興味深く、引用する価値がある。「彼らは、頭にティアラと呼ばれる柔らかい帽子をかぶり、色とりどりの袖つきのトゥニカを身にまとい、魚のうろこをつけたような鉄製のよろいをつけ、脚にはズボンをはいていた。円盾の代りにヤナギで作った盾を携え、矢筒を背負い、短い槍を持ち、弓は大型で矢はアシで作られていた。そして右腿には短剣を帯で吊していた」。

(2) ヘロドトスによると、リュディア人は大の遊戯好きで、遊戯をギリシアに伝えたという。ダイス、さいころ遊び、ボール遊びは彼らによって始められた。だがホメロスは、遊び道具としてのボールは古代エジプトで知られていたと言っている。ヘロドトスによると、リュディア人の国では、空腹をしばらくでも忘れることができるように、一日おきにゲームを行なって飢えの苦しみに耐えたという。この方法は一八年の間続けられたと、彼はつけ加えている。実は、飢餓救済のための厳しい試練であったのだ。

(3) ヘロドトスは、ギリシアからの使節がエジプトにやってきて、オリュンピア競技の管理運営の仕方は、考えられる限りで最良のものであり、もっとも公正なものであると自慢したと述べている。エジプト人はもっとも賢明で能力のあるオルガナイザーであるという評判であったので、実際これは高慢なことであった。

(4) これにたいしてヘロドトスは、日時計と、一日を一二に分割する指時計は、ギリシア人がバビロニアから学んだものであると言う。

(5) 蚊帳はエジプトでは古くからある。ヘロドトスは、これは沼からやってくるカ(蚊)にたいして考案されたものであり、夜寝るときに使うものだが、この網を、日中魚を捕るためにも用いる、と述べている。カは掛け布の上からでも刺すが、網を通りくぐろうとはしない、と彼は言う。

(6) アラビアの香辛料は厳重に管理されている。ヘロドトスは、乳香の木は小さい翼のあるいろいろの色をしたヘビに守られており、無数に木の枝にぶら下がっているという。その他にコウモリに似た翼のある動物がいて、これはキーキーというぞっとするような金切り声を出し、いたって獰猛である。これがカシアの木を守っているので、アラブ人たちがそれを採取するときには、目のところだけ穴を開けた皮を被ることにしている。

(7) プリニウスがあげている蜂蜜酒に似てロートスの実から作った酒は、多分とてもきつい酒であった。それは一〇日ももたなかっただろう。この酒はウリッセーズの水夫たちを誘惑した酒であると考えられている。

第十一章

(1)アレクサンドロス大王が迷信の影響を受けていたことによる危惧を常に抱えていたことをプルタルコスが語るとき、迷信は悪影響を与えるものであるとのプリニウスの見解と同じ立場に立つものである。「たいへん不幸なことは、疑い深く一面で神の力を軽蔑していること、さらに不幸なことは、他方で迷信を信じていることである。迷信は水のように低い方へ低い方へと流れて止ることはなく、心を奴隷のような恐怖と狂気で満たす」。

(2)だが古代においては、一般的に雄ウシの血は有毒であると信じられていた。

(3)前兆についての理論の基礎にあるのは、一切の出来事はすべて今後起きる事象の兆しである、ということである。占いの技術を発揮する機会は少なくない。ワシやワタリガラスのような鳥だけに関心が向けられている理由は、未来の出来事を予言するには他の鳥ではあまりにも根拠が少ないということである。実は、人間に遭遇したときの動物の行動のすべては、何らかの意味を持っているのだ。前兆の本質は観察である。

(4)似たようなことは、今でも、南コーンウォールのマナカンの教会の塔にある。その壁から、見たところ根もないのに、大きなイチジクの木が生え出している。

(5)ストア哲学が提起した神に関する議論に、セネカは一定の見解を追加した。「古代の哲人は、われわれが礼拝しているカピトルやその他の神殿のユピテル神が、実際にその手から雷電を投げつけると信じていた。彼らはわれわれと同じように、そのユピテルを宇宙の守護者で支配者、その魂や呼吸であり、この地球上の事象の創造主で主人であり、彼に力という名のつくすべてが捧げられたものと思っていた。もしあなたが彼を運命と呼ぼうと思うならそれも悪くはない。すべては彼にかかっているのであり、すべては彼が原因で彼から生ずる。もしあなたが彼を摂理と呼びたいならなおよい。なぜなら彼の配慮によって食料が世界に供給され、正常な道をたどることができ、そこに生き物のドラマが展開するのだから。もし彼を自然と呼ぶなら、それは間違いのないことだ。というのは、あらゆるものが彼から生まれ、彼の呼吸によって我々が生命を保つのだから。もし世界と呼ぶなら、あなたは誤っていない。彼はあなたが見ることのできるすべてであり、すべてに彼が浸透しており、固有の力によって自立しているからである」。この運命という概念には人間を鼓舞させるものは少ない。いま起きようとしている事件の回避をまったく認めない――そのような迷信から生まれた容赦のない命令が手心を加えてくれる筈はない。彼らの不幸を軽減するものは何もない。彼らの祈りや生贄もたぶん無駄な行為である。

第十二章

（1）スウェトニウスによれば「黄金宮殿」には、前庭にネロの巨像が立ち、三マイルに及ぶ柱廊が連なり、池や野原があって野獣や家畜が飼育されていた。食堂の天井は象牙で作られ、そこから花や香水を撒くことができるようになっていた。どこもかしこも黄金がふんだんに使われ、宝石や真珠層がちりばめられていた。大食堂は床が円形で、夜昼なく天体のように回転していた。ネロは、いまやっと人間らしい生活ができるようになった、と言い放ったという。

（2）ストラボンは、野蛮人が、谷をうがつ豊かな急流で毛皮を使って金をとっていると語っている。これがアルゴナウテスの探検の目的の説明となっている。ディオゲネスはかつて、黄金の毛をしたヒツジを知らない金持にたとえられた。

（3）金の出どころについての疑問をヘロドトスは語っている。「ヨーロッパの北部は他の地方よりはるかに金に富んでいる。だがどうやってそれを採取するのか私にはわからない。一つ目のアリマスポイ人がグリフィンから盗んでくるのだという話がある。しかし私は、ほかの個所は人間と同じで、目だけが一つというような人種がいるなどとは信じられない」。

第十三章

（1）ダイヤモンドに関しては、中世においてさえも一貫して存在した混乱の一例として、サー・ジョン・マンデヴィルの指摘がある。彼は購入者に欺されないようにと警告する。「口の達者なのが地方へそれを売りにいく。だから彼らからダイヤモンドを買おうとする人は知識が必要である。なぜなら、彼らはしばしば黄色の水晶、シトロン色あるいは黄色のサファイア、あるいはサファイア・ルーペその他の石で模造する」。ダイヤモンドの鑑定には、ダイヤモンドと不思議な関係を持っていると想像されている天然磁石を使う。「船乗りが使う釘を吸いつける磁石のうえにダイヤモンドを乗せ、その磁石の前に釘を置く。もしダイヤモンドが良質で効能があれば、ダイヤモンドが乗っているかぎり磁石は釘を吸引しない」。

（2）サー・ジョン・マンデヴィルは、ヒマラヤは世界でも寒いところなので、水が水晶になると言っている。ここではまた必然的にダイヤモンドに触れている。「その水晶の岩の上に厄介な（濁った）色をした良質のダイヤモンドが成長する。油のように不透明な黄色をしている。非常に硬く誰も研磨することができない」。ダイヤモンドはアラビアやキプロスでも発見されるが、容易に研磨できるという。そこでこれらの話に疑問がわくのは当然である。もっと硬いダイヤモンドが金鉱石から見つかるが、これはほんとうは石英のことである。

(3) ヘロドトスはエティオピア人が人体のミイラを作る不思議な話を書いているが、その遺体の似姿を描いた〈ミイラに石膏を塗りそのうえに描く〉のち、中をくりぬいた水晶製の柱のなかに入れた。「この国では水晶は大量に採掘され、加工がしやすい」。遺体は外から見えるが、もっとも近い親族が一年間生贄を捧げてそれを祭る。その後この柱は運び出されて町の外に立てる。

第十四章

(1) プリニウスは壁の絵はファブルスによって描かれたと言う。彼はトーガを着ていたので外国の芸術家でなくローマ市民であったことを示している〈現行のテキストにはそのような文章はない〉。

(2) ともすると金箔をはった仏像の顔を汚しがちなハトを追い払うために、タカの絵を掲げたという、似たような話が中国文学に見られる。また、ネコの絵を描いた家は、ネズミをおどして追い払う。また、竜があまりにも生き生きと描かれることがあるが、そのため竜はいつでも好きなときに飛び出してまったく姿を消してしまう。

(3) プルタルコスは当時の芸術家に反映されたアレクサンドロスの人格について詳細に述べている。リュシッポスはアレクサンドロスの肖像を作ることを許されたただ一人の彫刻家であった。彼は、アレクサンドロスの頭が少し横に傾いた個性的な像を作った。「彼の溶けるような目はきわめて正確に表現された」。一方アペレスはアレクサンドロスを「手に雷電を持ち、顔色は実際よりも褐色がかってしかも汚く描いた。彼は色白で明るく、顔面や胸は赤みがかって血色がよかったのに」。

第十五章

(1) 興味のある着色法が示されている。力の誇示として彫像を赤く塗ることや凱旋行進は、しばしば勝利を得たローマの将軍の好むところであった(多分、「町を赤く塗る」という言葉は、さまざまな外観をしたものを同一の様式にして、特別の祭典であることを目立たせる、ということを意味してのことだろう)。ヘロドトスによれば、確かにリビア人は黒い肌を赤くみせることを好んだ。古代のブリトン人は自然のままでは白人なのに、木の染料を用いてできるだけ黒に近い正装をしようとしたことは明瞭である。

また、『聖書外典』には「彼はそれに人間の外形を与え、それに辰砂を塗って赤く染めた」とある。

(2) ヘロドトスがあげた興味ある点は、ミネルウァ像の着衣はリビアの婦人の長衣を模したものだということ。ただリビア婦人のものは皮製で、それについているふさもヘビではなくて皮紐である。

第十六章

（1）ヘロドトスは、自分が述べているこの迷宮（モイリス湖の）を訪れている。彼は、それはあらゆるものに冠絶し、ギリシア人が労力と資金を注ぎこんで作った城壁やその他のすべての建造物を集めてもとうてい及ばない、と伝えている。

第十七章

（1）この文節の思想に関連して、マンデヴィルがずいぶん込み入った文章を書いていることを思い出す人もいるだろう。「学のない単純な人間は、人が大地に沈みもしないし、天に落ちてもいかないことをどう考えているのだろうか。だがまさに、われわれは地球から天に落ちてはいかないのである。人間の住む地球のどの場所でも、上の住民も下の住民も、自分たちがもう一方の人間より常に正しい場所にいると思っているのだ。われらが正しい場所にいると思うので彼らは下におり、彼らが正しいと思うのでわれらは下にいるのだ。もし人が地球から大空に落ちるものとすれば、大地や海はとてつもなく大きく重いのでまっ先に天空に落ちていく筈である。しかし落ちない。だから、わが主なる神は『何もないのにいかにして大地を支えているのか、と恐れるなかれ』」と言う。とても複雑で説明できないように見えるこの疑問は、リンゴの落下がサー・アイザック・ニュートンの筋道の立った理論に霊感を与えてからは、そんなに困難な問題ではなくなった。

（2）宗教的心象と天文学的科学の関係についての一例は「黙示録」に見ることができる。そこには四人の天使が「地の四隅に立つを見たり、彼らは地の四方の風を引き止めて」〈日本聖書協会訳〉いるとある。これは地球が平面でかつ四角いことを意味している。なぜなら、角はもっとも外側の境界線を表示するものだから。

（3）音楽を信仰の基本部分とみなす考えは、古くからのもののように見える。宇宙の音楽には芸術の最高の表現が具現されており、プラトンは、和声それ自身が一つの哲学であるとみなした。この考えは、宗教的催しを最高の音楽的表現と結合させるためのものである。

（4）この回転運動が、耳に聞えない音楽を伴っているらしいという考えは、『狂乱の群をよそに』〈トマス・ハーディの小説〉のなかに見事に描かれている。

「明るい夜に、丘のうえに立つ人にとって、世界の東方への回転はきわめて明瞭なことである。そのような感覚は、地上の物体を次々に通り過ぎながらくりひろげられる星の滑走によって引き起こされるのだが、それは、ほんの数秒の静寂のうちに知覚できるのだ。その原動力がなんであろうと、その進行は生き生きとしてしかも永続的なものである。そのような夜の探察のあとで地球に戻り、この魔術的な速度に気づいたのはちっぽけな人間だ、ということを信じるのは困難なことである」。

（5）彗星はまた帝国の不運の前兆であった。プルタルコスは、大きな彗星が「カエサルの死後七夜輝いてから消えた。また太陽の光が暗くなった。その年のあいだ、太陽は青ざめ勢いを失い、日の出にも通常の輝きを見せず、弱々しい熱しか放出しなかった」と述べている。この特別の年はまったく天候不順であった。空気はいつもじめじめと湿気を帯び、果実は実らなかった。これらは、神がカエサルの暗殺を喜ばなかったことの明らかな証拠であった。

（6）アリストテレスは彗星に二種類あると主張した。それによると、熱い蒸気のような種類は、地球から月と地球のあいだに放出されたものであり、もう一種類は、惑星か恒星から発散されたものである。いずれも本体がゆっくり燃えている。長期にわたる風や旱魃に関係するのが普通である。彼は、隕石が「アエゴスポタモスで空から落ち、風に捕えられてその日のうちに墜落した。そのときまた一つの彗星が夕方になって現われた。また彗星が大きいときは、冬は乾燥し極めて寒く、高潮は逆風によって高まる。湾のなかは北風が吹荒れ、同時に外では強い南風が吹く。さらに、アテナイでニコマコスが執政官のとき、一つの彗星が二、三日のあいだ天の赤道の近くに見られた。これは夕方には昇らない彗星だったが、コリントに大風が吹いたのはこれが現われたときだった」と述べている。

このアリストテレスの主張は、ニュートンの時代によく引き合いに出された。だがセネカはそれらのたいへん不明瞭で気まぐれな出所について論議し、もし彗星が風や蒸気に起因するなら、それらはすぐさま消えてしまうだろうから、事実は別にあるだろうと指摘した。もっと重要なことは、セネカは洞察力ある推量に賭けながら、彗星はそれ自身の軌道を持つとして、今日の科学の成果を予想した。彼は、未来の天文学がいつか真実を証明するだろうし、それは間違いなく成功するだろうから、そのときを期待していると告白している。

（7）一つの証拠が最近『タイムズ』に載った。それは南オーストラリアのニラーボウ平野の大きな岩の割れ目で「そこを通り抜ける風は巨人の歌声のように鳴り響く」。そこでは、ハンカチを地面のうえに広げておくと、風の力で空たかく舞いあがる。

（8）サミエル・ピープス（**Samuel Pepys**）〈イギリスの著作家、海軍将官。その『日記』は有名〉は一六六一年三月二三日の日記で、「テーブルで私はアシュモール氏〈**Ashmole,Elias** イギリスの考古学者〉と楽しく語り合っていた。すると彼は、『カエルや多くの昆虫がしばしば空から降ってくる』と断言した」。魚やカエルの落下は、旋風の上昇によるものであることがわかっている。また、血が降るというのは、なにか赤い菌に似た有機体の花粉が風に運ばれてきたことによるのだろう。

第十八章

(1)成功した水路は、エジプト王ネコスが始めダリウスが完成した紅海の運河である。ヘロドトスは、その長さは四日の行程で、二隻の三橈漕船が楽に並んで通れる幅であったと言っている。ネコスの統治時代に、一二万人のエジプト人が掘削にあたって命を失った。ネコスは神託の「異邦人のために苦労している」という警告によって、この工事を中止した。

(2)プリニウスがスキタイのアマゾンについてまったく言及していないのには失望する。彼はただ「戦争好きの女性」とだけしか言っていない。どちらかというと、彫刻家や彫像家は、騎士としてよりも傷ついたり死んだりしたアマゾンを描くことを好んだ。読者は、ヘロドトスが歴史書においてスキタイ人を「殺人者」として描いたことをプリニウスが踏襲することを期待するかもしれない。テルモドン河畔の戦いののち、ギリシア人はアマゾンの捕虜を船に乗せて帰途についた。だが彼女らは男の船員たちに襲いかかり皆殺しにしてしまった。彼女らはスキタイのある地方に着き、そこにいたウマを全部奪い、スキタイ人の財産を略奪した。スキタイ人たちは、残された死体を見てはじめて自分たちの敵が女性であることを知った。彼らは巧みに策略を巡らし、若者たちをさし向け、なるべく敵に近いところに野営させた。そのような平和的方法によって、徐々に意志疎通がすすみ、仲良く野営地を同じ場所にするようになり、のちにはともにその地を離れて新天地を探すことになった。このような経過で、歴史的事実であるが、サルマチア人の女性たちが夫と同じ服装をして狩をし、戦場で戦うような慣習が生れたのである。ヘロドトスは「婚姻に関して、どの娘も、戦場で男を一人打ち取るまでは嫁にいかないという定めがある」と述べている。しばしば、年がいってもこの掟の条件が満たされず、一生結婚できないでおわる女性もいる。

(3)ヘロドトスの語るところによれば、スキタイのさらに北方には目にも見えないし、行くこともできない国があるという。「それは鳥の羽がいたるところに散らばっているからである。地面も空気も羽でいっぱいで、その国の様子を眺めようにもそれが邪魔して何も見えない」。

(4)ヘロドトスはまた、マケドニア周辺にいる湖上生活者の真に迫った描写をしている。「彼らの生活様式は次のとおりである。床は湖の真ん中の高い杭に支えられている。それは狭い橋で岸と繋っている。家のなかでは誰でもみんな帽子をかぶっている。それぞれの床に、下の湖に降りる落し戸がある。水のなかにころび落ちないように、幼児の足を紐で縛っておく習慣がある。彼らはウマその他の動物に魚を餌として与える。湖には大小さまざまな魚がいるので、人々は落し戸を開けて籠を綱で下し、しばらくして引き上げると魚がいっぱいになっている。魚には二種類あり、それをパプラックスとティロンと呼ぶ」。
(5) 現代で浮ぶ島の例を見ようと思えば、フィリピンの近くで遭遇することができる。大雨のあと陸の一部分がしばしば切り離され、徐々に破けて海のなかに没するまで、木や下草を伴ったまま今までと同じような格好で漂流する。
(6) この記述を、紀元前四世紀のギリシアの海洋探検家でアリストテレスと同時代人であったピュテアスの発見と比較してみるのは興味のあることだ。ポリュビオスやストラボンにはあまりにも空想的に思えたので、彼らはピュテアスを信じなかった。だが彼は確かにブリタニアから六日の航海でチュレ島に到達している。ブリタニアについては、セント・ミカエル山とコーンウォールの錫鉱山について述べることができるほど知っていた。また彼はバルト地方に航海し、極北の夜はしばしば二時間しかないことに気づいていた。これは天文学的進歩であった。
(7) ヘロドトスは、エジプトのテーベの近くにある泉を「太陽の泉」と呼んでいる。水は夜明けにはなまぬるく、昼は完全に冷たくなり、人々は庭に水をやる。夜中に近づくにしたがってはげしく沸騰し、そのあとは徐々に冷えていく。
(8) エティオピア人は全世界でもっとも背が高くハンサムである。イザヤは彼らを「背の高い人たち」と呼んでいる。
(9) ナイルは世界でも神秘的な川である。エジプト人がそれを崇拝したことは疑いない。セネカはそのことに深い関心を持ち、その神秘性は地下を流れる川と隠された海の存在によると信じた。水流は地面の下に潜っているのだと想像する以外に、川の流れがあると考えられるだろうか、と彼は問う。たとえばティグリス川は、大地の深いところに隠れ、また現われる。アルフェイウス川は実際にアカイアで沈み、海の下をくぐってシシリア島で再び流れている。また、ナイル川は、雨も降らず水量も少ないのに、夏になると予期したとおり、突然地面から現われ洪水になるのはなぜだろう。

セネカはこう言っている。「ナイルの水源を探索するために、善良な皇帝ネロによって派遣された二人の下士官から私は直接聞いた。エティオピアの国王は、彼らに助手と、必要事項を書いた近隣の国王あての紹介状を与えた。そのおかげで彼らは、アフリカの心臓部を通過し、長い旅を終えることができたのである。(彼ら自身の言葉で言うと)『われわれは、現住民でさえ大きさがわからず、また誰もそれを知ろうともしない巨大な沼沢地にやってきた。川にはあたり一面に草［浮芝のこと］が生い茂り、足にからまる。歩いても船に乗っても通ることはできない。泥深く草ぼうぼうの沼は、一人乗りの小さい船だけがやっとである。(調査人は話を続けて) そこでわれわれは、この目で二つの岩から大量の水が流れ出ているのを見た』と語った」。この証言はセネカにとって決定的であった。彼はアナクサゴラスの、ナイルの水源はエティオピアの高地の雪溶け水であるという説を否定した。そして、大きな地下の湖、または一連の湖があり、そこに水が集り、そこから最終的に水が勢いよく流れ出すという考えに傾いた。

(10) ヘロドトスの伝えるところによると、エジプト人はネコやイヌをとても尊敬しているので、その家のネコが死ぬと喪に服するしるしとして家人は眉を剃り、イヌが死んだなら頭と全身の毛を剃るという。

(11) ピグミーについてはホメロスもヘロドトスも触れているが、ヘロドトスはアフリカ内陸部への遠征の記録を残している。砂漠を越えて旅人たちは木が生えているところにきた。若者たちが果実を集めていると「中背の男に従えられた何人かの小人が現われ、若者たちを捕まえて連れ去った。彼らは広大な沼地をわたって町に連れてこられた。その町の人たちはみなその指揮者と同じ背丈で、皮膚は黒かった」。彼らは大切に扱われたようである。

(12) ヘロドトスは、リビア人は身体を赤い染料で塗りたくっていると述べている。

(13) ヘロドトスは、初めての「パイプライン」がアラビアの砂漠を横断して作られた話を伝えている。「アラビア王は、ウシやそのほかの動物の皮で、コリュス川から遠く砂漠まで届く管を作り、砂漠を掘って作らせた貯水槽に水を送らせた。川からこの砂漠地域までは一二日の旅程だったが、水は別々の三本の管によって、三カ所に送水されたという」。

(14) ヘロドトスによると、「インド」では毛がなる野生の木が生えており、それは極めて美しく羊毛のように良質である。（Baumwolle〈木になる羊毛〉はドイツ語で綿のことである。）

(15) マンデヴィルはこの話を、ピュタンという島に住む「皮膚の色もきれいで、容姿もりっぱ」な小人族の話に作り替えている。「この島の人たちは野生のリンゴの匂をかいで生きている。遠くへ出かけるときにはリンゴを携えていく。リンゴの匂をかがないと彼らは死んでしまうからである」。

(16) ヘロドトスによると、バビロニア人の男は持ち手のところにリンゴやバラ、ユリ、ワシその他の彫刻をほどこしたステッキを持って歩く奇妙な習慣があるという。そして決して飾りのないステッキは用いない。

(17) ヘロドトスは、フェニキア人を乗せた船団が命令によって「ヘラクレスの門」〈ジブラルタル海峡〉を通過してエジプトに帰ってくるよう派遣されたと語っている。「彼らはエジプトを出発し、紅海をわたり、南の海を航行していった。どこを通っていようと、秋がくれば上陸してその場所に穀物の種を蒔き、刈り入れができる時期までそこで待機した。収穫が済むと再び航海に出た。このようにしてまる二年が経った。そして三年目のうちに『ヘラクレスの門』で向きを変えて無事に帰国した。帰ってきたとき彼らは、リビアの周りを航海中、太陽は常に彼らの右側にあった、と報告している。このことは、他人にはいざ知らず私には信じられないことであった」。

補章一

（1）中世の科学的作品に与えたセネカの影響は、彼の *Quaestiones Naturales*『自然の研究』の序論によっておおまかに見ることができるだろう。そのなかでは道徳的見地が強調され、恩沢は徹底した自然の考察から生み出されるとされた。彼は「宇宙の性質を考察することは私にとって有益である。一番大切なことは基礎から学ぶことである。二番目は自分の精神を肉体から解放し、それに必要とする勇気と気高さを与えることである。それに加えて、自然の隠れた秘密を探求する精妙な思索は、地表の疑問を効果的に解きあかしてくれる。有益な学習は、蔓延している悪徳と狂気――それを罪として誰もが非難する、だがあきらめてはいない――からの防壁として役立つ。さあ、それでは水の形態についての研究に入ろうではないか……」と言う。この序説のような考えは、神とその天使が自然の多様な変遷についての討論を常習的に先導したときに、ほとんど常識の問題として中世で容認されたのであった。〈この註は、この個所にはふさわしくない〉。

（2）『ヘンリー四世』のなかで、兵士たちは軍服についてこう言った。

「みんな風にはばたく駄鳥のやうに飾り立ててゐます。水から上ったばかりの鷲という風に羽づくろひしてゐます」〈坪内逍遥訳〉。

補章二

（1）鉱物が増殖するという考えが廃棄されるまでには何世紀もかかった。一八世紀になってやっと、科学の大衆化を目指したヴォルテールの有名な大作が、「大洪水」がひいたあとの山の頂上に、残された貝殻を発見したというゲネシスの証言を非科学的として退けた。彼はむしろ、石が成長するように、貝殻も成長するものと考えた。実際、信頼性のある著者が、自分自身の目で空の貝殻が成長しつつあるのを見たと言明した。巻貝はある独特の方法でそれらの成長を助けており、厚い鉱床はこのようにして作られると想像された。「アンモナイト」化石に大小あるのはその例であり、それは地下にどれだけ長く留まっていたかによる。渦巻は自然に段階的に成長した証拠であるとされた。

訳注

扉

〈一〉ギボン（Gibon,Edward 一七三七—一七九四） イギリスの歴史家。『ローマ帝国衰亡史』（*The history of the decline and fall of the Roman Empire*）を著わす。

〈二〉サー・トーマス・ブラウン（Sir Thomas Browne 一六〇五—一六八二） イギリスの医者・著述者。ここに引用されているのは *Pseudodoxia epidemica,or treatise on vulgar errors* からの一節である。

〈三〉ファイブタウンズ 古くから陶器製造地として知られているイングランドのスタフォードシャー州の五町村。

〈四〉アーノルド・ベネット（Bennett,Enoch Arnold 一八六七—一九三一） イギリスの小説家。主として故郷のファイブタウンズを舞台にした小説を書いた。

はじめに

〈一〉フィルモン・ホランドのこと、第一章参照。

〈二〉シンガー博士（Singer,Charles 一八七六—一九六〇） イギリスの科学史家。大著『技術の歴史』、『魔法から科学へ』ほか多くの著作がある。

〈三〉シンガー『魔法から科学へ』（*From Magic to Science*）平田寛・平田陽子訳、社会思想社、一九六九年、二三六ページ。

〈四〉ノルデンシェルド（N.E.H.Nordenskiöld 一八七七—一九三二） スウェーデンの人類学者のことか。

〈五〉**T・R・**グラバー博士（Glover,Terrot Reavely 一八六九—一九四三） イギリスの古典学者。西欧古典時代・初期キリスト教時代に関する多くの著作がある。章末の参考書参照。

〈六〉ヒライアー・ベロック（Hilaire Belloc 一八七〇—一九五三） フランス生れのイギリスの作家、カトリックの文士として名をなした。

〈七〉ウォルター・ペイター（Walter Pater 一八三九—九四） イギリスの批評家・作家・人文主義者、『享楽者マリウス』の著者。

〈八〉『無商旅人』（*Uncommercial Traveller*）はディケンズのエッセイ小品集で、バーロウ氏とはその「第三四章　バーロウ先生」に出てくる教育偏執狂のバーロウ先生のことである。

〈九〉『アラビアン・ナイト』四一七夜。

〈一〇〉「第三四章　バーロウ先生」のなかの「私」は、「私」の好きな空想や楽しみにたいしまったく無理解で頑固なバーロウ先生をもっとも嫌っている。この引用文はその「私」の発言である。ここではこの「私」をディケンズを代弁するものとみなしている。

〈一一〉『欽定訳聖書』はジェームス一世の命によって一六一一年に翻訳編集された。『博物誌』の最初の英訳版は、一六〇一年のフィルモン・ホランドによるものである。

第一章

〈一〉ウァロ（Varro,Marcus Terentius 前一一六―前二七）　ローマの政治家・文人。多くの著作があるが現存するのは少ない。そのなかで『農業論』はプリニウスが繰り返し引用している。

〈二〉アルゴナウテスは、ギリシアの英雄伝説で、英雄イアソンとともにアルゴーと呼ばれる大船に乗って金の羊毛を求めて遠征に出かけた乗組員たちのこと。

〈三〉イタリアのアルプス山麓にあるコモ湖に面した風光明媚な小都市。

〈四〉アグリコラ（Agricola,Gnaeus Julius 四〇頃―九三）　ローマの政治家。ブリタニア総督を務めた。タキトゥスの『アグリコラ』で有名。

〈五〉バエビウス・マケル（Baebius Macer）　執政官級の政治家。小プリニウスのマケル当て手紙は普通このバエビウス・マケル宛とされているが、カルプルニウス・マケル（Calpurnius Macer）宛との説もある。

〈六〉ポンポニウス・セクンドゥス（Publius Pomponius Secundus ?―五〇頃）　政治家・軍人・文学者。プリニウスはその下で軍務についたことがあり、また思想的にも影響を受けたと思われる。

〈七〉ドルスス・ネロ（Nero Claudius Drusus Germanicus 前三八―前九）　第二代皇帝ティベリウスの弟。有名な将軍ゲルマニクス・ユリウス・カエサルの父親。しばしばゲルマニアで戦い戦功をおさめたが凱旋の途中で落馬して落命した。

〈八〉ディオン・カッシオス（Dion Cassios 一五〇頃―二三五頃）　ローマの歴史家。『ローマ史』（*Romaika Historia*）八〇巻を残した。

〈九〉ポリツィアーノ（Politiano 一四五八―一四九四）　フィレンツェの人文主義者・文学者。大学でギリシア・ローマ文学を講じた。

〈一〇〉フューラー（Fuller,Thomas 一六〇八―一六六一）　イギリスの聖職者。*The Worthies of England* その他多くの著作がある。

〈一一〉サー・ウォルター・ローリ（Sir Walter Raleigh 一五五二頃―一六一八）　イギリスの軍人・探検家・著作家。『世界の歴史』を著わしたのは一六一四年であった。

〈一二〉一五三九年に Coverdale を監訳者として出版された英訳の『大聖書』（*Great Bible*）の改訂版として Canterbury 大主教の提唱で翻訳・出版されたのが『主教聖書』（*Bishop's Bible*）で、さらにこれを底本として『欽定訳聖書』（*Authorized Version*）が編集発行されたのである。

〈一三〉本著の出版後、一九三八―一九六三年に H.Rackham 他訳・註のラテン語英語対訳版が出版された。

〈一四〉『博物誌』序文、6。なお、皇帝ウェスパシアヌスに献呈とあるが、実際は皇太子時代のティトゥスに献呈している。

第二章

〈一〉ジョンソン博士　イギリスの文学者でイギリス最初の英語辞典を完成させたことなどで知られているサミュエル・ジョンソン（Jonson,Samuel 一七〇九―一七八四）のことか。

〈二〉フィートは当時の表現ではペスであるが、約二九・五センチ。パルムは約八センチ。

〈三〉ヘシオドス（Hesiodos）　ギリシアの詩人。主要作品は『仕事と日々』『神統記』。

〈四〉リウィウス（Livius 前五九―後一七）　ローマの歴史家。『ローマ建国史』他がある。

〈五〉「オティスからエリスまでの一三〇五スタディア」の間違い。

〈六〉キュロス王（Kyros 前六〇〇頃―前五二九）ペルシアのアカイメネス王朝の国王。エジプトを除くオリエント世界を統一し、ペルシア大帝国の基礎を作った。

〈七〉ルキウス・スキピオ（Lucius Scipio）　大アフリカヌスといわれたプブリウス・スキピオの弟。

〈八〉ミトリダテス六世（Mithridates VI 前一二三頃―前六三）　ポントスの国王。ローマを苦しめた三次にわたるミトリダテス戦争で有名。

〈九〉マコーリ（Thomas Babington Macauly 一八〇〇―一八五九） イギリスの歴史家、政治学者、能弁な文章家。

〈一〇〉カルミダス（Charmidas）とあるが現行のテキストではカルマダス（Charmadas）、無名の人物であって、哲学者。政治家のカルミデス（Charmides 前四五〇頃―前四〇四）ではない。

〈一一〉［祝日］は英語で red-letter day. それは暦の文字を赤文字で示してあるから。

〈一二〉ローマ人はめでたい日を白い小石でしるし、不吉な日を黒い小石でしるしたと伝えられる。この風習は後世にも伝えられたようである。ドン・キホーテは言う、「どうじゃな、わしの友サンチョ、きょうは白い石をしるしにしてよい日かな、それとも黒い石かな」（セルバンテス、『ドン・キホーテ』続編一、三五八ページ、永田寛定訳、岩波文庫）。

〈一三〉「ハバクク書」第三章一二は一般に、「汝は憤ほりて地を行きめぐり　怒りて国民を踏みつけ給ふ」（日本聖書協会訳）というように訳される。この後半の部分は英語では thou didst thresh the heathen in anger となっていて、この heathen は元来「国民」ではなく「異教徒」とか「異邦人」の意味である。一方、植物のヒースは heather であり、ウェザーレッドは両方の語をひっかけたのである。また thresh は踏むというよりも、「から竿で打って脱穀をする」という意味である。

第三章

〈一〉ロバート・ブルース（Robert Bruce 一二七四―一三二九） スコットランド王、イギリス軍と戦い独立を認めさせた。

〈二〉ダグラス（Douglus,Sir Jamus 一二八六？―一三三〇） スコットランドの豪族で武将、しばしばイギリス軍を破る。

〈三〉チャールズ・ラム（Charles Lamb 一七七五―一八三八） イギリスの随筆家・詩人。

〈四〉ヘロフィロス（Herophilos） 前三世紀前半のアレキサンドリアに住んだ医者。脈搏の律動を発見した。

〈五〉トログス（Trogus,Pompeius） 一世紀のローマの歴史家。

〈六〉crambe bis cocta というのはプリニウスではなくてユヴェナリスの言葉。二度煮たキャベツ、あるいは暖め直したキャベツの意で、陳腐な話という意味。ウェザーレッドはあまり関係ない引用をしている。

〈七〉velocius quam asparagi もプリニウスの言葉でなくスウェトニウスのもの。アスパラガスが煮えるよりも早く、つまり一瞬のうちにという意味。これもあまり関係ない。

〈八〉カトー（M.Porcius Cato Cessorius 前二三四―前一四九） 孫の Uticensis Cato と区別するため大カトーと呼ばれる。

ローマの政治家・軍人。『起源論』(*Origines*)、『農業論』(*De Agricultura*) 等の著書がある。
〈九〉ラテン語でウサギは **Lepus. Lepos** は優美の意。
〈一〇〉ディオドロス (Diododros)　前一世紀のギリシアの歴史家。『図書館』(*Bibliotheke*) と題する歴史書を著した。
〈一一〉ここの引用部分は現行のテキストと相当違っているので、ホランドの英訳文をそのまま和訳した。
〈一二〉『互いの友』(*Our Mutual Friend*)　ディケンズの小説。ヴィーナス氏は剝製業者、ばらばらの骨をつないでひとつの体にする商売。
〈一三〉アイスクラピウス (Aesculapius)　ギリシアではアスクレピオス (Asklepios)。ギリシア神話のなかの医術の神だが、プリニウスは医術の創始者としている。
〈一四〉現行のテキストではヒッポリュトュスではなくテュンダレオス (Tyndareus) になっている。神話ではヒッポリュトゥスが雷電に打たれたことになっている。
〈一五〉ヒッポクラテス (Hippokrates 前四六〇頃—前三七五頃)　ギリシアの医学者で、医学の父と言われている。
〈一六〉ステルティニウス (Q.Stertenius)　一世紀のローマの医者。プリニウスのこの記述で名が知られている。
〈一七〉テッサルス (Thessalus)　リュディア生れの医者。ネロの時代、ローマに住んだ。医学の一派をたてたという。
〈一八〉クリナス (Crinas)　ネロの時代ローマで開業した医者。
〈一九〉アスクレピアデス (Asclepiades 前一世紀頃)　ギリシアの医者。ローマに移住しギリシアの医術をローマに伝えたと言われる。

第四章

〈一〉ユバはヌミディアの、アッタロスはペルガモンの王、ピロメテルは同じくペルガモンのアッタロス三世のこと、アルケラオスはマケドニア王。

〈二〉ハロルド・スキンポール氏　ディケンズの小説『淋しい家』に出てくる人物。

〈三〉プリニウスは第八巻一〇四で、アフリカでイナゴがある種族を追い払ったことを例にあげて破壊的小動物の一例としている。

〈四〉プリニウスは、長さが三フィートもありその足を乾かして使う、と言っている。

〈五〉ネズミ　プリニウスの原文は **ichneumon** でエジプトマングースのこと。ホランド訳は、**rat or ichneumon** としており、ウェザーレッドは、その rat を採用している。

〈六〉プリニウスは、樽を並べてその上に板を張り、筏を作って運んだと書いている。

〈七〉シェークスピア『マクベス』第三幕第四場、坪内逍遥訳。

〈八〉ポープ（Pope,Alexander 一六八八—一七四四） イギリスの詩人、強弱五歩格二行連句を完成させたといわれている。

〈九〉後ずさりをして畑に入ってゆくから。

〈一〇〉「ゲルマニクスが皇帝であったとき」とあるが、ゲルマニクスの名がついた皇帝は第四代のクラウディウス（Tiberius Claudius Caesar Augustus Gerumanicus）と第五代のネロ（Nero Claudius Caesar Augusutus Germanicus）である。だが、いずれもあてはまらない。プリニウスはゲルマニクス・カエサルと書いているが、これは Nero Claudius Germanicus Julius Caesar（前一五—後一九）のことである。このゲルマニクスは、第二代皇帝ティベリウスの弟のドルススの子で、アウグストゥスによってティベリウス帝の養継子とされた。ゲルマニア等で戦功をたてたが、急死。毒殺説がある。したがって皇帝であったことはない。

〈一一〉カンビュセス ペルシア王キュロス二世（前五五九—前五三〇）の子、カンビュセス二世（前五三二—前五二二）のこと。

〈一二〉キヌザル marmoset の訳、ラテン語の satyrus を指すと思われる。プリニウスは何箇所かで使っているが、同定はできない。むしろオラン・ウータン説のほうが近いのではないか。

〈一三〉カシリヌム カンパニアの小都市、ローマのファビウス軍がここで、カルタゴのハンニバル軍に包囲された。

〈一四〉プリニウスは、氷の表面に耳をあてて氷の厚さを推測すると書いている。

第五章

〈一〉グレーハウンド エジプト原産の足の早い猟犬。

〈二〉ロバ 原文の英語では ass＝ロバとなっているがプリニウスには asis もしくは axis とあり、これはシカの一種とされている。

〈三〉クテシアス（Ctesias） ギリシアの歴史家。ペルシア史などを書いた。

〈四〉イシドルス（Isidorus Hispalensis 五六〇頃—六三六） セビリアの大司教。カトリック教会の発展などに努めたが、同時に古代ギリシア・ローマの文化の中世世界への導入にも貢献した。『自然論』（*De rerum natura*）や一種の百科全書である『起源論』(*Etumologiae*)などを著わした。これらの著作は間接的にプリニウスの影響を受けている。

〈五〉ボルジア(**Borgia, Cesare** 一四八五―一五〇七)　イタリアの貴族、聖職者。世俗的権力を求めて争った。マキャベリによって権謀術数の典型とされた。

〈六〉イッカク　寒帯の海に住むイルカ。雄の頭には一本、ときには二本の牙が突き出ている。

〈七〉シェークスピア『ヘンリー八世』第五幕第五場、坪内逍遥訳。

〈八〉怪鳥ロック　アラビア伝説にある巨大な鳥。爪でゾウをつかんで持ち上げ餌にしたという。

〈九〉現行のテキストでは多少ニュアンスが違い、次のようになっている「シナモンとカシアについては昔の人々によって語られた途方もない話がある。そしてその第一のものはヘロドトスによって語られた」。

〈一〇〉シェークスピア『シンベリン』第二幕第四場、坪内逍遥訳。シェークスピア晩年のロマン劇、ポステュマスはシンベリン王の娘婿、妻の不倫を疑う。ここでは、指輪の宝石をバシリスクの目になぞらえている。プリニウスは、バシリスクににらまれると致命的だと書いている。

〈一一〉マングースはヘビの天敵である。

〈一二〉チャールズ・ラムの「変わり者」は **odd fishes** であるが、この **fishes** をアナクシマンドロスの魚にかけたしゃれだろう。

第六章

〈一〉リンナエウス(**Carolus Linnaeus** またはリンネ **Linne** 一七〇七―七八)　植物の分類で有名なスウェーデンの博物学者。

〈二〉ペレノス(**perenos**)　現行のテキストでは **percnus** となっている。

〈三〉前三九〇年、ガリア人がローマに殺到したとき、マンリウスはガチョウの鳴声で目を覚まし、カピトルを守ることができたと伝えられている。

〈四〉ラキデス(**Lacydes**)　逍遥学派の哲学者。プリニウスのこの記述以外に彼に関する記録はない。

〈五〉現行のテキストではガリアのモリニからとある。

〈六〉ラテン語の **vox et praeternihil** という語が引用されているが、これはプリニウスの語ではなく、一般的な慣用語であろう。

〈七〉ホルテンシウス(**Q. Hortensius Hortalus** 前一一四―前五〇)　ローマの雄弁家、前三世紀の政治家ホルテンシウス

(Hortensius Qnintus) とは別人。

〈八〉『マクベス』第一幕第五場、坪内逍遥訳。実際は、これはマクベス自身ではなく、マクベス夫人の独白の科白になっている。死の前兆というのも、マクベスの死ではなく、ダンカンの死の前兆とマクベス夫人はとらえている。

〈九〉『バーナビー・ラッジ』(*Barnaby Rudge*) 反法王陰謀事件を題材にしたディケンズの長編歴史小説。

〈一〇〉リチャード・カルー (Richard Carew 一五五五—一六二〇) はイギリスの翻訳家、好古家。『コーンウォールの風物誌』(*Survey of Cornwall*) はイングランド南西のコーンウォール地方を題材にした風物誌。

〈一一〉サリー州の家禽 サリー州はイングランド南東部の州。ロンドン市場に供給するためのニワトリなどの家禽の肥育が盛んで、昔から有名である。

第七章
〈一〉グラバー博士 「はじめに」のT・R・グラバー博士と同一人物のことだろう。
〈二〉『シンベリン』第四幕第二場。
〈三〉ここで引用されている語は Magns indentis Naturae varietas であるが、プリニウスのテキストを探しても見つけることができなかった。
〈四〉アナクシマンドロス (Anaximandros 前六一一—前五六四以後) イオニア学派の哲学者。
〈五〉ホールデン イギリスの生理学者 Haldane, John Scott (一八六〇—一九三六) か、同じくイギリスの生理学者の Haldane,John Burdon Sanderson (一八九二—一九六四) のいずれかだと思われる。
〈六〉ピュセテルもブロウァーもともに、マッコウクジラのことだろう。
〈七〉たまたまオスティア港の浅瀬に閉じ込められたシャチをクラウディウス帝が槍で仕留めた話。これはシャチでなくクジラだろうという説がある。
〈八〉マーヴェル (Marvell,Andrew 一六二一—一六七八) イギリスの詩人・風刺作家。*The Garden* のようなすぐれた自然詩を作った。
〈九〉キュヴィエ (Cuvier 一七六九—一八三二) フランスの博物学者。リンネ以来の大分類学者といわれる。
〈一〇〉プリステス 快速の軍艦を指すが、ノコギリザメやクジラ、海の怪物などをも言う。プリニウスはクジラの意味に使っている。

〈一一〉M・スカウルス　スカウルス家をローマ貴族の身分に興したのが紀元前一六三年生れのM・スカウルス（M.Aemilius Scaurus）。そのあと、同家の長男はまったく同名を名乗っているが、このスカウルスは先のスカウルスの長男。大変な資産家であらん限りの浪費と贅沢を尽したことについて、プリニウスがしばしば言及している。

〈一二〉フネダコあるいはタコブネ　プリニウスの言う nautilus であるが彼は nauplius とも表現している。オウムガイ（nautilus）のことであるが、俗称で訳した。

〈一三〉水のウマ　Water-horses とあるが何を意味するか分からない。Sea horse ならセイウチのこと。

〈一四〉カルウィリウス・ポリオ（Carvilius Pollio）　独裁官スラの時代の騎士身分の人。プリニウスのこの記述によって知られている。

〈一五〉真珠が酢に溶けるのかどうか、溶かしたのでなく別の方法で飲んだのではないかとか種々の説が、面白おかしく議論されてきた。

〈一六〉コールリッジ（Coleridge,Samuel Taylor　一七七二―一八三八）　イギリスの詩人、批評家、ワーズワースとの共著『叙情歌謡集』などがある。

〈一七〉ボラ　プリニウスの言う Mugil のこと、ウェザーレッドは red mullet（ヒメジ）と訳しているが、これは mullet（ボラ）の方が正しいと思われるので、そちらをとった。

〈一八〉ベラ　プリニウスの言う scarus のこと。ウェザーレッドは parrot-fish（ブダイ）としているが、これは Wrasse（ベラ）が正しいと思われるのでそちらをとった。念のためにつけ加えると、scarus はラテン語ではベラ、英語ではブダイ科の魚をさす。

〈一九〉ヒメジ　プリニウスの言う Mullus のこと。ウェザーレッドは barbel（バーベル）としているが、英語でいう red mullet（ヒメジ）のことと思われるのでそうした。なお、mullus はボラの一種という説明もあり、この一連の名前については訳者も自信がない。

〈二〇〉金角湾（Golden Horn）　ボスポラス海峡にある入江、イスタンブールの港になっている。

〈二一〉サバ　ここではマグロを指す。

第八章

〈一〉ミルトン『失楽園』第一巻七七〇－七七五。

〈二〉ドライデン（Dryden,John 一六三一－一七〇〇）　イギリスの詩人、劇作家、批評家、桂冠詩人。*All for love* ほか傑作を書いた。

〈三〉『旧約聖書』「士師記」第一四章に「かの獅子の屍を見るに獅子の身体に蜂の群れと蜜とありければすなわちその蜜を手にとりて……」（日本聖書協会訳）とある。

〈四〉アラクネ　織物の名手で、織物の競争をミネルウァ神にいどんで敗れ、罰としてクモに変えられたとされている。

〈五〉有名なスカラベ（オオタマオコシコガネ）のこと。

〈六〉七種類とあるが、ここでは六種類しか述べられていない。

第九章

〈一〉ウァロ　前出、第一章訳註〈一〉参照。

〈二〉テオフラストス（Theofhrastos 前三七二［－三六九］頃－前二八八［－二八五］頃）　アリストテレスの弟子で植物学者。彼の『植物誌』（*Historia plantarum*）および『植物原因論』（*De causis plantarum*）はプリニウスにとってきわめて重要な資料であり、『博物誌』の骨格形成の一部をなしたといってよい。

〈三〉「シャロンの野花」　英語では **Rose of Sharon.** 聖書のなかに出てくる「シャロンのユリ」または「シャロンの野花」のことであるが、それが何の花を示すかは不詳。シャロンはイスラエルの海岸平野の名。

〈四〉アスフォデル　南ヨーロッパ産ユリ科ツルボラン属・アスフォデリーネ属の総称。ギリシア神話では極楽に咲く不凋花、水仙。

〈五〉プロセルピナ　ギリシア名はペルセポネ。ユピテルとケレスの娘、森で花を摘んでいるとき冥界の王ディスにさらわれる。

〈六〉ミルトン「リスィダス」河口真一訳（『三田文学』第一五巻第一一号、大正一三年。黒田健二郎編『日本のミルトン文献大正・昭和編』風間書房、一九七八年収録）。

〈七〉美少年のヒュアキントスはアポロンと円盤投げをしていて、アポロンの投げた円盤にあたって死んだ。ヒアシンスはその血から生えたといわれている。だがその花はヒアシンスではなく、ユリ、グラジオラス、アイリス、マルタゴンリリーなど別の花であるといういろいろな説がある。ウェザーレッドは、次に述べているようにアイリス説をとっているようだ。

〈八〉アイアスはトロイア戦争のギリシア側の英雄。自殺したが、そのとき流れた血からアイリスの花が生じ、花弁にアイアスの名がしるされていたという。

〈九〉ウェヌスに愛された美少年アドニスがイノシシの角に刺されて死んだとき、その血から血のように赤い花が咲きでた。それがアネモネだが、嘆き悲しんだウェヌスの涙と混じって赤と白のまだら模様になったという。あるいは逆に、ウェヌスの流した涙がこの花になったが、アドニスの血と混じってまだら模様になったという説もある。

〈一〇〉シェークスピア『ヴィーナスとアドーニス』坪内逍遥訳。

〈一一〉ユバ二世（Juba II 前五〇頃－後二三頃） マウレタリア王。ローマで教育を受け自国にギリシア・ローマ文化を導入し、自身も多くの著作を残した。プリニウスはしばしばユバを引用している。

〈一二〉リュシマコス王（Lysimachos 前三六〇頃－前二八一） アレクサンドロス大王の後継者の一人で、大王の死後トラキア王となる。

〈一三〉ゲンティウス王（Gentius） マケドニアの最後の王ペルセウスと同時代のイリュリア王。

〈一四〉アルテミシア二世（Artemisia II） 夫であったカリア王マウソルスの死後、カリアを支配。亡夫のためにマウソレウムと呼ばれる壮麗な墓を作った。

〈一五〉アントニウス・カストル（Antonius Castor） 紀元一世紀のローマの植物学者。プリニウスの著述によって知られている人物。彼の植物園は世界最初のものではないかといわれる。

〈一六〉ハニマン 『ニューカム家』（*The Newcoms*）はサッカレイの小説でニューカム一家の物語、Honeyman はそこに登場する牧師。

〈一七〉『旧約聖書』の「列王紀・下」三八以下。死海のほとりのギルガルでは飢饉があり、エリシャは野菜を大釜で煮させたが、そのなかに野ウリが入っていて、食べようとすると「神の人よ、釜の中に食べると死ぬものがある」という声があった。そこでエリシャが釜のなかに粉を入れさせたところ、毒物はなくなったという。この野ウリはコウシントウリのことだという説がある。これは死海の周辺に生えており、乾いた実の粉末は苦くて下剤になるという。プリニウスはコロキュンティスというヒョウタンの一種があり、強烈な下剤であると言っている。

〈一八〉デュラキウム アドリア海に面したイリュリアの都市。

〈一九〉現行のテキストでは、コウリンタンポポの方は、視力が弱まったタカがその汁で治す、となっている。
〈二〇〉現行のテキストには「内服」ではなく、「貼る」とある。
〈二一〉アポロドロス（**Apollodoros**）　前二世紀のギリシアの文法家。
〈二二〉パーキンソン　英国の歴史家・経済学者の **Parkinson,Cyril** なのか、英国の医師の **Parkinson,James** のことなのか、あるいはそれ以外の人なのかよくわからない。
〈二三〉ヘカテ　戦争、馬術、漁業、農業、会議などの神。のちには三界の魔術を司るようになったとされる。
〈二四〉テセウス　アテネの英雄。アッティカを統一。クレタでミノタウルスを殺すなどの冒険をした。
〈二五〉フウロソウ　ラテン語で **geranos** であるが、それはツルを意味する **geranium** からきた。
〈二六〉ハリモクシュク　英語で **Rest-harrow. harrow** は砕土機のこと、つまり砕土機が休憩するという意味。
〈二七〉ウマ　砕土機を曳いているウマ。
〈二八〉ケンタウロイ族は上半身が人間、下半身がウマの種族。ケイロンはその一族の一人で、医術、狩猟、音楽、予言術に秀れていた。
〈二九〉ペルシアの聖者とはマギ僧たちのこと。マギはゾロアスター教の僧侶階級を指す。
〈三〇〉ミコーバー氏　ディケンズの自伝的小説『ディヴィッド・コパーフィールド』（*David Copperfield*）のなかの人物 **Micawber,Wilkins** のこと。ディケンズの父親がモデルといわれている。貧乏だが楽天的な男。
〈三一〉ユキノシタ　ラテン語で **saxifraga. saxifragus** には岩石を砕くという意味がある。
〈三二〉フレイザー（**Frazer,Sir James George** 一八五四－一九四一）　イギリスの人類学者、民族学者、『金枝篇』の著者。

第十章

〈一〉聖アウグスティヌス（**Aurelius Augustinus** 三五四－四三〇）　古代キリスト教の教父。
〈二〉一七二〇年前　現行のテキストは七三万年前または七二万年前となっている。
〈三〉ケクロプス（**Cecrops**）　伝説上のアテネの建設者。
〈四〉アルゴス　ペロポンネソス半島北東部にある都市。
〈五〉ディオスポリス　エジプトのテーベの古い名称。

〈六〉だがプリニウスは、アウグストゥスが髭を剃ることを怠らなかった、と書いている。

〈七〉ラテン語でクモは aranea である。神話ではアラクネはミネルウァ神と機織りの技を競い、罰せられてクモに変えられたという。

〈八〉ボエティウス　現行のテキストでは、ボエオティアのテュキウスの発明による、となっている。ボエティウス（Boethius）というのは普通 Anicius Manlius Boethius を指すが、この人は五世紀後半に生れたイタリアの政治家・哲学者であり明らかに間違い。またテュキウス（Tychius）という人物については不明。

〈九〉アッタロス王（AttalosⅢ）　小アジアのペルガモンの国王。遺言して領土をローマに献上した。

〈一〇〉ダクテュロス　冶金術にすぐれた山の精。

〈一一〉カドモス　神話中のフェニキア王子。アルファベットをギリシアに伝えたともいわれている。

〈一二〉キュクロプス族　一つ目の巨人族。鍛冶師ということになっている。

〈一三〉ダイダロス　ギリシア彫刻の始祖といわれ、ミノスの迷宮を作ったとされている。

〈一四〉テオドロス　プリニウスによると、テオドロスはその他に、サモスの迷宮を作ったり、影像を発明したりしたということになっている。だが不明な点が多い。

〈一五〉スキタイ人とペルシア人　現行のテキストは、ユピテルの息子スキュテスもしくはペルセウスの息子のペルセスによる、とある。

〈一六〉プリニウスは最初の鎖は錆びていないのに、後から入れ替えたのは錆びた、と報告している。

〈一七〉アンフィオン　ゼウスとアンティオペの子。竪琴の名手。

〈一八〉パン　森林・牧畜・狩猟の神。

〈一九〉オルフェウス　詩人で音楽家。オルフェウス教の始祖とされる。

〈二〇〉リュカオン　アルカディア王ペラスゴスの子。ゼウスの怒りに触れオオカミにされる。

〈二一〉ピュロス（Pyrrhos 前三一九―前二七二）　エペイロス王。一時マケドニア王。ローマとも戦う。現行のテキストではピュロスが教えたのはテニスではなく、クレタにあった剣舞（pyrrhicha）であるとなっている。

〈二二〉デメトリオス王（Demetrios I　前三三六―前二八三）　マケドニア王。

〈二三〉ロストラ（rostra）　鳥のくちばしとか突起物を意味する。転じて船首・演壇の意あり。

〈二四〉スキピオ・ナシカは大勢いるが、これは前一五九年に検察官をしたP.Scipio Nasica Colnelius のこと。

〈二五〉キャンブリック　亜麻糸と綿糸で織った薄地の織物。

〈二六〉ローン　薄地で上等の亜麻布。

〈二七〉マニウス・クリウス（Manius Curius）　プリニウスによると歯をもって生れたのでデンタトゥス（歯のある）とあだ名されたという。前二九〇年と前二七五年にローマの執政官。

〈二八〉キンバリーは南アフリカ共和国中部にある世界的なダイヤモンドの産地。

〈二九〉アリストテレス　現行のテキストではレオニダスになっている。レオニダスはアレクサンドロスの教育に任命された何人もの教師の長であった。アリストテレスもアレクサンドロスの教師をしたが、ここではレオニダスの方が正しい。なお、プルタルコスもこれと同じ話を書いているが、そこでもレオニダスになっている。

〈三〇〉ダリウス王（DareiosⅢ）　ペルシア帝国最後の王。アレクサンドロス大王に敗れる。

〈三一〉L・プロティウス　原文ではプロティノス（L.Plotinus）とあるが明らかにルキウス・プロティウス（Lucius Plotius）の間違いなのでそうした。プロティノスは三世紀のギリシアの哲学者。ルキウス・プロティウスは前四三年に法務官を勤め、三頭政治家たちによって追放された人物。

〈三二〉『旧約聖書』「ヨブ記」第八章十一（日本聖書協会訳）。

〈三三〉ヘシオドス（Hesiodos）　ギリシアの詩人。プリニウスは彼について、千年も前、文芸の夜明けにあたって農業のための規則を公にし、少なからぬ著作家たちが彼に追随して研究をすすめた、と述べている。

〈三四〉マデイラ　アルコール分を添加した白のデザートワイン、アフリカ北西海岸沖のマデイラ島産。

〈三五〉酒、原文はsack　このサックは、一六―一七世紀にイギリスに輸入されたスペイン産のシェリー酒やカナリー諸島産の白ワインなどのこと。

〈三六〉シェークスピア『ヘンリー四世』第一部第二幕第四場のフォルスタッフの科白「悪党め、此酒ン中へも石灰を入れやがったな。人間て悪辣な、へちゃもくれのしやがることに碌なことァありァしねえ。それでも尚臆病者よりゃ石灰の入ってる酒のはうが優だ」、坪内逍遥訳。

〈三七〉ドリウム　ローマで用いられた大きな土製の壷、穀物や酒を入れた。

〈三八〉ヒッポクレネー（Hippokrene）は「ウマの泉」の意。ヘリコン山のムーサの森の近くにある文芸の女神ムーサたちの聖泉。ここではその泉のニュンペを指すのだろう。なお、有名な詩とあるが、誰の詩かわからなかった。

〈三九〉フビライ汗（Kubilai-Khan　一二一六―一二九四）は元朝の初代皇帝、世祖。マルコ・ポーロはフビライの作った首都ハンバリクについて述べているが、それによると、そこには大きな池を掘ったときの土で作った高さ百メートル、周囲約一キロ半の丘があり、その丘は常緑樹におおわれて一年中みどりで、しかも丘全体が深緑の碧玉でしきつめられていて「緑の丘」と呼ばれているという。また宮殿も内外ともにみどり一色に彩られているという。マルコ・ポーロ『東方見聞録』（青木富太郎訳、社会思想社）参照。

〈四〇〉ミダス王（Midas）　小アジアのフリュギアの伝説的な王。手に触れる一切のものを金に変える力をディオニュソスから与えられたという。

〈四一〉タルクイニウス（Lucius Tarquinius Priscus）　伝承によれば、エトルリアからやってきて、ローマの第四代目の国王になった。

〈四二〉セヴァーン川　ウェールズ中部から北東に流れ、イングランド西部を南流してブリストル湾に入る。

第十一章

〈一〉キルケ　魔法に長じた女。アイアイエという島に住み、ウリッセーズの仲間たちがここでブタにされた。

〈二〉キリスト教普及以前にガリアやブリタニアなどのケルト人たちが信仰したドルイド教の僧侶・予言者・詩人・裁判官などを指す。プリニウスはこのドイルドが魔術の温床であると述べている。

〈三〉オーディンまたはオータン　北欧神話の主神。宇宙の創造主・万物の神。戦争・死・詩歌・魔法・知能などを司る。

〈四〉ミトリダテス　ポントスの王。プリニウスによると、日頃から薬物、とくに解毒剤の研究をしていた。

〈五〉アイギナ　ギリシア南東部のアイギナ湾にある島（現、サロニカ湾のエイナ島）。

〈六〉ドルスス（Marcus Livius Drusus）　前九一年の護民官。多くの改革案、とくに同盟市民にローマ市民権を与える法案ははげしい反対にあい、彼は暗殺され、同盟戦争のきっかけとなった。

〈七〉カイピオ（Q.Servilius Caepio）　前一〇〇年に財務官。ドルススとは義兄弟だが些細なことから仲たがいし、政敵となった。

〈八〉教師　アルメニア王ティリダテス一世のこと。彼はローマの将軍コロブロに敗れたが、ネロによって再び王位を与えられた。

プリニウスによると彼はマギを尊敬していたという。

〈九〉ディズレーリ（Disraeli,Benjamin 一八〇四―一八八一） イギリスの著名な政治家・文人・作家。グラッドストーンと対抗しながら二大政党政治を展開した。

〈一〇〉「ガチョウにたいしてブーといえない（He can not say "Bo" to a goose)」というのはイギリスのことわざで「意気地なし（鳥も追えない）」の意。ここでは、次の文節の「二四（"Duo"）と言う」にかけたしゃれだろう。

〈一一〉ジネズミのトネリコ（shrew-ash） 家畜の手足の上をジネズミ（shrew-mouse）が走るとそこに炎症が起きて使用不可能になるとされており、それを治すには「ジネズミのトネリコ」の枝をそこにあてがうことであった。「ジネズミのトネリコ」とは、トネリコの木 ash の幹に深い穴をあけ、そこに生きたままのジネズミを封じ込めて、昔から伝わる呪文を唱えることによって作られる。

〈一二〉ヌマ王（Numa Pompilius） ローマ第二代の王とされている。

第十二章

〈一〉スカウルス（Aemilius Scaurus） 独裁官スラの継子。彼がここに述べられている劇場を作ったのは前五八年、造営官のときであった。プリニウスはスカウルスがローマに奢侈や浪費を持ちこんだことを繰り返し述べている。訳注第七章〈一一〉参照。

〈二〉タルクイニウス王（Lucius Tarquinius Priscus） ローマ第四代目の国王とされている。その子のタルクイニウス・スペルブスと区別してプリスクス（初代の）と呼ばれる。

〈三〉金を掘るアリについては、第五章の原註（4）を参照せよ。

〈四〉「彼らがまだ生存して帝国を支配しており、彼らについて語るのは危険」であるかのように省略するということ。

〈五〉ディジットは指の幅をさす、約二センチ。

〈六〉クラッスス（Licinius Crassus 前一四〇―前九一） 執政官などを歴任、雄弁家で知られる。

第十三章

〈一〉アロン（Aron）はモーゼの兄でユダヤ教最初の祭司長。旧約聖書の「出エジプト記」二八章一五に「あなたはまたさばきの胸当を巧みなわざをもって作り、これをエポデの作りのように作らなければならない」（日本聖書協会訳）とある。ユダヤ教の祭司長が胸につけるものであるが、この胸当には宝石が何列かにちりばめられてある。しかし、もともとは袋であって、この袋にウリムとトンミルというものを入れておき、これを用いて聖旨を伺ったという。ウリムとトンミルというのは多分石で、その色かなにかで区別したものと考えられている（日本基督教団出版部『口語旧約聖書略解』による）。

〈二〉ポリュクラテス王（Polykrates）　前六世紀のサモス島の僭主。

〈三〉ベレニケ（Berenice）　エジプト国王プトレマイオス一世（前三六八－前二八三）の妻。

〈四〉エメラルド　プリニウスのいうスマラグドゥス。スマラグドゥスはエメラルドを含めいろいろの緑色の石を指している。

〈五〉クリュスタロス　つまり氷。

〈六〉一五〇〇は一五〇〇万の間違い。

〈七〉カルメル山　パレスティナの地中海に面した山。

〈八〉硝石はプリニウスの原文では **nitrum** である。これは今日の **niter** ＝ 硝石を指すものではなく、**sodium carbonate** と **sodium bicarbonate** つまり炭酸ナトリウムと重炭酸ナトリウムを意味するといわれている。したがって「硝石は正しくない」というのは正しくない。天然ソーダとでもすべきか。

〈九〉ソタクス　プリニウスは古い権威者と呼んでしばしば引用しているが、どういう人物かはわからない。

〈一〇〉金の月　どんなものかわからないが、月を型どった金製品か。

第十四章

〈一〉ヴァザーリ（Vasari,Giorgio　一五一一－一五七四）　イタリアの画家、建築家、イタリアの芸術家の伝記を書いた。

〈二〉トティラ（Totila）　東ゴート人貴族。王を名乗り（五四一－五五二）、しばしば東ローマ帝国を破る。ローマ市を占領（五四六）したが、のち東ローマに敗れる。

〈三〉イタリア語で **grotta** は洞窟のことで、ネロの宮殿は当時洞窟化していた。

〈四〉プリニウスの原文では六千年前となっている。どうして間違ったのかわからないが、六千年前と知っていたら、ウェザーレッドも無分別とは言わなかったかも知れない。

〈五〉ルーベンス（Rubens,Peter Paul　一五七七－一六四〇）　フランドルの画家。フランドル派の大画家であると同時にバロック絵画の代表的作家。画家として大成功し、富と名声をほしいままにした。

〈六〉『ヴィーナスとアドーニス』（*Venus and Adonis*）　シェークスピアのごく初期の作品といわれ、一九九連からなる詩。ヴィーナスが美少年アドーニスに恋慕して言い寄るが、うぶな少年であるためその恋を蔑み排斥する。翌朝、イノシシに殺されているアドーニスを見つけてヴィーナスは嘆き悲しむ。坪内逍遥訳。

〈七〉ブレーク（**Blake, William**　一七五七―一八二七）　イギリスの詩人、画家。詩作に多くの傑作を残したが、版画家としても偉大であった。

〈八〉ロト（**Lot**）　旧約聖書によると、ハランの子でアブラハムの甥。ヨルダン平原に定住、罪悪の町ソドムとゴモラの滅びのときそこを脱出した。

〈九〉ベラスケス（**Velazquez**　一五九九―一六六〇）　スペインの画家。宮廷画家として肖像画、宗教画、風景画などを描き、スペインやフランスの絵画に大きな影響を与えた。

〈一〇〉フェリペ二世（**Felipe Ⅱ**）はフェリペ四世（**Felipe Ⅳ**　一六〇五―一六六五、在位一六二一―一六六五）の間違い。祖父のフェリペ二世の時代はスペインの黄金時代を築いたが、四世の時代は政治的には後退期にあたった。しかしセルバンテス、ムリリョ、ベラスケスなどを輩出し文化の黄金時代を生んだ。

〈一一〉アンティオコス王（**King Antiochus**）とあるがアンティゴノス（**Antigonus**　在位　前三〇六―前三〇一）の間違い。アンティゴノスはアレクサンドロスの将軍の一人で、マケドニア王。アンティゴノス王朝の祖。アンティオコスはマケドニア系のシリア王（在位　前二八〇―前二六一）。

〈一二〉「コップは……」は「百里を行く者は九九里をもって半ばとす」に相当する英語の諺。ギリシア神話によると、アンカイオスがブドウを植え、それで作ったブドウ酒を飲もうとしたところ、召使が「盃と口のあいだは遠い」と言い、アンカイオスが酒を飲まないうちにイノシシに殺されたという。

〈一三〉モリエール（**Molière**　一六二二―一六七三）　フランスの喜劇作家、俳優。

〈一四〉サー・ヨシュア・レノルズ（**Sir Joshua Renolds**　一七二三―一七九二）　一八世紀イギリスの代表的肖像画家。

〈一五〉ルディウス（**Ludius**）　タディウス（**Tadius**）としたテキストもある。

〈一六〉ポントスの赭　プリニウスによると、ポントスのシノペで発見されたのでシノピスと呼ばれる。赭土の一種。

〈一七〉カッサンデル王（**Cassander**）　マケドニア王、在位前三〇六―前二九七年。

第十五章

〈一〉シェークスピア『ジュリアス・シーザー』第一幕第二場、坪内逍遥訳。「彼奴（きやつ）〈シーザー〉はまるで巨像（コロッサス）のやうに世界をせましと踏みはだかって居るのに」というカシアスの科白の続き。

〈二〉フェイディアスが金と象牙で作った有名な像というのは、アテナイのパルティノンの『ミネルウァ（アテナ）』像とオリュンピアの『ユピテル』像である。

〈三〉ネルソンやヨーク公　ロンドンのトラファルガー広場に、フランス・スペイン連合艦隊を破ったネルソン総督（**Horatio Nelson** 一七九五－一八〇五）の柱像がある。ヨーク公とは、ジョージ三世の次男で英国陸軍総司令官をした **Frederick Augustus York**（一七六三－一八二七）のことと思われるが、その像がどこかあるかは、訳者にはわからない。

〈四〉**P**・ミヌティウス（**P.Minutius**）とあるが、**L**・ミヌキウス（**L.Minucius**）としたテキストもある。

〈五〉ホラティウス・コクレス（**Horatius Cocles**）はローマ伝説のなかの英雄。コクレスというのは一つ目の意。ポルセナ王（**Porsenna**）はエトルリア王。ホラティウス・コクレスはエトルリア軍をスブリキウス橋で一人で防いだというこの話で有名だが、ウルカヌスの神域にあったホラティウスの像と称される隻眼の像（実はウルカヌスの像）の縁起説明のために創作されたものらしいという説もある。

〈六〉この引用文でも、ホランドのテキストと現行のテキストとに相当の違いがある。現行のテキストの第三四巻21、22、27のそれぞれの一部分が繋ぎ合わされているといっていいが、それでも細部に違いがあるので、ここではウェザーレッドが引用したホランド訳を和訳した。

〈七〉リリパット人　『ガリバーの旅行記』に出てくる小人国の住人。

〈八〉ホラティウス（**Horatius** 前六五－前八）　ローマ人の詩人、アウグストゥス時代の桂冠詩人。

〈九〉この部分も現行のテキストと少し違っているのでホランドの訳文を翻訳した。第三四巻、55から56の一部分に相当する。

〈一〇〉ワーズワース（**Wordsworth, William** 一七七〇－一八五〇）　イギリスの田園詩人。

〈一一〉ラスキン（**Ruskin, John** 一八一九－一九〇〇）　イギリスの批評家。

〈一二〉オフィテス（**Ophites**）　やはりヘビを意味する。

〈一三〉スカウルス　前出、訳註第七章〈一一〉、第一二章〈一〉参照。

〈一四〉リュクニテス（lychnites）はむしろランプを意味し、ロウソクはカンデラ（candela）である。ロウソクとしたのがホランドなのかウェザーレッドなのかわからないが、ロウソクの白さと大理石の白さを関連づけようとしているようだが、むしろランプのもたらす「明るさ」から名づけられたととるべきだろう。事実プリニウスはランプ（lucerna）のもとで、と書いている。

〈一五〉ヒッポナクス（Hipponax）　前六世紀のギリシアの詩人。短長格の風刺詩を得意としたという。

〈一六〉ブパルス（Bupalus）とアンテルムス（Anthermus）　アンテルムスはアテニス（Athenis）の間違いであろう。ブパルスとアテニスはキオス島の彫刻家の家系に生れた兄弟で、プリニウスによると二人は当時の卓越した彫刻家であったという。この兄弟の父親がアルケルモス（Archermus）通称アンテルムスで、やはり秀れた彫刻家であったという。

〈一七〉ここも少し表現が違うので、ウェザーレッドの引用文を翻訳した。第三六巻12から。

〈一八〉この文節の後半もホランドの訳文と現行のテキストでは相当違っているが、ここでは中野訳をそのまま使う。

〈一九〉『ポトスとパエトン』　現行のテキストではパエトンはなくポトスだけである。なお、ポトスは「愛」または「欲望」の神格化したもの。

〈二〇〉現行のテキストでは「両側に立っている二本の折り返し柱」である。「折り返し柱（campter）」というのはスタジアムで折り返し点を示す柱のこと。

〈二一〉アルキビアデス（Alcibiades 前四五〇頃－前四〇四）　アテネの政治家・将軍、ペリクレスの近親。富と名声と美貌に恵まれた。政治的には無節操で、最後は暗殺された。

第十六章

〈一〉この文節も現行のテキストと相当違っている。現行のものは、三〇〇の彫像と四〇〇本の円柱は貯水槽に用いられたもので、七〇〇の水汲み場とともにアグリッパによって増設されたということになっている。一〇五の導水管については記述がなく、代りに五〇〇の噴水、一三〇の貯水槽が同じく増設されたとある。また一七〇の浴室があったのではなくて、工事の完成を記念して一七〇の浴場が無料で一般に開放されたとなっている。

〈二〉『新約聖書』の「使徒行伝」第一九章による。パウロがエフェソスで伝教に従事していたときのこと。デメテリオという銀細工師がアルテミス（ディアナに同じ）の銀の小宮を作って細工人たちに多くの仕事を与えていたが、パウロが、手で造ったものは神ではないといって人々を惑わしているのみならず、アルテミス神をも軽蔑していると言いだした。そこで町じゅうが騒ぎたち劇場で集会を開いたが、町の書記が、パウロやその弟子たちが盗っ人でもなく女神をそしるものでもない、と説いて解散させたという。

〈三〉ムアウィウス（Muavius）　アラビアのウマイア朝初代カリフのムアウィア一世（Muawiya I　在位六六一—八〇）のことか。彼はロドス島を占領したことがある。

〈四〉ヴォルテール（Voltaire　一六九四—一七七八）　フランスの作家、代表的啓蒙主義者。

〈五〉「緑の丘」　訳註第十章〈三九〉参照。

〈六〉一八〇〇タレントの金額　テキストによっては数字が異る。現行のテキストでは一六〇〇タレント。

〈七〉ラムセス　エジプト第一九王朝のラムセス二世（Ramses II　前一三〇一—一二三四）。

〈八〉一二五フィートと九インチ　現行のテキストによれば八五フィート四分の三。

〈九〉ハップルの宇宙膨張論が発表されたのが一九二九年であり、本著の発行に先立つ八年前である。

第十七章

〈一〉誰の、どういう詩か不明。

〈二〉『旧約聖書』「イザヤ書」第四〇章二二（日本聖書協会訳）。

〈三〉シェークスピア『ヴェニスの商人』第五幕第一場、坪内逍遥訳。

〈四〉ギリシア神話によれば月の女神セレネがエンデュミオンに恋したということになっている。プリニウスの現行のテキストによれば、エンデュミオンが最初に月を観察した人間であり、これがそういう伝説の生れたもとであるという。

〈五〉ハリー（Halley,Edmund　一六五六—一七四二）　イギリスの天文学者、ハリー彗星の発見者。セント・ヘレナ島で恒星を観測してその目録を作り、恒星の固有運動を確認した。

〈六〉ジャック・スプラットはイギリスの子守歌のなかの主人公で、脂身を食べられない痩せ男。奥さんは赤味が嫌いなでぶ女。

〈七〉セルウィウス・トゥリウス（Seviusu Tullius）　ローマ第六代の王。在位前五七八—前五三五年。

〈八〉ルキウス・マルキウス（L.Marcius Septimus）　第二ポエニ戦争のときのスペインにおける指揮官。両スキピオの後を継いでローマ軍の指揮官となった。

〈九〉二人のスキピオ　コルネリウス・スキピオ（Scipio,Cornelius）とプブリウス・スキピオ（Scipio,Publius）の二人の兄弟。

ともにポエニ戦争でカルタゴのハンニバル軍に敗れる。プブリウス・スキピオの子がその後カルタゴを征服し、大アフリカヌスと呼ばれた。

〈一〇〉『マーティン・チャズルウィットの生涯と冒険』(*The Life and Adventures of Martin Chuzzlewit*)はディケンズの長編小説。引用文の「放浪者」はもちろん風のこと。この小説の最初のところで、ウィルトシャー村に吹きあれた風がペックスニフ氏の家に舞い込み、そして飛び出していく様子を描いている。

〈一一〉『ヘンリー四世』第一部、第三幕第一場、坪内逍遥訳。

〈一二〉ミルトンの詩『リシダス』(*Lycidas*)は、ミルトンの後輩で秀才の誉れ高かったエドワード・キング(**Edward King**)がアイルランドへの船旅で遭難死したのを悼んだ牧歌調の追悼詩。リシダスはエドワード・キングを指す。この詩は博学な友人を悼むとともに、当時腐敗の極にたっしていたイギリスの宗教界がやがて壊滅することを予言したものといわれている。

〈一三〉ヒッポタデス　ヒッポテスの子という意味で、風の神アイオロスのこと。

〈一四〉河口真一訳「リスィダス」(『三田文学』第一五巻第一一号、大正一三年一一月、三田文学会。黒田健二郎編『日本のミルトン文献　大正・昭和編』風間書房、一九七八年収録)。

〈一五〉「どしゃ降りの雨」は **raining cats and dogs. cat** は大雨を、**dog** は強風を招くという迷信から生れた言葉。

〈一六〉『旧約聖書』「出エジプト記」第一六章四、エホバがモーゼに語りかけた言葉(日本聖書協会訳)。

〈一七〉マナ(**manna**)　砂漠に生ずる樹木や灌木のうちのあるもの、とくにギョリュウは初夏に甘い樹液を出すが、これが地上に落ちて凝結し白くなったものがマナと呼ばれたらしい。「出エジプト記」第一六章一四―一五には、夜が明けると荒野の面に薄いうろこ状をした白い霜のようなものがあり、人々がいぶかるとモーゼが、それが主があなたがたの食物として賜わるパンであると言った、とある。

〈一八〉アキリウス(**Maniusu Acilius**)とポルキウス(**C.Porcius**)は前一一四年にともに執政官。

〈一九〉クラッスス(**M.Licinius Crassus**)　カエサルとポンペイウスとともに三頭政治を行なった。シリアのカルハエでパルティア軍に敗れ、殺される。

第十八章

〈一〉ポンポニウス・メラ(**Pomponius Mela**)　一世紀のローマの地理学者。『地誌(*De situorbis*)』(四三年頃)は現存する最古の地理学書と言われる。

〈二〉アルテミドロス（Artemidoros）　前一世紀のエフェソスの人で地理学者。地中海周辺を航海し、距離の測定に貢献した。プリニウスはしばしば引用している。

〈三〉ルシタニア　ほぼ今日のポルトガルの地域。

〈四〉ストラボン（Strabon　前六四－前二一以後）　ギリシアの地理・歴史学者。

〈五〉フェレット　ケナガイタチの一種で、ウサギやネズミなどを穴から追い出すために飼育される。

〈六〉アマゾンは神話に出てくる女の武者だけでできている部族。弓術に秀れ、また三日月型の盾を使う。

〈七〉ヤペテはセム、ハムに次ぐノアの第三子、ギリシア・小アジア種族であるヤフェト族の祖とされている。その息子にはゴメル、マゴグ、マデアなど七人。

〈八〉アルゴナウタイ　アルゴナウテスの複数。訳註第一章〈二〉参照。

〈九〉ナウプリア（Nauplia）という都市はアドリア海にはなく、ギリシアのアルゴスの都市である。ウェザーレットの勘違いかと思われる。

〈一〇〉アレクサンドロス・コルネリウス（Alexandros Cornelius）　前一〇五年頃生れのギリシア人著述家。ローマで活躍。百科全書的著作家で、博学のゆえにポリュヒストル（Polyhistor＝博学の人）と呼ばれた。プリニウスはこの著作家をしばしば引用している。

〈一一〉エオネ（eone）　他のテキストではレオネ（leone）とある。レオネならばライオンの木というような意味になるが断定はできない。今日のテキストではレオネとなっている。

〈一二〉バルティア（Baltia）　バルキア（Balcia）とするテキストもある。

〈一三〉ここの叙述は不正確である。プリニウスがあげている五つの基本種族とは、ヴァンダリ族、インガエオネス族、イスティアエオネス族、ヘルミオネス族、そして五番目としてペウキニ族とパステルナエ族であり、それぞれの種族がさらにいくつかの部族に分かれるとしている。著者のあげているテウトニ以下の三つの部族はそのなかに含まれる。フリードリッヒ・エンゲルスは『ドイツ人の古代史によせて』のなかで、このプリニウスの叙述が現代まで残っている言語構造ともっともよく照合しているとして、その正確さを称揚している。

〈一四〉アグリッパ（Agripa,Marcus Vipsanius　前六三頃－前一二）　アウグストゥスのもとで活躍したローマの政治家・軍人、ローマの都市建設に功労があった。彼の地理書はプリニウスがしばしば引用している。

〈一五〉パウサニアス（Pausanias）は二世紀のギリシアの歴史家、旅行家。『ギリシア記』一〇巻（*Periegesis tes Hellados*）を著わした。彼はペロポンネソス半島にあるテルプサの町を訪れ、その近くで石で作ったデメテルを見たと報告している。これが黒いデメテルである。デメテルはギリシアの五穀豊饒の女神。ローマではケレス神と同一視されている。

〈一六〉アンタイオス　ポセイドンとガイアの子でリビアに住む巨人。リンゴをとりにきたヘラクレスと闘って敗れたとされる。

〈一七〉ヘスペリデスの庭園　西の果て、オケアノスの流れの近くにあるとされた黄金のリンゴ園を守っている娘たちがヘスペリデス。竜のラドンが彼女らを助けていた。

〈一八〉入海　プリニウスはこの入海が伝説の竜に幾分似ている、と言っている。

〈一九〉『失楽園』第四巻、二七九。

〈二〇〉『ヴェニスの商人』第二幕第七場でのモロッコーの科白。

〈二一〉ここでプリニウスの言う部族はスケニタエ族（Scenitae）のことであるが、ローマ語で scene とか sceno とかいうのは「テントの」という意味である。

〈二二〉このエッセネ人に関するプリニウスの記述は、一九五一年以降の発掘調査によってその遺跡の一部とみられるものが発見され、プリニウスの記述の正しさが証明されている。このエッセネ派というのはユダヤ教の一派で、厳密な戒律を守った秘教的宗派の一団として知られている。ギボンは「プリニウスの哲学的な目は、死海のほとり椰子の木々の間に住むこの孤独な人びとを驚きの念で眺めた」と述べている（ギボン『ローマ帝国衰亡史Ⅵ』朱牟田夏雄訳、筑摩書房、一九八八年）。

〈二三〉ニカトル・セレウコス（Nikator Seleukos 前三五八頃—前二八〇）　シリア王で、セレウコス朝の祖。アレクサンドロス大王の後継者の一人。

〈二四〉一パッススは一四七・五センチメートル。従って八七五パッススは約一二九〇メートル。

〈二五〉この記述には若干混乱がある。プリニウスは二つのボスポロスと言っているがそれは今日のボスポラス海峡とケルチ海峡（黒海とアゾフ海をつなぐ）を指し、ヘレスポントスを意味していない。ボスポロスは「牡ウシの渡り」という意味で、ゼウスに愛されたイオがヘラにねたまれ、ウシに変えられてさまよい、ボスポラス海峡を渡ったとされている。

〈二六〉カナリア諸島（canaria）　ラテン語の canis（イヌ）からきた。

補章　一

〈一〉イシドルス（Isidorus Hispalensis　五六〇頃—六三六）　セビリアの大司教。ギリシアやローマの文化を中世世界に導入した。その著『起源論』二〇巻（*Etumologiae*）は間接的にプリニウスの影響を受けている。

〈二〉アンブロシウス（Ambrosius　三三三頃—三九七）　ミラノの司教、キリスト教神学の研究者。

〈三〉ユリウス・ソリヌス（Solinus,Gaius Julius）　三世紀のローマの著述家。その著、『記憶すべき事項の蒐集』（*Collectanea rerum memorabilium*）はプリニウスの抜粋と言ってよい。

〈四〉ポペ・ゲラシウス（Pope Gelasius　?—四九六）　キュジコスの司教、のち教皇（在位四九二—四九六）。

〈五〉「詩篇」第一〇三章五「かくてなんじは壮（わかや）ぎて鷲のごとく新たになるなり」（日本聖書協会訳）。

〈六〉マンドレーク（Mandrake）　ナス科の有毒多年草。二またに分かれた人体に似た根があり、古来麻薬・鎮痛剤・催眠剤などとして広く用いられた。

〈七〉**heath** も **heather** も、ともに植物のヒースだが、ここでは **heather** を使っている。スコットランドには **heater** は **heathen**（異教徒・野蛮人）のなまりだという俗説があり、また、ヘザーエール **heather ale** というヒースの花で香りをつけた醸造ビールもあるという。「悪徳と酩酊」というのは、この二つにひっかけて言っているのだろう。

〈八〉ヴェルヌ（Verne,Jules　一八二八—一九〇五）　フランスの小説家。『気球に乗って五週間、発見の旅』で科学空想小説家としての地歩を固めた。

〈九〉ウェラー（Weller,Samuel）　ディケンズの小説『ピクウィック・ペイパーズ』（*Pickwick Papers*）のなかの機知・人情に富み愛嬌のある庶民的人物。

〈一〇〉ラブレーはこのパンタグリュエリオン草で空中を飛ぶ船を作って宇宙を旅し、星座を宿とするという空想物語を作りあげた。『パンタグリュエル物語』第三の書、第五一章。

〈一一〉『アレオパジティカ』（*Areopagitica*）　一六四四年にミルトンが言論・出版の自由の擁護のために著わした論文。正式には ***Areopagitica,for the liberty of Unlicensed Printing to the Parliament of England. Areopagus*** はアテネの最高法院のおかれていた丘のこと。ミルトンはこれをイギリスの高等法院に転用して、イギリス国民と議会に出版・検閲制度の撤廃を訴えた格調高い文である。

〈一二〉**武装した人間の出現**　アルゴナウテスのイアソンがコルキス王アイエテスに黄金の羊毛を所望したところ、王はアテナ女神から貰った竜の牙を畑にまくことを条件に出した。イアソンがその牙を畑にまくと、牙はたちまち芽をふいたが、そこから生えてきたのは武器を持った兵士たちであった。そして兵士たちは武器をかざしてイアソン目がけて襲いかかった。

補章　二

〈一〉『サー・ジョン・マンデヴィルの旅行』　著者はすでに序章の最後のところで、参考書としてあげている。邦訳があることも記しておいた。本書の本文および原註に用いられたマンデヴィルの引用にはその邦訳を用いなかった。テキストが違うらしく、ウェザーレッドの引用文と相当の違いがあるので。

〈二〉プレスター・ジョン（Prester John）　中世において、アフリカかアジアにキリスト教王国を築いたとされる伝説上の修道士・王。

〈三〉コッコドリルス　ウェザーレッドはコッコドリルス（cockodrills）としているが、現行のテキストではクロコディルス（crocodilus）となっている。ペゴティー（Peggotty）はディケンズの小説『ディヴィッド・コパーフィールド』のなかの人物。ディヴィッド少年は乳母のペゴティーにクロコダイル（ワニ）の本を読んでやるが、あまり熱心に聞いていなかったペゴティーはクロキンディルスと呼び間違える。

〈四〉リリー（Lyly,John　一五五四?－一六〇六）はイギリスの小説家、劇作家。誇飾・美文体で書かれた小説『ユーフュイーズ、知恵の解剖』（*Euphues,the Anatomy of Wyt*）の著者。この書に用いられている動植物の大部分はプリニウスからのものであるといわれている。ユーフュイーズとはこの書の主人公の名であるが、この書の影響からユーフュイズムと呼ばれる華麗な文体が流行した。

〈五〉プリニウスは、キバナスズシロは催淫剤で、コショウは制淫剤であると言っている。

〈六〉ペルシアの木というのはプリニウスのいうペルシカス persicus（モモ）のことだろう。プリニウスはエジプトのペルシカスをはじめて移植したのがロドス島であるが、まったく実を結ばなかった、と述べている。

〈七〉これはプリニウスの文そのままである。

〈八〉プリニウスには、ダチョウは見さかいもなくなんでも飲みこむが、それを消化する能力は抜群である、とだけ書いてある。

〈九〉プリニウスは、ナイル川付近のイヌはワニに捕われないように、走りながら川の水を飲むと報告している。

〈一〇〉プリニウスは、イルカは音楽の愛好者で、水力風琴の音に魅きつけられると述べている。また一般にイルカはエロスと結びつけて考えられていた。アダマントはダイヤモンドのこと。

〈一一〉プリニウスは、シーダー油を塗りこんだ木材は虫に食われないし腐らない、と言っている。

〈一二〉ドレートン（Drayton,Michael 一五六三―一六三一） イギリスの詩人、歴史や伝説などを素材にした詩を作った。

〈一三〉フォルスタッフ 『ヘンリー四世』および『ウィンザーの陽気な女房たち』のなかの人物。

〈一四〉『ヘンリー四世』第一部第二幕第四場、坪内逍遥訳。

〈一五〉『ヘンリー四世』第二部第二幕第四場、坪内逍遥訳。

〈一六〉同右、第一幕第二場。

〈一七〉フィーブル（Feeble） 『ヘンリー四世』第二部のなかの人物。フォルスタッフの募集に応じて集ってきた募集兵の一人。**Feeble** には弱虫という意味がある。

〈一八〉『ヘンリー四世』第二部第三幕第二場、坪内逍遥訳。

〈一九〉『ヴェニスの商人』第三幕第五場、坪内逍遥訳。

〈二〇〉スパージョン（Spurgeon,Caroline 一八六九―一九四二） イギリスの女流文学者、シェークスピアの研究書などがある。

〈二一〉アタランテは、競争して自分に勝った若者と結婚すると宣言した。足に自信のある彼女は、求婚者たちを先に走らせあとから追い抜いた。負けた男たちは殺された。

〈二二〉シェークスピア『ハムレット』第一幕第二場、ハムレットはその硬い肉が溶けて露になればいい、と嘆く。

〈二三〉キャリバン シェークスピア『テンペスト』に出てくる野蛮で醜怪な奴隷。

〈二四〉シェークスピア『テムペスト』第一幕第二場、坪内逍遥訳。

〈二五〉セント・エルモの火 雷雨や嵐の夜、船のマストや高い塔などの尖った先端に現われる青紫の光、空中の放電だとされている。プリニウスは『博物誌』第一巻において、輝く星のようなものが兵士の槍やマストにあるのを見た、と書いている。

〈二六〉シェークスピアは『お気に召すまま』のなかで「逆境はゆたかに人を利する。逆境は、彼の醜悪な毒がまのように、其の頭（かうべ）の裡（うち）に宝玉を蔵している」（坪内逍遥訳）と述べている。

〈二七〉シェークスピア『真夏の夜の夢』第二幕第一場、坪内逍遥訳。

〈二八〉『ヂュリアス・シーザー』第三幕第一場、坪内逍遥訳。

〈二九〉シェークスピア『リア王』第三幕第一場、坪内逍遥訳。

〈三〇〉シェークスピア『オセロー』第三幕第三場、坪内逍遥訳。

〈三一〉シェークスピア『ロメオとジュリエット』第二幕第三場、坪内逍遥訳。

〈三二〉『シンベリン』第一幕第六場、坪内逍遥訳。

〈三三〉チャールス・シンガー博士　「はじめに」の訳註〈二〉を見よ。

〈三四〉ジョルダーノ・ブルーノ（Giordano Bruno　一五四八－一六〇〇）　イタリアの哲学者、コペルニクスを支持し、また汎神論的傾向を持ったため、宗教裁判にかけられ、焚刑に処せられた。

〈三五〉ウィリアム・ギルバート（William Gilbert　一五四四－一六〇三）はイギリスの物理学者、エリザベス女王の侍医。ラテン語で書かれた『磁石と磁性体、ならびに大磁石としての地球についての新自然学』（*De magnete, magneticisque corporibus et de magno magnete tellure physiologia nova*）のことだろう。彼は磁石の研究を行ない、地球が一つの磁石であるという画期的な主張をした。

〈三六〉シェークスピア『詩篇』其二、「ソネット集」五九、坪内逍遥訳。

訳者あとがき

本書は Wethered, Herbert Newton *The Maind of The Ancient World,A Consideration of Pliny's Natural History,* Longmans Green and Co., London, New York, Tronto, 1937 の全訳である。（口絵及び索引は訳者の作製。）

西欧諸国では、プリニウスの『博物誌』に関する研究書・参考書等は枚挙にいとまがないほど出版されてきたし、今日なお新しい研究書の発行が続けられている。ところが、研究者向けの著作の豊富さに比べて入門書・解説書の類は意外に少ない。従って本書は一般読者を対象としたものとして貴重であり、出版年はいくらか古いが今日なお高い評価を得ているものである。

「はじめに」にあるように、著者ウェザーレッドがこの書の執筆にあたって用いたテキストは、一六〇一年のフィルモン・ホランドによる初の英訳版である。プリニウスからの引用もこのホランド版による。ホランド以後にも英語訳は出版されているのにこのホランド訳を用いたのは、それが多少不正確であったり若干の省略があっても、それがエリザベス朝の馥郁とした文化的雰囲気を伝えているからだと著者は述べている。事実このホランド訳は英語圏において、自然科学だけでなく文化一般や思想的にも広く影響を与えたことで知られている。ウェザーレッドはこの書で、シェークスピアやディケンズ、ミルトンその他の作家や詩人の作品におけるプリニウスを巧みに剔出してくれた。

プリニウス研究はホランド訳以後にも急速に進み、今日用いられているテキストはホランドの用いたテキストに比べて相当修正が加えられていることは事実である。たまたま、ウェザーレッドのこの書が出版された翌年の一九三八年から一九六三年にかけてラッカム **H.Rackham** 他訳の羅英対訳版（ローブ版一〇巻）が出版された。ローブのこの版は、プリニウス研究家であるメイホフ **C.Mayhoff** やデトレフセン **D.Detlefsen** が一九世紀後半に出版した新しいテキストを基礎としたものであり、ほぼ、今日における決定版といっていいものである。この訳書でのプリニウスの引用文は原則としてこのローブ版をテキストとする拙訳（中野定雄・中野美代との共訳『プリニウスの博物誌』全三巻、雄山閣出版、一九八六年）によった。そのためホランドに基くウェザーレッドの引用文と若干の違いがある。大きな違いは訳注として指摘しておいた。ウェザーレッドの用いたホランドの引用文を訳して用いなかった理由は、ローブ版のほうが正確であり、おそらくローブ版が先に出ていればウェザーレッドもホランドを用いなかったのではないかと思われることと、ホランドの訳文が文学的に優れているとしても、日本語に訳した場合、訳者の能力ではその文化的雰囲気を再現することは不可能だと考えたことによる。

著者ウェザーレッドの経歴については、一八六九年生れだということ、著書としては本書の他に、

Mediaeval Claftsmanship and the Modern Amateur, more particularly with reference to Metal and Enamel, etc., Longmans & Co., London, 1923.

From Giotto to John. The development of painting, Methuen & Co., London, 1926.

On the Art of Thackeray, Longmans & Co., London, 1938.

The Four Fathers of Pilgrimage, Frederick Muller, London, 1947.

などや、ディケンズやエドワード・ルーカスに関する著作等がある、ということぐらいしか分からなかった。原書の出版元 Longmans Green and Co. の後継会社 Longman 社の日本支社にあたるロングマン・ペンギン社の川原勝洋氏のご好意によって Longman 社に問い合わせていただくことができたが、やはり不明であった。

最後になったが、この拙訳の出版を快く引き受けて下さった雄山閣出版の芳賀章内氏およびお手伝い下さった編集部の皆さんに厚くお礼申し上げたい。

一九九〇年一〇月

中野里美

事 項 索 引

人 名 索 引

■ 訳者略歴

中野里美（なかの さとみ）

1930年新潟県に生まれる。金沢大学法文学部卒業後、教職に就く。〈訳書〉『古代へのいざない―プリニウスの博物誌』（1990年／雄山閣）、〈著書〉『ローマのプリニウス』（2008年／光陽出版社）。

平成2年12月20日　初版発行
平成25年9月25日　縮刷版初刷

《検印省略》

古代へのいざない
プリニウスの博物誌〈縮刷版〉別巻Ⅰ

著　者　H. N. ウェザーレッド
訳　者　中野里美
発行者　宮田哲男
発行所　株式会社 雄山閣
〒102-0071　東京都千代田区富士見2-6-9
TEL　03-3262-3231 / FAX　03-3262-6938
URL　http://www.yuzankaku.co.jp
e-mail　info@yuzankaku.co.jp
振　替：00130-5-1685
印刷所　株式会社ティーケー出版印刷
製本所　協栄製本株式会社

ISBN978-4-639-02282-4 C3301　Printed in Japan